高等学校"十三五"规划教材

大学物理实验

赵述哲　尹树明　编

化学工业出版社
·北京·

本书主要内容包括五章，第一章为测量、误差及数据处理；第二章至第五章包括力学、热学、电磁学、光学、近代物理及综合性实验等的实验项目。这些比较成熟的实验项目，能使学生在基本实验方法、基本实验技术和常用仪器使用方面得到较为全面而系统的训练。

本书适合作为高等工科院校物理实验教材。

图书在版编目（CIP）数据

大学物理实验/赵述哲，尹树明编．—北京：化学工业出版社，2016.2（2022.1重印）

ISBN 978-7-122-26033-8

Ⅰ．①大…　Ⅱ．①赵…②尹…　Ⅲ．①物理学-实验-高等学校-教材　Ⅳ．①04-33

中国版本图书馆 CIP 数据核字（2016）第 010831 号

责任编辑：闫　敏　石　磊　　　文字编辑：王新辉

责任校对：宋　夏　　　装帧设计：张　辉

出版发行：化学工业出版社（北京市东城区青年湖南街 13 号　邮政编码 100011）

印　　装：北京七彩京通数码快印有限公司

787mm×1092mm　1/16　印张 12　字数 302 千字　2022 年 1 月北京第 1 版第 6 次印刷

购书咨询：010-64518888　　　售后服务：010-64518899

网　　址：http：//www.cip.com.cn

凡购买本书，如有缺损质量问题，本社销售中心负责调换。

定　　价：39.00 元

前言 FOREWORD

在我国由工程教育大国向工程教育强国迈进的过程中，要求造就一大批创新能力强、适应经济社会发展需要的高质量各类型工程技术人才。因此，面向社会需求培养人才，全面提高工程教育人才培养质量成为高等教育的重要内容。

物理学是理工科院校的基础学科，物理实验则是物理学科必不可少的实践环节。大学物理实验为学生提供了一个将所学基本理论应用于实践的平台，便于学生在实践中检验物理学基本理论的正确性及局限性，加深对理论的理解，也有利于应用型人才的培养。当前，信息科学、材料科学、生命科学及空间科学等各学科之间的联系进一步加强，各学科之间的交叉渗透，已经成为主要的发展趋势。因此，大学物理实验教学也要与时俱进。

本书是结合普通理工科院校的特点，对使用多年的大学物理实验讲义进行大量修改编写而成的。本书编者由长期致力于大学物理实验教学、具有丰富经验的教师担任。大学物理实验讲义是在教学实践中日积月累、逐步完善的。在实际中，实验内容的确定、实验项目的建设、实验讲义的编写及实验教学的完成，都是在实验教学第一线辛勤耕耘的老师共同努力的结果。所以，本书的完成源于教学实践。

本书在课程体系上按照普通物理（力学、热学、电磁学、光学及近代和综合性物理实验）顺序编排，保持了大学物理实验与普通物理教学的同步性，使学生通过实验环节加强对理论知识的理解。每一部分实验项目的编排在难度上循序渐进，由浅入深。总体上以基础性实验为主，辅以一定量的近代及综合性实验。其中，物理量的测量、误差、不确定度的估算、有效数字的运算及实验数据处理方法等基础性的知识介绍得比较详尽，便于各层次的学生掌握这些基础知识。此外，多数实验的末尾附以该实验不确定度估算的参考公式，以便学生检查其不确定度的估算公式推导是否正确，有利于学生正确处理实验数据，书写规范的实验报告。在内容上保留了电表改装、线式电位差计等传统的实验项目，既可以充分锻炼学生的电路连接能力这一基本技能，又培养学生分析问题和解决问题的能力。在内容的安排上，既大力加强基础，特别注重实验原理的介绍，又在实验环节中适当融入现代化的“元素”。在“三线摆测量转动惯量”、“导热系数测定”等实验中，用智能计数、计时取代了传统的人工计数、计时过程。同时，倡导学生开动脑筋，大胆尝试，对传统的实验进行适当的改进，以便逐步将现代的一些科技成果应用于传统的物理实验的记录、观察等过程中，或将交叉学科的新的技术手段应用于传统实验中，从而极大地激发学生的兴趣，培养和提高学生的动手能力和创新能力，使物理实验不再是陈旧的、孤立的、一成不变的，而是与其他学科密切联系的、有生命力的、有趣的实验。而且融入现代气息的实验项目，可进一步增强对学生的吸引力，促使学生利用开放实验室这一平台积极主动地进行物理实验，使其实验技能快速提高。此外，书中各部分实验包含多个实验项目可供选择，在使用中可根据不同专业的实际需求不同、学时不同进行灵活选择，适当取舍。

本书由赵述哲、尹树明编写。赵述哲做了主要的编写工作，尹树明参与部分内容的编写和校对工作。其中，绪论、实验八、实验十七由尹树明编写，其余部分由赵述哲编写。

编者对沈阳化工大学的杨坤、欧阳淑丽、钟国宁、石晓飞、孙树生、王丽芝、张宪刚、葛崇员、贾维烨、李青云等老师所做的工作表示感谢；对沈阳化工大学教务处在本书出版过程中的大力支持表示感谢。

由于编者水平所限，书中不足之处在所难免，恳请读者批评指正，以便再版时校正。

编者

物理实验课学生守则

1. 学生应在课表规定时间内进行实验，迟到 10min 以上，以缺课处理，不得正常参加本次实验。

2. 学生在每次实验前对排定要做的实验进行预习，掌握实验原理，明确预习任务，写好预习报告。经指导教师检查后方可参加本次实验。

3. 学生在做实验之前，应先检查自己所要使用的仪器设备是否缺少或损坏。若发现问题要及时向指导教师提出，否则责任自负。

4. 实验时要严肃认真，实事求是地记录数据，不得抄袭他人的实验数据。实验室内要保持安静，不准吸烟、吃零食和做一切与实验无关的事情。

5. 实验记录必须经指导教师审核。实验数据合格者由指导教师签字，不合格者必须重做。

6. 实验结束后要把仪器物品整理放齐，并向指导教师报告，经指导教师检查无缺损后方可离开实验室。如果发现损坏仪器设备，要及时登记并根据具体情况按规定酌情赔偿。

7. 全班实验结束后，要安排值日生清扫实验室。

8. 课后认真独立完成实验报告，按时将实验报告与原始实验数据一并交指导教师批阅。

9. 学生要以学为主，不得无故或借故缺课。因故缺课必须履行请假手续。缺做一次实验，本课程以不及格处理。

目录 CONTENTS

绪论

第一章 测量、误差及数据处理

第二章 力学、热学实验

第三章 电磁学实验

第四章 光学实验

第五章 近代物理及综合性实验

附录

附表

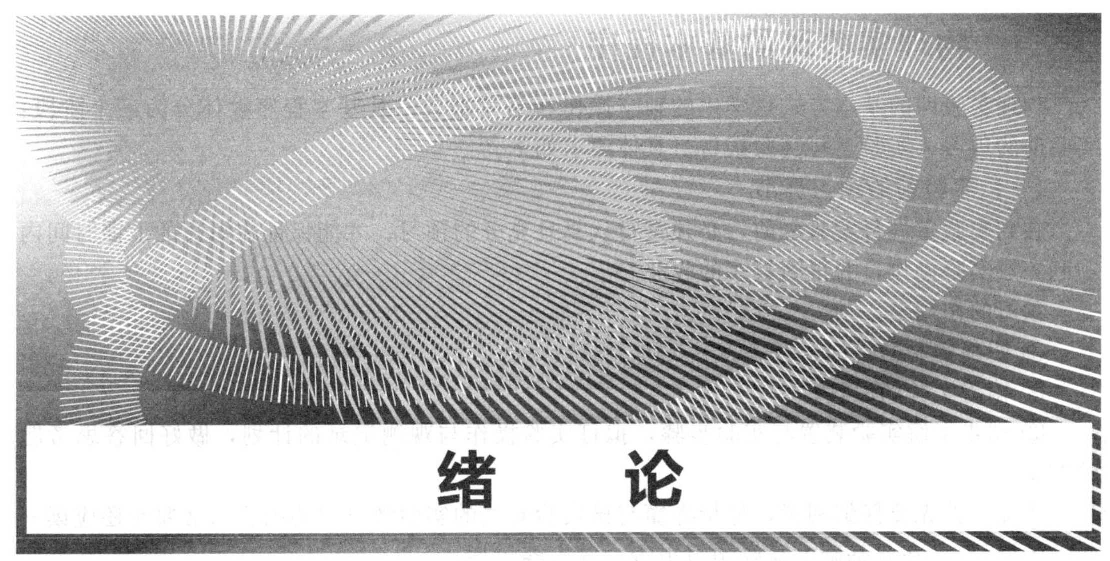

绪　论

一、物理实验课的地位和作用

工科大学的物理实验课是一门极为重要的基础实验课程，一方面就物理学而言，要真正学好物理课程，就必须重视理论与实践的结合。大学物理实验课的主要任务不在于对物理理论的验证，而是为了对大学生进行系统的实验理论、实验技能和科学研究能力的培养训练。因而它已经成为一门独立的、必修的基础课程，不再是物理理论课的一部分。它们之间没有“同步”的直接关系，当然它们之间还是相互联系，并在一定程度上互相配合的。另外，就实验科学而言，它是学生进入大学后进行系统实验技能训练的开端，物理实验的知识、方法、习惯和技能是学生进行后续实验训练课的基础。学生通过物理实验，不但学习科学实验的基本原理、基本方法，还接受科学作风、实验技能的严格培训，为科学实验能力打下牢固的基础。在此基础上，再经过技术的、专业的实验训练，使学生成为具有较为深广的理论知识和较强的近代科学实验能力的大学毕业生，真正成为受当代社会欢迎的科技人才。

二、物理实验课的任务

(1) 通过对实验现象分析和对物理量的测量，使学生逐步掌握物理实验的基本知识、基本方法和基本技术；学习如何将所掌握的物理理论与科学实践相结合的科学研究方法；加深对物理学原理的认识与理解。

(2) 培养与提高学生从事科学实验应具有的素养；培养学生严肃认真一丝不苟的工作态度；培养学生理论联系实际、实事求是的科学态度，遵守纪律、爱护公共财产的优良品德；培养学生在实验过程中相互协作、共同探索的协作心理。在科技工作中，要有所发现、有所发明、有所创造、有所前进，缺乏这些素养是很难成功的。

(3) 培养与提高学生科学实验能力，主要包括：自学能力、动手实践能力、思维研究能力、书写表达能力和简单的实验设计能力。

以上三个任务，只有在学生主动、自觉的学习中才能完全达到。每个学生都应认识到：在实验中，不仅要完成实验任务，更重要的是获得实验本领，培养从事科学研究的能力。只有这样，才能适应科学技术飞速发展的需要，担负起建设现代化社会主义祖国的重任。

三、物理实验课的基本程序

物理实验课的基本方式是学生的独立操作与书写报告。其基本程序大体分为三个阶段：实验前的预习、实验、写实验报告。具体要求如下。

（一）实验前的预习环节

在到实验室进行实验之前，必须进行认真且充分的预习，才能保证在短短的上课时间内顺利完成实验操作，并得到较多的收获。

预习的作用是：

① 明确实验的目的、任务；

② 搞清实验的原理；

③ 初步了解实验装置与实验步骤，拟订实验操作与观测记录的计划，做好回答思考题的准备。

为此，首先要仔细阅读，尽量弄懂与该实验有关的实验教材中的内容（必要时还应读一些参考资料），在此基础上写好预习报告。其内容包括：

① 实验名称；

② 实验目的；

③ 实验原理或实验内容（要求简要列出主要的计算公式、电路图、光路图等）；

④ 列出有特色的主要仪器设备；

⑤ 关键的实验步骤（要求突出关键性的调整方法和测量技巧，其他内容只要求简单列出）；

⑥ 在实验记录栏内画好记录的表格。

总之，预习报告要图文并茂、内容全面、简明扼要。

（二）实验环节

学生应带着实验预习报告与其他资料提前进入实验室，并将预习报告放在桌上供教师检查。实验课进行的程序及要求大致如下。

(1) 检查预习情况　教师在实验课开始时通过提问和逐个审查，检查学生的预习情况。

(2) 教师作指导性讲解　学生应注意听讲，做好记录。

(3) 实验操作　实验前要熟悉仪器，了解仪器的工作原理和用法，然后将仪器安装调整好。在实验过程中，应认真操作，注意观察，仔细进行分析和判断，正确地、实事求是地读取和记录测量数据。如果不合理或有显著错误，应加以分析或重作。

(4) 观测与记录　实验中对物理现象的观察与对物理量的测量记录通常是实验操作的中心任务，也是实验报告的主要依据，因而必须予以高度重视。

① 观察测量：观察测量要求及时、系统、准确、细致。许多物理现象与物理量是在动态过程中反映出来的，因而要抓住本质，测量要精确定量，切忌马虎、粗糙。对每次测量结果要进行及时的初步分析判断。当发现不够理想时，应找出原因，并适当安排重复观测。

② 记录：记录要求完整、清晰，并一律写在记录栏的表格内，其内容包括以下几个方面。

a. 实验的条件。例如：实验时间、地点、组别、同组人、室温、气压、湿度……

b. 仪器、设备、元器件的规格、精度、已知参数等。实验中经教师同意更换仪器、物品时，应重新登载有关数据。

c. 测量的数据。要力求清晰、准确地记载在事先设计的记录表格内。如若表格考虑不周，也应很有规律地顺次记载，并马上注明这是哪一个物理量、使用的物理单位及测量序号等。切忌乱记，以免事后分辨不清。记载数据要严肃认真，来不得半点马虎。要尽可能地反映测量的最高精确程度，不允许无谓地丢失有效数字位数。字迹要工整，尤其是数字要分明。

d. 物理现象与物理过程。记载实验中所观察记录的一切现象与过程（包括图形），力求准确（定量）描述。提倡勤观察、善思考、多记录的实验风格。

最后，记录必须经教师审查签字后方能生效。有不合要求处，应予以改正乃至重做。

(5) 清理　操作、记录经教师签字认为合格后，进行实验仪器的清理，检查其完好程度并向教师报告，经允许再离开实验室。

(三) 写实验报告环节

实验报告是实验工作的总结，也是实验成果的书面反映。报告中应有清晰的思路、齐全的数据和图表以及科学的结论。其内容包括以下几个方面。

(1) 实验名称、实验目的、实验原理、实验仪器设备、实验步骤，这些都是预习报告的内容，已要求在实验课前写好，但在实验课后应根据实际情况进行修正。

(2) 测试记录。实验记录纸上的现场记录是（必须保留的）原始凭证。课后，不允许再作任何修改，也不允许将它作为计算表格。实验报告纸上必须重新列出计算表格，将所需的数据列入其中。

(3) 对实验数据进行处理。这是实验报告的重点，要求写出数据处理的主要过程、图线、结果（解析表达式或其他论断）。

(4) 对实验误差进行分析，估算实验结果的不确定度。鼓励学生讨论引起误差的主要原因，提出切实可行的减少误差、提高实验水平的措施。

(5) 回答每次实验所留的作业题，其解答要写在实验报告的末尾。

最后，实验报告连同原始实验记录一并交教师审阅。

第一章　测量、误差及数据处理

第一节　物理量的测量、误差与不确定度的基本知识

一、物理量的测量

进行物理实验时，不仅要定性观察物理变化的过程，而且还要定量测定物理量的大小。为了进行测量，必须规定一些标准单位，如选定质量的单位为千克（kg），长度的单位为米（m），时间的单位为秒（s），电流强度的单位为安培（A）等。所谓测量，就是将待测量与这些选作标准单位的物理量进行比较，其倍数即为物理量的测量值。一般用米尺测长度，用天平秤测质量，用停表测时间，用电表测电压、电流，用温度计测温度等，像这样可以用测量器具直接测出物理量量值的测量称为直接测量，相应的物理量称为直接测量量。但对于大多数物理量来说，没有直接读数的仪器，只能用间接的办法进行测量。例如：测量圆柱形铜棒的密度时，可以用米尺量出它的高（h）和直径（d），算出体积$V=\frac{1}{4}\pi d^2h$，然后用天平称出它的质量（M），则圆柱形铜棒的密度$\rho=\frac{M}{V}=4M/\pi d^2h$。像这样由直接测得的物理量经过函数运算间接算出该物理量的量值，该物理量的测量过程称为间接测量，相应的物理量称为间接测量量。如果设x，$y\cdots$为直接测量值，W为由它们所确定的间接测量值，它们之间的函数关系表达式为：

$$W=f(x,y\cdots) \tag{1-1}$$

图 1-1　直接测量与间接测量

可见，直接测量是获得一切物理量的基础，间接测量依赖于直接测量。但是，并非采取基本单位的物理量在一切情况下都必然是直接测量值，而用导出单位的物理量就必然是间接测量值。在实践中，它取决于所使用的测量工具，还与测量方法有关。例如：用米尺无法直接测得图 1-1

中所示的尺寸 W，它只能由 $W=A-B$ 获得。这时，（厚度）尺寸 W 就成了间接测量值。另外，如果用速率表测汽车行驶的速率，这时所测得的速率就是直接测量值。

二、测量值的确定

1. 直接测量

先给一个最简单的测量：用米尺（最小分度值为 1mm）测量钢棒的长度（图 1-2）。将尺的始端对准钢棒的一端，钢棒的另一端所对米尺上的刻度数值即为棒长。从图 1-2 中看到棒的长度在 3.2～3.3cm 之间。但究竟是多少呢？不同的人可以读出不同的数，如 3.26cm、3.27cm、3.28cm 等。这三个数中最后一位数是估计出来的，称为存疑数字。实际上，我们很难判断哪个读数更准确，因而也就不能确定钢棒长度的真值。所谓真值，就是指反映物质自身各种各样特性的物理量所具有的客观的真实数值。而测量的目的就是力图得到真值。

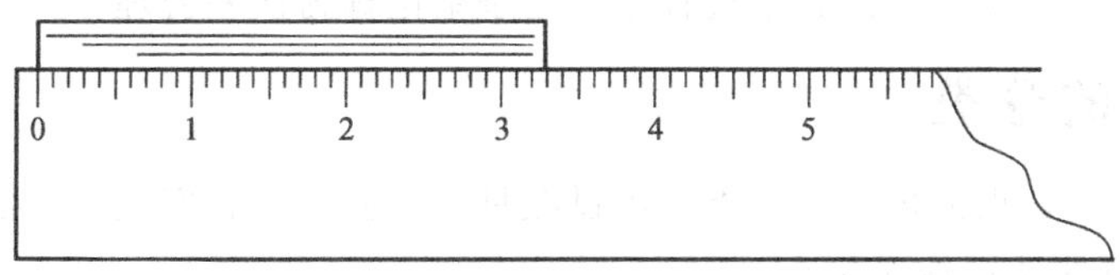

图 1-2　直接测量值的获得

为了提高测量的可靠程度，常常对同一物理量进行多次测量。如对于物理量 x，各次测量值为 x_i（$i=1, 2, \cdots, n$）。通常，各次测量值并不完全一致，而且也不可能判断出哪一次的测量值恰好是真值。那么，如何确定测量值呢？一般在测量没有错误及符合统计规律的情况下，可以“期望”诸测量值的算术平均值：

$$\overline{x}=\frac{1}{n}\sum_{i=1}^{n}x_i \tag{1-2}$$

算术平均值是较为接近真值 x 的，因而把它叫做真值 x 的最佳近似值，即用 $\overline{x}$ 代表 x 比采用任何一次测量值都更准确。

如果量具有未消除的零点偏差 δ_0，则应予以扣除，即令：

$$\overline{x}=\frac{1}{n}\sum_{i=1}^{n}(x_i-\delta_0)=\left(\frac{1}{n}\sum_{i=1}^{n}x_i\right)-\delta_0 \tag{1-3}$$

2. 间接测量

对间接测量值 $W=f(x, y, \cdots)$，它由诸直接测量值 x，y，…所确定。当多次测量时，有两种可能情况：①各直接测量值是分别独立进行测量的，且测量条件变化幅度很小；②每次都是在差不多同时或同一条件下对各量测量一遍，而各次测量之间又都是相互独立的。严格说来，在这两种不同的情况下，计算间接测量算术平均值的方法是不同的。

对于情况①，各直接测量值 x，y，…是相互独立测量的。首先分别求出它们各自的算术平均值 $\overline{x}$，$\overline{y}$，…，然后将其代入函数关系式(1-1) 中求得 W 的测量值：

$$\overline{W}=f(\overline{x},\overline{y},\cdots) \tag{1-4}$$

对于情况②，每次测量得一组 x_i，y_i，…（$i=1, 2, \cdots, k$），相应地 $W_i=f(x_i, y_i, \cdots)$，而以其多次测量的算术平均值 $\overline{W}$ 作为测量值。

$$\overline{W}=\frac{1}{k}\sum_{i=1}^{k}W_i=\frac{1}{k}\sum_{i=1}^{k}f(x_i,y_i,\cdots) \tag{1-5}$$

通常，当测量条件没有大幅度变化时，两种计算方法所得结果是相近的。所以，除非测量条件变化幅度过大时必须采用式(1-5) 外，不论何种情况，都可以用较为简便的式(1-4) 计算。

三、误差的定义

测量误差 ΔN 为测量值 N 与其真值 N_0 之差，即：

$$\Delta N = N - N_0 \tag{1-6}$$

真值 N_0 一般未知，因而误差不能确定，它只具有理论上的意义。

随着科学水平的提高和人们经验、技巧、知识的不断丰富，误差被控制得愈来愈小，但由于理论或方法、测量器具、环境影响以及人的分辨能力的限制，绝不会使误差降为零，这已为大量实践所证实，也为一切从事科学实验的人们所公认。实验结果都存在误差，误差自始至终地存在于一切科学实验的整个过程中，这条结论称为误差公理。

四、误差的分类

按照误差的性质，误差可分为三类，不过在具体实验中，它们往往是混在一起出现的。

1. 系统误差（非统计性误差）

在相同条件下，多次重复测量同一物理量所对应的各次测量误差，如果其符号和大小保持不变或随着条件的改变而有规律地发生变化，这样的误差称为系统误差。这样的误差都不符合统计学中随机函数的规律，亦称非统计性误差。

系统误差的特征是具有确定性。产生系统误差的原因常常是：①设备误差。如仪器的固有缺陷，如制造偏差、刻度不准、安装不正、零点未调准、元件不标准、受过损伤等。②理论方法误差。例如，测量方法的不当或偏差，包括间接测量中函数关系式（计算公式）的简化（如忽略电表内阻或电压表分流等）。③环境误差。如测量环境条件温度、湿度、气压、电源电压、地磁等的改变。④个人误差。如观测者操作方法欠妥；升温、降温过快，不待指针停稳就读数；千分尺螺旋杆拧得过紧等。⑤读数偏差。如斜视读数、一律抹去尾数等。

系统误差按其掌握程度分为以下两种。

① 可定系差：能够确定其数值的系统误差。一经发现，要从结果中修正掉（即：测量值=示值+修正值）。

② 未定系差：无法确定其数值的系统误差。例如：仪表的基本允许误差主要属于未定系统误差。

系统误差按其是否会发生变化分为以下两种。

① 定值系差：指符号与大小不变的系统误差。例如：千分尺密合时就已有了一个微小示数，则每次重复测得的值都会出现同样的偏离，称为零点误差。

② 变值系差：指测量条件改变时，按某种规律变化的系统误差。这种变化，有的可能随着时间变化，有的可能随着位置变化。例如：分光计刻度盘中心 O 与望远镜转轴 O' 如有偏心差 e，如图 1-3 所示，则当转盘角位置为 φ 时，测量误差为：

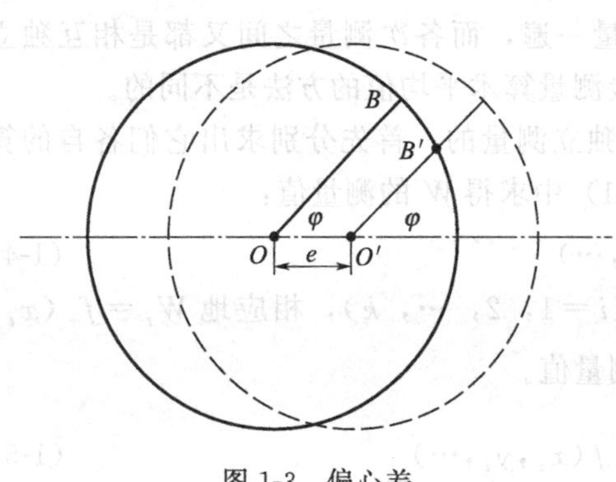

图 1-3　偏心差

$$\Delta = BB' = e\sin\varphi \tag{1-7}$$

这便是周期变化的系统误差，称为偏心差。

系统误差常常是影响测量结果的主要因素，实验水平的高低往往决定于对系统误差处理水平的高低。

2. 随机误差（统计性误差）

在相同条件下，多次测量同一物理量所对应的各次测量的误差，其符号和绝对值以不可预定的方式变化，这种误差称为随机误差。它通常是符合统计学规律的，所以也称为统计性误差。

随机误差具有随机变化的性质。产生的原因通常是某些偶然的、不确定因素的影响，比如由于操作者视觉和仪器精度的限制使平衡点确定不准或估读数有起伏（读数误差）；由于环境因素的随机起伏而导致读数的微小变化等。这些影响一般是微小的，很难确定影响的具体大小，故不能予以排除或修正其影响。

尽管随机误差不能完全消除，但可通过改进测量方式或进行多次重复测量减少其影响。

随机误差虽然在大小和符号上不确定，但当测量次数较多时，会发现存在某种统计规律。分析表明，大部分随机误差服从正态分布（或称为高斯分布）。令 $f(\Delta N)$ 代表单位误差间隔内出现某误差值的概率，即：

$$f(\Delta N) = \lim_{\Delta N \to 0} \frac{\Delta N\text{ 内误差出现的概率}}{\Delta N} \tag{1-8}$$

$f(\Delta N)$ 称为概率密度函数，当测量次数 k 趋于无限多次时，$f(\Delta N)$ 可表达为：

$$f(\Delta N) = \frac{1}{\sqrt{2\pi\sigma}} \times \mathrm{e}^{-(\Delta N)^2/(2\sigma)^2} \tag{1-9}$$

式中

$$\sigma = \sqrt{\frac{\sum (N_i - N_0)^2}{k}}\ (k \to \infty) \tag{1-10}$$

称为标准误差，意义是任一次测量误差 ΔN_i 落在 $[-\sigma, \sigma]$ 间的概率为 0.68，它代表了一列测量数据的离散程度。

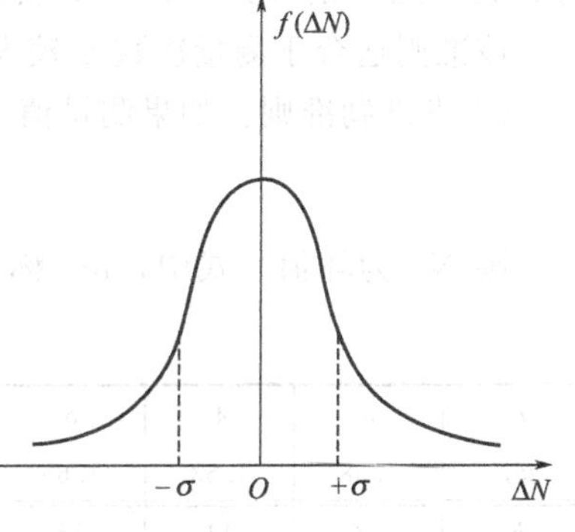

图 1-4　随机误差的正态分布

$f(\Delta N) \sim \Delta N$ 曲线形状如图 1-4 所示，称为正态分布曲线。由曲线形状看出，遵守正态分布的随机误差的算术平均值随着测量次数的增加而趋于零，即：

$$\lim_{k \to \infty} \frac{1}{k} \sum_{i=1}^{k} \Delta N_i = 0 \tag{1-11}$$

由该式得：

$$N_0 = \lim_{k \to \infty} \frac{1}{k} \sum_{i=1}^{k} N_i = \overline{N} \tag{1-12}$$

即在系统误差可以忽略的情况下，当 $k \to \infty$ 时测量值的平均值等于真值。

实际测量总是有限次的，不难理解，此时测量值的平均值最接近真值，即平均值是测量的最佳值。

在有限次测量的情况下，称测量值 N_i 与平均值 $\overline{N}$ 之差为偏差或残差，即

$$\Delta N_i = N_i - \overline{N} \tag{1-13}$$

此时，用标准偏差 S 作为标准误差 σ 的最佳描述。可以证明，测量列中任一次测量值

的标准偏差为：

$$S_N=\sqrt{\frac{\sum_{i=1}^{k}(N_i-\overline{N})^2}{k-1}} \tag{1-14}$$

该式称为贝赛尔公式。平均值 $\overline{N}$ 的标准偏差为：

$$S_{\overline{N}}=\frac{S_N}{\sqrt{k}}=\sqrt{\frac{\sum_{i=1}^{k}(N_i-\overline{N})^2}{k(k-1)}} \tag{1-15}$$

S_N 或 $S_{\overline{N}}$ 的意义是，当测量次数较多时（一般要求 $k\geqslant5$），任一个 ΔN_i 落在 $[-S_N, S_N]$ 之间或 $\overline{N}$ 的误差落在 $[-S_{\overline{N}}, S_{\overline{N}}]$ 之间的概率约为 0.68。

上面所得到的概率称为置信概率（用 P 表示），置信概率 $P=0.997$ 所对应的误差称为极限误差（或称为误差限），对于正态分布的随机误差，可以证明极限误差近似为：

$$\Delta_{\lim}=3S \tag{1-16}$$

3. 粗大误差

定义：误差列 ΔN_i（$i=1, 2, \cdots, k$）中，有个别的误差明显超出规定条件下的预期值，这样的误差称为粗大误差。粗大误差具有反常性质。

产生原因：常由于各种过失所造成，比如读错、记错、测量条件或操作不符合要求等。

粗大误差对应的测量值称为坏值。应按一定规则判断测量值是否是坏值；一旦发现，应将其从测量列中剔除。

一般常用的几种判断坏值的方法有以下两种。

(1) 多次等精度直接测量的情形

① $3S$ 准则：如果测量次数足够大，那么其中任一测量值 N_i 落在 $[\overline{N}-3S, \overline{N}+3S]$ 内的概率几乎是百分之百，所以如某测量值的偏差大于 $3S$，可认为该测量值为坏值。

该准则适合于测量次数 k 较大（$k\geqslant10$）的情形，否则该准则失效。

② 肖维勒准则：如果测量值 N_i（$i=1, 2, \cdots, k$）中 N_j 满足

$$|N_j-\overline{N}|>w_kS \tag{1-17}$$

则 N_j 为坏值。式中，w_k 称为肖维勒系数，其值与测量次数 k 有关，见表 1-1。

表 1-1　w_k 数值表

k	3	4	5	6	7	8	9	10	11	12
w_k	1.38	1.53	1.65	1.73	1.80	1.86	1.92	1.96	2.00	2.03
k	13	14	15	16	17	18	19	20	21	22
w_k	2.07	2.10	2.13	2.15	2.17	2.20	2.22	2.24	2.26	2.28
k	23	24	25	30	40	50	75	100	200	500
w_k	2.30	2.31	2.33	2.39	2.49	2.58	2.71	2.81	3.02	3.20

由表 1-1 可知，测量次数越少 w_k 越小，说明测量值容许的范围越小。另外，$3S$ 准则相当于测量次数 $k\approx200$ 次的情形。

注意，某坏值剔除后，还应该再用上述准则继续判断还有没有坏值。

(2) $y_i=f(x_i)$ 的情形

① 粗略判断：在坐标纸上标出各数据点（x_i，y_i），如有个别点偏离大多数数据点所绘曲线太远，可认为该组数据是坏值。

② 严格判断：对于线性函数

$$y=ax+b \tag{1-18}$$

可计算其剩余标准差 S_y（见本章第四节），如果

$$|y_i-y_i^*|>w_kS_y \tag{1-19}$$

可认为（x_i，y_i）是坏值。式中，y_i^* 是将 x_i 代入由最小二乘法求得的最佳直线方程 $y^*=ax+b$ 所得的 y^* 值。

如果是一般函数关系，应先将它改为直线方程（见本章第四节），再按上述方法处理。

五、不确定度的概念及结果表示

由于真值 N_0 未知，测量值 N 大于或小于 N_0 都有可能，实际工作中只能要求 N 与 N_0 之差的绝对值以一定的置信概率 P 不大于某微小值 u：

$$|N-N_0|\leqslant u \quad (\text{置信概率为 } P) \tag{1-20}$$

其中 u 值可以通过一定的手段进行估算。该式等价于 $N-u\leqslant N_0\leqslant N+u$（置信概率为 P），即 N_0 以置信概率 P 存在于 $(N-u)\sim(N+u)$ 之间。

上面引入的 u 称为不确定度，它表征真值以某一置信概率存在的范围，是衡量测量结果不确定性的尺度。为此，测量结果亦可表示为：

$$N\pm u=\cdots \quad (\text{置信概率 } P=\cdots) \tag{1-21}$$

该式称为结果表示式。

不确定度 u 与测量值 N 比值的百分数称为相对不确定度，用 u_r 表示：

$$u_r=\frac{u}{N}\times 100\% \tag{1-22}$$

相对不确定度的一个重要作用是用于衡量实验质量的高低。

注意：

① 结果表示式(1-21) 并不意味着有两个测量结果，而是代表真值以某置信概率存在的两端界限。

② 结果表示式(1-21) 中要有单位。一般测量值、不确定度值和单位称为结果表示的三要素。

③ 不确定度 u 只取一位数字，相对不确定度最多取两位数字。

④ 结果表示式(1-21) 中，测量结果所保留的最末位必须与 u 值所在的位对齐（因为该位已是可疑位）。

第二节　不确定度的估算方法

一、测量结果的正确度、精密度、准确度、精度和不确定度

1. 正确度

测量值与真值的符合程度称为正确度。测量值越接近真值，正确度越高。正确度反映了系统误差的大小。在其他方面的系统误差得到修正或可忽略的情况下，仪器的基本允许误差（简称仪器误差）$\Delta_{仪}$ 可作为直接测量正确程度的界限。

仪器误差是指在正确使用仪器的条件下，测量所得结果和被测量的真值之间可能产生的

最大误差。不同种类测量器具的仪器误差的形式不一样。例如，对于电表类：

$$\Delta_{仪}=a\%\times 量程 \tag{1-23}$$

式中，a 为电表的准确度等级。有些测量器具没有注明准确度等级，可查阅有关的计量器具说明书或参考国家标准。例如，量程为 300mm 的 50 分度游标卡尺，$\Delta_{仪}=0.02\text{mm}$，量程为 25mm 的一级千分尺，$\Delta_{仪}=0.004\text{mm}$，最大称量为 500g 的 WL 型物理天平，$\Delta_{仪}$ 如表 1-2 所列等。

表 1-2　WL 型物理天平的仪器误差

m/g	$0<m\leqslant 100$	$100<m\leqslant 400$	$400<m$
$\Delta_{仪}$/g	0.02	0.04	0.06

$\Delta_{仪}$ 可认为是误差限，它不能用统计方法估算，这种不确定度分量称为 B 类不确定度。

2. 精密度

重复测量所得结果相互接近的程度称为精密度，精密度反映的是随机误差大小的程度。各次测量值相互越接近，精密度越高。单次测量无精密度可言，多次重复测量所算得的平均绝对误差$\overline{\Delta N}$或标准偏差 $S_{\overline{N}}$ ［式(1-15)］可用来表达测量结果的精密程度。

平均绝对误差定义为测量列中各测量值偏差绝对值的平均值，即：

$$\overline{\Delta N}=\frac{1}{k}\sum_{i=1}^{k}|N_i-\overline{N}| \tag{1-24}$$

$\overline{\Delta N}$没有明确的置信概率可言。当测量次数 $k\geqslant 5$ 时，$\overline{\Delta N}$接近于极限误差。尽管如此，由于计算起来简单直观，所以在粗略估算中仍被采用。

能够用统计方法估算的不确定度分量称为 A 类不确定度，标准偏差 $S_{\overline{N}}$（或 S_N）是 A 类不确定度的量度。

显然，反映数据相互靠近程度的精密度高，反映数据接近程度的正确度不一定高，反之也如此。

3. 准确度

测量结果正确度与精密度的综合效果称为准确度。

4. 精度

它是一个笼统的概念。通常用精度来反映测量值与真值的差异。精度高的误差小，精度低的误差大。按通常习惯，测量结果的相对不确定度的数值可作为测量结果精度的反映。例如：$u_r=0.7\%$，就是测量精度达到 0.007。

5. 不确定度

它是用来表示误差范围的一个重要概念。在计量工作中就常用不确定度来评定实验结果的误差，因为误差是指测量值与真实值之差，而不确定度则是表示测量误差可能出现的范围，因此不确定度这个概念更能反映测量结果的特征，其次不确定度包含了各种来源不同的误差对测量结果的影响，而它们的计算又反映了这些误差所服从的分布规律。为了取得对不确定度计算和表示方法上的统一，实验不确定度主要还是用标准差表示。

二、直接测量不确定度的估算

1. 单次测量情形

(1) 测量条件较差时，可根据具体情况给出不确定度的估计值 $U_{估}$，它相当于极限误差。

(2) 一般情形下，取 $\Delta_{仪}$ 作为不确定度 U 的值，它也相当于极限误差。

2. 多次等精度测量情形

(1) 粗略估算

$$U=\Delta_{仪}+\overline{\Delta N} \tag{1-25}$$

(2) 精确估算　当测量次数 $k \geqslant 5$ 时，估算步骤如下。

第一步，列出影响测量准确性的一切因素，要求不遗漏、不扩大、不重复。对于可定系差，应从测量结果中修正掉。

第二步，分清上述因素中，哪些属于能用统计方法估算的 A 类不确定度分量，哪些属于不能用统计方法估算的 B 类不确定度分量。

对于 A 类不确定度分量，如果测量对象真值不固定（如圆柱直径各处真值不同），按式(1-14) 估算。如果真值固定，按式(1-15) 估算。对于 B 类不确定度分量，如 $U_{估}$、$\Delta_{仪}$ 等，要转换成相似标准差进行估算，对于大多数测量器具的仪器误差所对应的相似标准差为：

$$u=\frac{\Delta_{仪}}{3} \tag{1-26}$$

第三步，求合成不确定度 u_N，它等于各 A 类不确定度分量 S_i 和各 B 类不确定度分量 u_j 的方和根。

$$u_N=\sqrt{\sum S_i^2+\sum u_j^2} \tag{1-27}$$

第四步，求总不确定度 U。

$$U=cu_N \tag{1-28}$$

c 可取 1，2 或 2.6，所对应的置信概率分别为 0.68，0.95 或 0.99。总不确定度用于测量结果的报告，又称报告不确定度。

第五步，列结果表示式，按下述三种方式之一列出：

$N \pm U=\cdots$　$(P=0.68)$　$(U=u_N)$

$N \pm U=\cdots$　$(P=0.95)$　$(U=2u_N)$

$N \pm U=\cdots$　$(P=0.99)$　$(U=2.6u_N)$

三、间接测量不确定度的估算

设间接测量量 N 与直接测量量 x，y 满足

$$N=f(x,y) \tag{1-29}$$

今对 x，y 测量了 k 组：(x_1, y_1)，(x_2, y_2)，…，(x_k, y_k)，则有两种计算 N 值的方式。

第一种方式是先计算各 N_i 值，然后求出各 N_i 的平均值。

$$N_i=f(x_i,y_i)(i=1,2,\cdots,k) \tag{1-30a}$$

$$\overline{N}=\frac{1}{k}\sum_{i=1}^{k}N_i \tag{1-30b}$$

第二种方式是先求出 $\overline{x}$，$\overline{y}$，然后将 $\overline{x}$，$\overline{y}$ 代入式(1-29) 中计算 $\overline{N}$ 值。

$$\overline{x}=\frac{1}{k}\sum_{i=1}^{k}x_i,\quad \overline{y}=\frac{1}{k}\sum_{i=1}^{k}y_i \tag{1-31a}$$

$$\overline{N}=f(\overline{x},\overline{y}) \tag{1-31b}$$

第一种方式比较麻烦，第二种方式是近似计算，通过台劳展开可知，当测量次数较大时，可采用第二种简单算法。我们规定，$k\geqslant5$ 时用第二种算法，否则用第一种算法。

1. 不确定度传播规律

直接测量量具有不确定度，从而导致间接测量量也具有不确定度，称之为不确定度的传播。下面介绍其传播规律。由于不确定度一般是微小量，故可借助于微分手段予以研究。

对式(1-29) 两边微分得：

$$\mathrm{d}N=\frac{\partial f}{\partial x}\mathrm{d}x+\frac{\partial f}{\partial y}\mathrm{d}y$$

从而传播规律为（对加减运算用起来方便）

$$u_N=\frac{\partial f}{\partial x}u_x+\frac{\partial f}{\partial y}u_y \tag{1-32}$$

或者先对式(1-29) 两边取自然对数，再对两边取微分

$$\ln N=\ln f(x,y)$$

$$\frac{\mathrm{d}N}{N}=\frac{\partial(\ln f)}{\partial x}\mathrm{d}x+\frac{\partial(\ln f)}{\partial y}\mathrm{d}y$$

从而传播规律为（对乘除为主的运算，用起来方便）

$$\frac{u_N}{N}=\frac{\partial(\ln f)}{\partial x}u_x+\frac{\partial(\ln f)}{\partial y}u_y \tag{1-33}$$

上述公式中相加各项称为不确定度项，各直接测量量不确定度前面的系数称为不确定度传播系数。

2. 不确定度的合成

由各不确定度项求间接测量量不确定度的过程，称为不确定度的合成。

（1）粗略估算——不确定度的算术合成　从极限情形考虑，各不确定度项全为正值到全为负值都有可能，但在最不利的情况下，各不确定度项全为正值时，由式(1-32)、式(1-33) 得：

$$U_N=\left|\frac{\partial f}{\partial x}\right|U_x+\left|\frac{\partial f}{\partial y}\right|U_y \tag{1-34}$$

$$\frac{U_N}{N}=\left|\frac{\partial(\ln f)}{\partial x}\right|U_x+\left|\frac{\partial(\ln f)}{\partial y}\right|U_y \tag{1-35}$$

式中，U_x、U_y 可采用$U_{估}$、$\Delta_{仪}$ 或由式(1-25) 确定的U，而由式(1-34)、式(1-35) 所得间接测量的不确定度相当于误差限。

（2）精确估算——不确定度的方和根合成　可以证明，当直接测量量 x、y 彼此独立无关时，间接测量量的不确定度为：

$$u_N=\sqrt{\left(\frac{\partial f}{\partial x}\right)^2u_x^2+\left(\frac{\partial f}{\partial y}\right)^2u_y^2} \tag{1-36}$$

$$\frac{u_N}{N}=\sqrt{\left[\frac{\partial(\ln f)}{\partial x}\right]^2u_x^2+\left[\frac{\partial(\ln f)}{\partial y}\right]^2u_y^2} \tag{1-37}$$

式中，u_x、u_y 可采用相似标准差（单次直接测量、一般为 $\Delta_{仪}/3$），或者采取式(1-27) 所确定的值。由式(1-36)、式(1-37) 所得间接测量的不确定度的置信概率约为 0.68。

为了方便，现将常用运算关系的不确定度计算公式列入表 1-3 中以供查找。

表 1-3　常用运算关系的不确定度计算公式

函数关系 $N=f(x,y,\cdots)$	合成不确定度公式 $u_N=$	合成相对不确定度公式 $u_N/N=$
$x\pm y\pm\cdots$	$\sqrt{u_x^2+u_y^2+\cdots}$	$u_N/N=\dfrac{\sqrt{u_x^2+u_y^2+\cdots}}{N}$
xy	$\sqrt{(yu_x)^2+(xu_y)^2}$	$\sqrt{\left(\dfrac{u_x}{x}\right)^2+\left(\dfrac{u_y}{y}\right)^2}$
x/y	$\dfrac{x}{y}\sqrt{\left(\dfrac{u_x}{x}\right)^2+\left(\dfrac{u_y}{y}\right)^2}$	
x^P(P 为实数)	$Px^{P-1}u_x$	$P\dfrac{u_x}{x}$
$\ln x$	$\dfrac{u_x}{x}$	$\dfrac{u_x}{(x\ln x)}$
$\sin x$	$\cos x u_x$	$\cot x u_x$
$\cos x$	$\sin x u_x$	$\tan x u_x$
$\tan x$	$\sec^2 x u_x$	$\dfrac{2u_x}{\sin 2x}$
$\cot x$	$\csc^2 x u_x$	

四、测量值相对于其公认值（或理论值）的百分差

设 N_S 代表待测量的公认值或理论计算值，则 N 与 N_S 之间的百分差 E_S 为

$$E_S=\frac{|N-N_S|}{N_S}\times 100\% \tag{1-38}$$

一般说来，N_S 更接近真值 N_0，故应满足

$$|N-N_S|\leqslant u_N$$

从而 $|N-N_S|/N_S\leqslant u_N/N_S\approx u_N/N$，即

$$E_S\leqslant u_r \quad \text{（以一定概率）} \tag{1-39}$$

可见计算 E_S 的意义除了衡量测量值 N 的正确度外，还具有判断不确定度估算是否合理等作用，如发现 $E_S>u_r$，应仔细审查不确定度的估算是否存在什么问题，是否存在较大的系统误差没有反映到不确定度的估算中等。

第三节　有效数字及其运算

一、有效数字的定义

如上所述，用实验仪器直接测量的数值都具有一定的误差，因此，测得的数据都只能是近似数。由这些近似数通过计算而求得的间接测量值也是近似数。显然，几个近似数的运算不可能使运算结果更准确地表示记录和运算结果的近似性。

从仪器上读出的数字，通常都要尽可能估计到仪器最小刻度线的下一位。以图 1-2 用米尺测量钢棒的长度为例，可以读出 3.26cm、3.27cm、3.28cm，前两位数“3.2”可以从米尺上直接读出来，是准确数字，而第三位数是测量者估读出来的，估读的结果因人而异。因此下一位数的估计已经是没有可能和必要了。我们把仪器上读出的数字包括最后一位可疑的数字，全部记录下来，称为有效数字。即

有效数字＝全部可靠数字＋1位可疑数字

物理实验中之所以特别强调用有效数字表达测量结果，是因为它能直观地反映测量结果精度的高低，如 100Ω 的相对不确定度约为百分之几，而 100.0Ω 的相对不确定度则为千分之几，所以，有效数字位数越多测量精度越高。

应该明确：

① 可疑数字只应保留一位，保留多位或没有这一位都是无意义的。

② 数字前面的零不算作有效数字，它与单位换算有关；数字后面的零是有效数字的一部分，不能任意增减。例如，58.00mA 是四位有效数字，0.05800A 也是四位有效数字。

③ 单位换算时，有效数字的位数必须保持不变，从而保证测量精度不变。例如，11.80kg＝1.180×10^4g（数字的科学表达法），不能写成 11800g。

二、直接测量有效数字的读取

一般而言，测量器具的分度值是考虑到仪器误差所在的位来划分的，读取测量值的一般原则是：除了读取能够准确读出的数值外，还必须在分度值以内再读出一位可疑数字。

如图 1-5 中，工件 A 长应读成 13.0mm，读成 12.9mm 或 13.1mm 也不错，但绝不能读成 12mm 或 13mm。

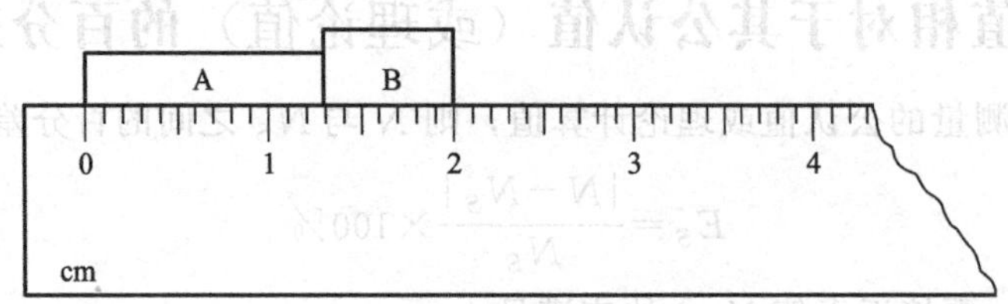

图 1-5　用米尺测工件长度

应注意：

① 估读方法不一定都按 1/10 分度值读可疑数字，可按情况采取 1/5、1/4 或 1/2 分度值估读。有时也可以不估读，如 50 分度游标卡尺，其仪器误差为 0.02mm，则读数的最末位即为可疑位。

② 当仪器指示与仪器上某刻线对齐时，特别要注意在数后补零，以便能正确反映测量精度。如图 1-5 中工件 A 和 B 的总长度应为 2.00cm，写成 20mm 或 2cm 都是不正确的。总之，如需补零，末位零必须与可疑数字位一致。数字显示仪表，可疑数字位在数字的最末位上。

三、间接测量有效数字的运算

由直接测得量计算间接测得量时，如不遵守正确的规则，会使测量结果的准确性受到歪曲。

1. 加、减运算（可疑数字下面标一横线）

例如：

$$\begin{array}{r} 32.\underline{1} \\ +)\ 3.27\underline{6} \\ \hline 35.\underline{376}\approx 35.\underline{4} \end{array} \qquad \begin{array}{r} 26.6\underline{5} \\ -)\ 3.92\underline{6} \\ \hline 22.7\underline{24}\approx 22.7\underline{2} \end{array}$$

加减运算规则：几个有效数字相加减时，结果的可疑数字位和参与加减运算的几个有效数字中最大可疑数字位一致。

2. 乘、除运算

例如：

```
        5.348                        173.4…≈173
     ×) 20.5               217 )37643
   ──────────                   217
       26740                   ──────
       0000                     1594
     10696                      1519
   ──────────                  ──────
     109.6340≈110                753
                                 651
                               ──────
                                1020
```

乘除运算规则：一般情况下几个有效数字相乘除时，结果有效数字的位数与参与乘除运算的几个有效数字中最少的位数一致。

3. 乘方、开方的有效数字

不难证明，乘方、开方的有效数字与其底的有效数字位数相等。

应该注意：

① 整倍数、整分数是准确数字，结果位数与整倍数、整分数的位数无关。

② 无理数（π、e、$\sqrt{2}$、物理常数等）参与乘除运算时，无理数取位应比式中最少的位数多取一位，以保证结果的准确性。

③ 有效数字运算经常遇到数字的舍入问题，**舍入的原则是：**以要保留的最末位数为准，对于后面的数小于5时舍，大于5时入，等于5时，末位数凑成偶数。例如，将下面各数一律变为三位有效数字，则：

8.25499→8.25；

0.6375→0.638；

6.71501→6.72；

0.6385→0.638。

第四节　数据处理的基本方法

数据处理是指从获得数据起到得出结论为止的整个过程。如果数据处理不当，会前功尽弃，所以数据处理在实践中占重要地位。本节介绍一些常用的数据处理方法。

一、列表法

以表格的形式列出测量数据的方法称为列表法。列表的好处是：测量时能有条不紊，避免漏测；表达方式简单醒目，有助于反映物理量间的对应关系；便于检查、发现和分析实验中存在的问题；有利于计算和不确定度的估算，提高数据处理的效率。

列表的要求：

① 简单明确有条理。栏目顺序应充分注意数据间的联系和计算程序，也要注意测量顺序。一些主要的中间计算结果也应在表中有所体现，以便于处理和分析实验数据。

② 各栏目（纵或横）均应标明名称和单位。若名称用自定符号，需予以说明。单位写

---

[1] 9虽为可疑数，但不影响商7，所以7还是准确数。

在物理量符号之后，并用括号括起来，不要标在每个数据的后面。如整个表格都用同一单位，也可标在表格的上方。

③ 表中必须包含原始数据，数据应能正确反映测量有效数字的位数。

④ 实验室所给数据或查得的单项数据应列在表格的上部。

列表的具体格式参考各实验中所附的记录表格。

二、图示法

利用实验数据画实验图线（图示法）的好处是简便而直观地反映了数据之间的关系，更能反映函数关系的“几何”特性。它比列表法更为完整，具有连续性的优点，从而可弥补列表之不足，找到表上未列出的中间数值。通过作图，还可以帮助人们发现测量中的不足与“坏值”，指导进一步试验、测量。有了图线之后，在某些特殊情况下，可以利用图解的方法（简称“图解法”）推出实验图线（整条曲线或其中某一段）对应的方程式。把这种方程式叫做经验方程式或经验公式。

1. 图线的类型

物理实验中遇到的图线，大致可以分为三类。

(1) 表示在一定条件下某一物理量与另一物理量之间依赖关系的图线，这类图线一般是光滑连续的曲线或直线。

(2) 在少数情况下，两个物理量的函数关系可能是不规则的，或者依赖关系的精确性质不清楚。这时，尽管坐标纸上的点都是根据观测值画出的，相邻两点间仍然用直线连接。这样画得的图线称为校正图线。这类图线不是光滑连续的曲线，而是无规则的折线。

(3) 用于代替表格上所列数据的计算用图。这类图线是根据较精密的测量数据经过整理后，精心细致地绘制在标准图纸上，以便计算和查对。

这三种图线虽有各自不同的特点和应用，但它们的基本图示原则是一致的。

2. 实验数据的图线表示法——图示法

要做好一张正确、实用、美观的实验图线，大体包括下列几个步骤。

(1) 选择合适的图纸　常用的图纸有直角坐标纸、对数（单对数和双对数）坐标纸、极坐标纸三种。

图纸大小的选择，以不损失实验数据的有效数字和能包括所有实验点作为选取坐标纸大小的最小限度，即图纸上的最小分格至少应与实验数据中最后一位准确数字相当。例如，用伏安法测电阻所得数据如表1-4所示。

表 1-4　用伏安法测电阻所得数据

次数	1	2	3	4	5	6
电流(I)/A	0.082	0.094	0.131	0.170	0.210	0.260
电压(V)/V	0.87	1.00	1.40	1.80	2.30	2.80

根据实验范围：

$I_{max}-I_{min}=0.260-0.082=0.178$ 和 $V_{max}-V_{min}=2.80-0.87=1.93$。则图纸至少要取20mm×20mm。但这样的图纸太小了，可放大2倍、5倍或10倍。一般测量值的有效数字在3～4位，且变化范围不大，用直角坐标纸做图较好。如果变化范围很大，则要考虑用对数坐标纸做图。

(2) 确定坐标轴　以横轴代表自变量，纵轴代表因变量，轴末端或外侧注明物理量符号及单位，两者间用斜线“/”或逗号分开，也可用括号括上单位。

（3）标注分度值　对于每个坐标轴，在相隔一定距离上标明该物理量的整齐数值，称为坐标分度。在注明坐标分度时应注意以下几点。

① 图线上观测点的坐标读数的有效数字位数大体上与实验数据的有效数字位数相同。例如：对于直接测量的物理量，轴上最小格的标度可与测量仪器的最小刻度相同。

② 分度应使每个点的坐标值都能迅速方便地读出。一般用一大格（10mm）代表 1 个、2 个、5 个、10 个单位较好，而不采用一大格代表 3、6、7、9……个单位，也不应用 3、6、7、9……个小格（1mm）代表一个单位，因为那样不仅标点和读数不方便，而且也容易出错。

③ 好的比例分度，应使作出的图线对称地充满整个图纸而不偏于一边或一角。纵轴、横轴的起点不一定要从零开始。两轴的比例也可以不同，使图线和横轴的夹角在 30°～60°。

④ 如果数据特别大或特别小，可以提出乘积因子 10^n（n 为正负整数）放在所标单位之前。

（4）标点　按表列数值，在坐标系内逐个描出点，有时要在一个坐标图上画出几条线，为区别不同的函数关系的点，可以用不同的符号作出标记（例如，用“×”“＋”“⊙”“……”）以示区别，并在适当的位置上注明各符号的意义。注意不要用“·”来标记，因为它极易被图线淹没。

（5）连线　除了标准曲线应连成折线外，其他情形一律连成光滑曲线；曲线不一定通过所有的点，而是要求曲线“平均地”通过这些点，个别偏离过大的点应当舍去或重新测量核对；如果图线是一条直线，该直线一定通过 x_i 和 y_i 的平均值（$\overline{x}$、$\overline{y}$）所在的点，可将该点标出，然后以它为轴转动直尺到恰当位置画出该直线；如欲将图线延伸到测量数据范围之外，应依其趋势用虚线表示；所画曲线应尽量匀、细、光滑。

（6）写图名　在图纸顶部附近空旷位置写出简洁而完整的图名。一般将纵轴代表的物理量写在前面，横轴代表的物理量写在后面，中间用符号“～”连接。在图名的下方允许附加必不可少的实验条件或图注。

3. 图解法

根据实验图线，运用解析几何知识进一步得到曲线方程或经验公式的方法，称为图解法。

（1）直线图解的步骤　如果作出的实验图线是一条直线，直线方程 $y=kx+b$，图解法实际上就是求斜率 k 和截距 b。其步骤如下。

① 选点。在直线的两端各选一个点 $A(x_1, y_1)$ 和点 $B(x_2, y_2)$。为了减小相对误差，所选的两点应该相隔远一些，但仍在实验范围之内，一般不选实验数据的点。将所选的点用与实验数据的点不同的符号表示，并在旁边注明其坐标值。

② 求斜率 k。将 A、B 两点的坐标值代入直线方程 $y=kx+b$，于是有

$$y_1=kx_1+b$$
$$y_2=kx_2+b$$

解得：

$$k=\frac{y_2-y_1}{x_2-x_1}$$

k 称为直线的斜率。

③ 求截距 b。如果横坐标的起点为零，则直线的截距可直接从图中读出（∵ $x=0$ 时，

$y=b$)。否则可用下式计算截距。

$$b=\frac{x_2y_2-x_1y_1}{x_2-x_1}$$

于是得到了与实验图线相适应的经验公式。

(2) 曲线改直　在实际工作中许多物理量的关系并不都是线性的，但仍可通过适当变换成为线性关系，即把曲线变换成直线。这种方法叫做曲线改直。举例说明如下。

例 1：求 $y=ax^b$ 中的函数 a、b。

因为 $\lg y=b\lg x+\lg a$，令 $Y=\lg y$，$X=\lg x$，$A=\lg a$，则变为 $Y=bX+A$，由测得的各组（x_i，y_i）值，可求出相应的（X_i，Y_i），由图解法可求出 b、A，进一步求得 a 值。

例 2：求 $y=x/(a+b+x)$ 中的函数 a、b。

上式可改写为 $y^{-1}=ax^{-1}+b$，令 $Y=y^{-1}$，$X=x^{-1}$，则转化为线性方程 $Y=aX+b$，由测得的各组（x_i，y_i）可求出相应的（X_i，Y_i），由图解法可求出 a、b。

三、逐差法

逐差法是物理实验中常用的一种初等解析方法，比图解法准确。

使用前提：第一，具有形如 $y=a+bx$ 的线性关系；第二，自变量 x 对于因变量 y 为精确量，且按等差变化。

在物理实验中，常常遇到等间隔测量线性连续变化的物理量，求其间隔的平均值（变化率）的问题，怎样计算最好呢？一般会认为将测得的每个间隔值相加，再除以间隔数（称做"简单平均法"）就是最好的办法。但并不尽然，下面就以测量金属丝杨氏弹性模量实验中单位加载引起的观测高程差 Δn_i 的测量为例，加以说明。在金属丝弹性变化范围内，每次均匀加载所引起的伸长量是相近的。因而由光放大后测得的每次加载引起的读数差［$\Delta n_i=(n_{i+1}-n_i)$ $(i=0, 1, 2, \cdots, k)$］值也是相近的，如果就以这样的各次差值（Δn_i）求得的平均值（$\overline{\Delta n}$）作为测量值，则有：

$$\overline{\Delta n}=\frac{1}{k}\sum_{i=1}^{k-1}\Delta n_i=\frac{1}{k}\sum_{i=1}^{k-1}(n_{i+1}-n_i)$$

$$=\frac{1}{k}[(n_2-n_1)+(n_3-n_2)+\cdots+(n_k-n_{k-1})]$$

$$=\frac{1}{k}(n_k-n_1)$$

这样一来，只有首、末两次测量才起作用，而一切中间测量都失去了意义。实际上就与单次测量没有两样，失去了多次测量以减小误差的优越性。为了避免上述情况，平均地运用一切测量值，把它们按顺序分作相等数量的两组（n_1，n_2，…，n_p）及（n_{p+1}，…，n_{2p}）。取两组对应项之差，记作 $\Delta n_j=n_{p+j}-n_j$ $(j=1, 2, \cdots, p)$。再求其平均值：

$$\overline{\Delta n}=\frac{1}{p}\sum_{j=1}^{p}\Delta n_j=\frac{1}{p}[(n_{p+1}-n_1)+(n_{p+2}-n_2)+\cdots+(n_{2p}-n_p)] \tag{1-40}$$

这样的方法叫做逐差法，它保持了多次测量的优越性［注意：逐差法公式(1-40) 所求得的 $\overline{\Delta n}$ 是 p 个间隔值差的平均值］。

四、最小二乘法

对于线性关系（或通过曲线改直法而转化成的线性关系）：

$$y = kx + b \tag{1-41}$$

测得各（x_i，y_i）（$i=1$，2，…，n）后，如何“最佳地”决定式中的 k、b 值？

1805 年法国 Legadre 首先发现了最小二乘法，其后 Gause 建立了它的数学原理，从而解决了上述问题。

最小二乘法是建立在实验观测服从正态分布这一基点上的，使用的前提是自变量的各测量值均无误差或与因变量的测量值相比，其误差可以忽略。

设图 1-6 中的虚线是最佳直线，对应的直线方程为：

$$y^* = kx + b \tag{1-42}$$

则称 $\delta_{y_i} = y_i - y_i^*$ 为 y_i 的偏差，式中 y_i^* 是将 x_i 代入式(1-42) 所得的值。研究表明，最佳直线方程应满足所有偏差的平方之和为最小这一条件，即

$$D = \sum_{i=1}^{n} (y_i - y_i^*)^2 = \min \tag{1-43}$$

这就是最小二乘法的基本思想。

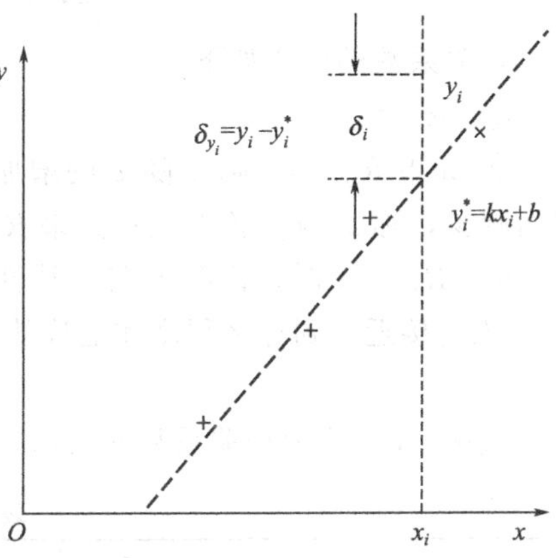

图 1-6　最小二乘法图示

将式(1-42) 代入式(1-43) 可得：

$$D(k,b) = \sum_{i=1}^{n} [y_i - (kx_i + b)]^2 = \sum_{i=1}^{n} [y_i^2 + (kx_i + b)^2 - 2y_i(kx_i + b)]$$

因为 x_i、y_i 皆为测得值，故 D 只是 k、b 的函数，从而 D 最小应满足的条件为：

$$\frac{\partial D(k,b)}{\partial k} = 0, \quad \frac{\partial D(k,b)}{\partial b} = 0 \tag{1-44a}$$

$$\frac{\partial^2 D(k,b)}{\partial k^2} > 0, \quad \frac{\partial^2 D(k,b)}{\partial b^2} > 0 \tag{1-44b}$$

$$\left(\frac{\partial^2 D}{\partial k \partial b}\right)^2 - \frac{\partial^2 D}{\partial k^2} \times \frac{\partial^2 D}{\partial b^2} < 0 \tag{1-44c}$$

由式(1-44a) 得到关于 k、b 的一元二次方程组，解此方程组得

$$k = \frac{S_{xy}}{S_{xx}} \tag{1-45}$$

$$b = \overline{y} - k\overline{x} \tag{1-46}$$

式中

$$S_{xx} = \sum_{i=1}^{n} (x_i - \overline{x})^2 = \sum_{i=1}^{n} x_i^2 - \frac{1}{n}\left(\sum_{i=1}^{n} x_i\right)^2 \tag{1-47}$$

$$S_{xy} = \sum_{i=1}^{n} (x_i - \overline{x})(y_i - \overline{y}) = \sum_{i=1}^{n} x_i y_i - \frac{1}{n}\sum_{i=1}^{n} x_i \sum_{i=1}^{n} y_i \tag{1-48}$$

$\overline{x}$、$\overline{y}$ 分别为 n 个 x_i 及 y_i 的平均值。

不难证明，所求得的 k、b 确实满足式(1-44b)、式(1-44c)，所以，式(1-45)、式(1-46) 即为使 $D(k, b)$ 极小的条件，将由式(1-45)、式(1-46) 两式所求得的 k、b 值代入式(1-42)，即得最佳直线方程。

获得数据（x_i，y_i）（$i=1$，2，…，n）后，应判断 x、y 间是否具有线性关系，可用相

关系数 R_e 来判断。可以导出相关系数 R_e 为：

$$R_e=\frac{S_{xy}}{\sqrt{S_{xx}S_{yy}}} \tag{1-49}$$

式中，S_{xx}、S_{xy} 由式(1-47)、式(1-48) 确定，而 S_{yy} 为

$$S_{yy}=\sum_{i=1}^{n}(y_i-\overline{y})^2=\sum_{i=1}^{n}y_i^2-\frac{1}{n}\left(\sum_{i=1}^{n}y_i\right)^2 \tag{1-50}$$

相关系数的性质如下。

① $|R_e|\leqslant 1$。

② 如果 $R_e>0$，则 y 随 x 的增加而增加，称 x 与 y 正相关；如果 $R_e<0$，则 y 随 x 增加而减少，称 x 与 y 负相关；如果 $R_e=0$，称 x 与 y 完全不相关。

③ $|R_e|\approx 1$ 时，说明 x 与 y 线性相关，即 x 与 y 具有线性关系，$|R_e|$ 越接近 1 线性越好。$|R_e|$ 接近 1 到什么程度才能确认 x、y 间具有线性关系呢？可以证明，其条件是：

$$R_{eo}\leqslant|R_e|\leqslant 1 \tag{1-51}$$

式中，R_{eo} 称为相关系数起码值，见表 1-5。

表 1-5 相关系数起码值

n	3	4	5	6	7	8	9	10	11	12
R_{eo}	1.000	0.990	0.959	0.917	0.874	0.834	0.798	0.765	0.735	0.708
n	13	14	15	16	17	18	19	20	21	
R_{eo}	0.684	0.661	0.641	0.623	0.606	0.590	0.575	0.561	0.549	
n	22	23	24	25	26	27	28	29	30	
R_{eo}	0.537	0.526	0.515	0.505	0.496	0.487	0.478	0.470	0.463	

下面介绍由最小二乘法得到的最佳线性方程的误差问题。可以证明，方程的剩余标准差 S_y 以及系数 k、b 的标准差 S_k、S_b 分别为

$$S_y=\sqrt{\frac{\sum(y_i-\overline{y})^2}{n-2}}=\sqrt{\frac{S_{yy}-kS_{xy}}{n-2}}=\sqrt{\frac{(1-R_e^2)S_{yy}}{n-2}} \tag{1-52}$$

$$S_k=\frac{S_y}{\sqrt{S_{xx}}} \tag{1-53}$$

$$S_b=S_k\sqrt{\frac{\sum x_i^2}{n}} \tag{1-54}$$

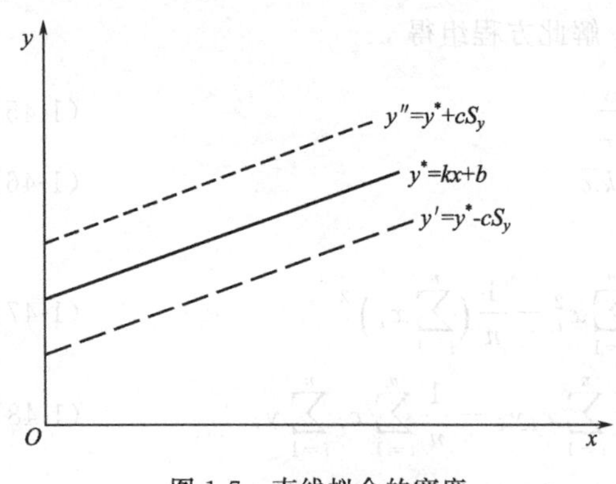

图 1-7 直线拟合的宽度

S_y 的意义如图 1-7 所示，如果在 $y^*=kx+b$ 两侧画两条平行直线

$$\begin{cases}y'=kx+b-cS_y\\ y''=kx+b+cS_y\end{cases} \tag{1-55}$$

那么当 $c=1$ 时，说明数据点 (x_i, y_i) 有约 68.3% 的可能性落在两直线之间；$c=3$ 时，这种可能性几乎是 100%。

思 考 题

1. 用精密天平称一物体的质量 m，共称五次，结果分别为 3.6127g、3.6122g、3.6121g、

3.6120g 和 3.6125g。试求这些数据的 $\overline{m}\pm u_m$ 和 u_r。

2. 按照误差理论和有效数字运算规则，改正以下错误：

(1) $N=(10.8000\pm0.2)$cm。

(2) 有人说 0.2870 有五位有效数字，有人说只有三位（因为两个“0”都不算有效数字），请纠正并说明其原因。

(3) 有人说 8×10^{-5}g 比 8.0g 测得准确，试纠正并说明原因。

(4) 28cm＝280mm。

(5) $L=(28000\pm8000)$mm。

(6) $0.0221\times0.0221=0.00048841$.

(7) $\dfrac{400\times1500}{12.60-11.6}=600000$.

3. 判断下面一些情况所出现的误差是可定系统误差、未定系统误差还是随机误差：

(1) 零点没对准产生的零点误差；

(2) 用读数显微镜测量时，眼睛稍稍左右错动，发现物像与叉丝也发生相对错动所存在的视差；

(3) 用伏安法测电阻时，电表内阻影响造成的误差；

(4) 仪表误差；

(5) 天平两臂不等长产生的误差；

(6) 电位差计的灵敏度误差；

(7) 单摆实验中空气浮力与阻力影响造成的误差；

(8) 用停表计时的计时误差；

(9) 在米尺不同部位测物体长度所出现的读数起伏；

(10) 接触电阻造成的误差。

4. 试利用有效数字运算规则计算下列各式的结果：

(1) $98.754+1.3=?$

(2) $107.50-2.5=?$

(3) $111\times0.100=?$

(4) $237.5/0.10=?$

(5) $\dfrac{76.000}{40.00-2.0}=?$

(6) $\dfrac{50.00\times(18.30-16.3)}{(10-3.0)\times(1.00+0.001)}=?$

(7) $\dfrac{100.0\times(5.6+4.412)}{(78.00-77.0)\times10.000}+110.0=?$

5. 说明下列概念。

可定系统误差、未定系统误差、随机误差、平均绝对误差、标准偏差、仪器误差、极限误差、不确定度、相对不确定度、A 类不确定度、B 类不确定度。

6. 试写出下列测量关系式的不确定度传播公式。

(1) $N=\dfrac{x^2-y^2}{4x}$（方和根合成）

(2) $P=\dfrac{4m}{\pi d^2 l}$

要求：① 进行粗略估算（算术合成）；

② 进行精确估算（方和根合成）。

7. 用量程为 300mm 的 50 分度游标尺测某样品长度 10 次，数值为 l（mm）= 63.56，63.58，63.54，63.56，63.54，63.56，63.60，63.58，63.52，63.56。求 $\overline{l}\pm u_l$ 和 u_r。

8. 测量固体比热实验中，物体初温为 $t_1\pm U_{t_1}=(99.5\pm0.1)$℃，放入量热器达到平衡时的温度为 $t_2\pm U_{t_2}=(26.2\pm0.1)$℃，温度降低为 $t=t_1-t_2$，求 $t+U_t$ 及相对不确定度 U_r。采用算术合成法。

第二章 力学、热学实验

第一节 力学、热学实验常用仪器

一、长度测量仪器

1. 游标卡尺

游标卡尺是常用的测量仪器，它可以测量物体的长、宽、高、深和圆环的内外直径，测量的准确度至少可达 0.1mm。

(1) 结构　游标卡尺的外形如图 2-1 所示。它有主尺（D）和游标尺（E）。游标尺套在主尺上且可沿主尺滑动。在主尺上有钳口 A 和刀口 A′，游标上有钳口 B、刀口 B′及尾尺 C。钳口 A、B 用于测量长度和外径；刀口 A′、B′用于测量内径；尾尺 C 用于测量深度。F 为锁紧螺钉，紧住它游标尺就固定在主尺上了。

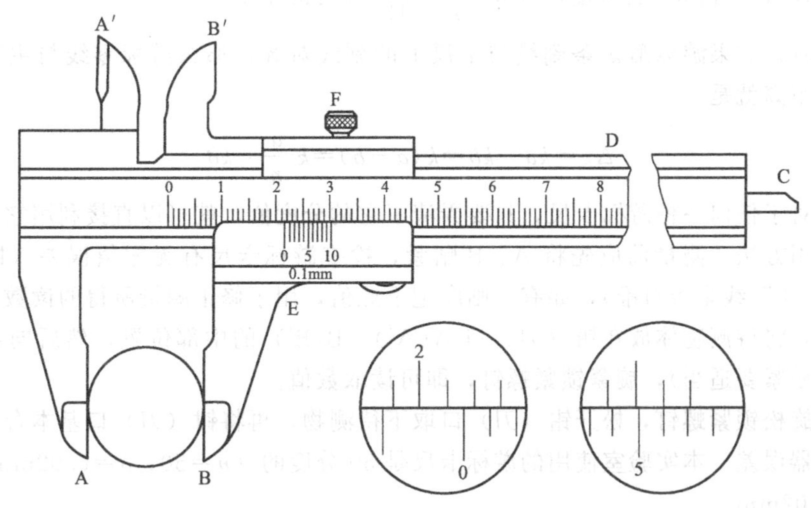

图 2-1 游标卡尺

（2）读数方法　在游标卡尺上读数时，利用游标至少可以直接读出毫米（mm）以下一位小数而不必估计。在 10 分度的游标中，10 个游标分度的总长刚好与主尺上 9 个最小分度的总长相等，即等于 9mm。这样，每个游标分度比主尺的最小分度短 0.1mm。当游标对在主尺上某一位置时（图 2-2），毫米以上的整数部分 y 可以从主尺上直接读出。在图 2-2 中，$y=21\text{mm}$。读毫米以下的小数部分 Δx 时应细心寻找游标上哪一根线与主尺上的刻线对得最齐。例如，图 2-2 中是第 6 根线对得最齐。从图中可以看出，要读的 Δx 就是 6 个主尺分度与 6 个游标分度之差。因为 6 个主尺分度之长是 6mm，6 个游标分度之长是 6×0.9mm，故

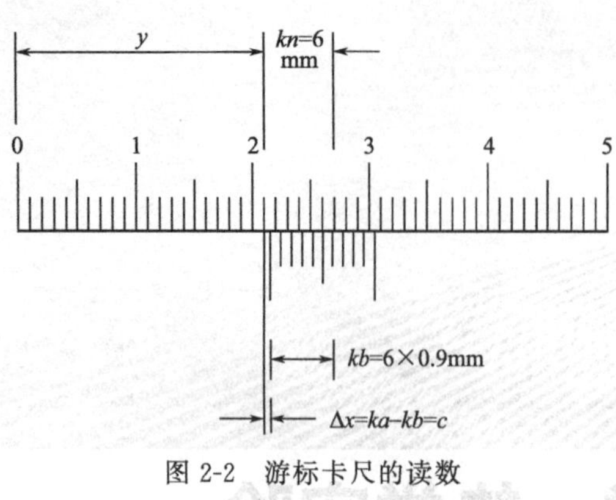

图 2-2　游标卡尺的读数

$$\Delta x=6-(6\times0.9)=6\times(1-0.9)=6\times0.1=0.6\ (\text{mm})$$

同理，如果是第 4 根刻线对得最齐，那么 $\Delta x=4\times0.1=0.4\text{mm}$。依此类推，当第 k 根线对得最齐时，Δx 就是 $k\times0.1\text{mm}$。这就是 10 分度游标的读数方法。

为了使读数精确，在很多测量仪器上都使用了游标装置，有 10 分度的、20 分度的和 50 分度的等。它们的原理和读数方法都是一样的。如果用 a 表示主尺上最小分度的长度，用 n 表示游标的分度数，并且取 n 个游标分度与主尺（$n-1$）个最小分度的总长相等，则每一个游标分度的长度为

$$b=\frac{(n-1)a}{n}$$

因此，求得主尺最小分度与游标分度的长度之差 δ 为

$$\delta=a-b=a-\frac{n-1}{n}a=\frac{a}{n}$$

差值 δ 称为游标卡尺的分度值（亦称精度），它正是游标卡尺能读准的最小值（例如，在图 2-2 中 $n=10$，$a=1\text{mm}$，其分度值为 $\delta=\frac{a}{n}=\frac{1}{10}=0.1\text{mm}$）。

在测量时，如果游标第 k 条刻线与主尺上的刻线对齐，那么游标零线与主尺上左边的相邻刻线的距离就是

$$\Delta x=ka-kb=k(a-b)=k\frac{a}{n}=k\delta$$

可见，对于任何一种游标卡尺，只要弄清了它的分度值，就可以直接利用它来读数。

（3）使用方法　测量前应先将 A、B 贴紧，检查游标卡尺有无零值误差（即主尺“0”线和游标的“0”线是否对准），如有，则应记下此值，用于修正测量所得的读数。

测量时，将待测物体放在钳（刀）口 A(A′)、B(B′) 的中部位置，然后向前推动游标夹紧物体（松紧要适当），旋紧锁紧螺钉，即可读取数值。

测完后旋松锁紧螺钉，松开钳（刀）口取下待测物，再将钳（刀）口基本合拢。

（4）仪器误差　本实验室使用的游标卡尺是 50 分度的（$n=50$，$\delta=0.02\text{mm}$），它的仪器误差为 0.02mm。

（5）注意事项　游标卡尺是最常用的精密量具，使用时应注意维护。推游标时不要用力

过大；测量中不要弄伤刀口和钳口；用完后应立即放回盒内，不准随便放在桌上，更不许放在潮湿的地方。只有这样才能保持它的准确度，延长使用期限。

2. 螺旋测微计

螺旋测微计，也称螺纹千分尺，它是比游标卡尺更精密的仪器，在实验室中常用它来测量小球的直径、金属丝的直径和薄板的厚度等，其准确度至少达 0.01mm。

(1) 构造　常见的螺旋测微计如图 2-3 所示，其主要部分是测微螺旋，它由一根精密的测微螺杆 5 和螺母套管 10（其螺距是 0.5mm）组成，测微螺杆 5 的后端还带一个具有 50 个分度的微分筒 8。为了读出测微螺杆 5 移动的毫米数，在固定套管 7 上刻有毫米分度标尺。此外，还配有测砧、测力装置 9、锁紧装置 6 等部件，它们都装在尺架 1 上。

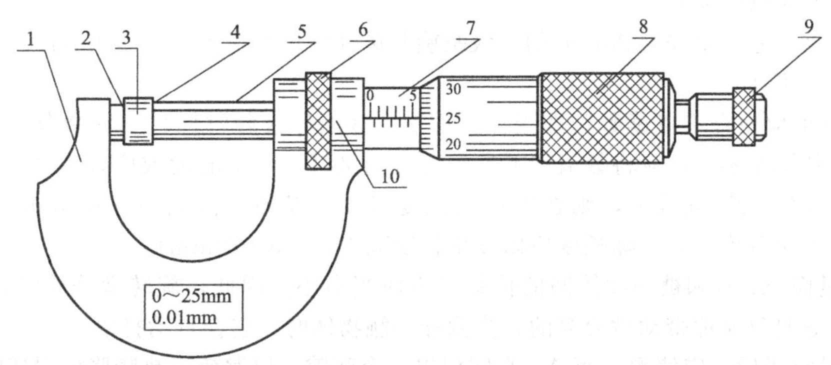

图 2-3　螺旋测微计

1—尺架；2—测砧测量面 A；3—待测物体；4—螺杆测量面 B；5—测微螺杆；6—锁紧装置；7—固定套管；8—微分筒；9—测力装置；10—螺母套管

(2) 读数方法　由于螺距为 0.5mm，所以当微分筒相对于螺母套管转过一周时，测微螺杆就会在螺母套管内沿轴线方向前进或后退 0.5mm。同理，当微分筒转过一个分度时，测微螺杆就会前进或后退

$$\delta=\frac{0.5}{50}\text{mm}=0.01\text{mm}$$

这是能准确分辨的最小单元，所以 δ 为螺旋测微计的分度值。

当测砧测量面 A 与螺杆测量面刚好接触时，微分筒锥面的端面（H）就应与固定套管上的零线对齐，同时微分筒上的零线也应与固定套管上的水平准线（S）对齐，这时的读数是 0.000mm，见图 2-4(a)。

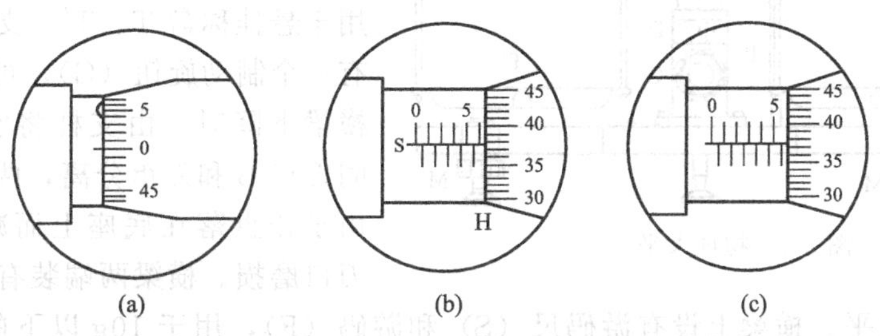

图 2-4　螺旋测微计的读数

测量物体尺寸时，应先将测微螺杆退开，把待测物体放在测量面 A 与 B 之间，然后轻轻转动测力装置，使测微螺杆和测砧的测量面刚好与物体接触，这时在固定套管的标尺上和

微分筒锥面上的读数就是待测物体的长度。读数时，应从标尺上读整数部分（读到半毫米），从微分筒上读小数部分（估计到最小分度的1/10，即千分之一毫米），然后两者相加。例如，图2-4(b)中先以H线为准，它位于6mm与6.5mm之间，因此标尺读数为6mm；再以S线为准，S指在微分筒圆周刻线的37与38之间，通过估读，可得37.3，此值应等于0.373mm。所以，待测物长度为6.373mm。同理，图2-4(c)中的读数是5.875mm。两者的差别就在于微分筒端面H的位置，前者没有超过6.5mm，而后者超过了5.5mm。

测微螺旋的装置，在很多精密仪器上都能见到，它们的螺距可能不一样，通常有0.5mm和1mm的，也有0.25mm的。在微分筒上的分度也不同，上面三种螺旋的微分筒分度，一般是50分度、100分度和25分度。使用测微螺旋以前，应先考查螺杆、螺距和微分筒分度，确定读数关系。

(3) 仪器误差　量程为25mm的一级螺旋测微计的仪器误差为0.004mm。

(4) 注意事项

① 测量前应检查零点读数，即当测量面A、B刚好接触时标尺上和微分筒上的读数。如果零点读数不是零，就应将数值记下来。进行测量时，测出的读数应减去这一零点读数。例如，S线指在“2”刻线上，则在以后测长度时，须以测得值减去0.020mm；又如，距“0”线尚差2个分度，则实际长度应以读出长度减去（−0.020mm）。

② 测量面A、B和被测物体间的接触压力应当微小。因此，旋转微分筒时，必须利用测力装置，它是靠摩擦带动微分筒的，当测杆接触物体时，它会自动打滑。

③ 测量完毕后，应使测量面A、B间留出一个间隙，以避免因热膨胀而损坏螺纹。

二、质量测量仪器——物理天平

物理天平是常用的测量物体质量的仪器，测量时把物体放在天平的左盘，砝码放在天平的右盘。由于物理天平的两臂是等长的，故当天平平衡时，物体的质量就等于砝码的质量，而后者的数值已标出，于是可求得物体的质量。

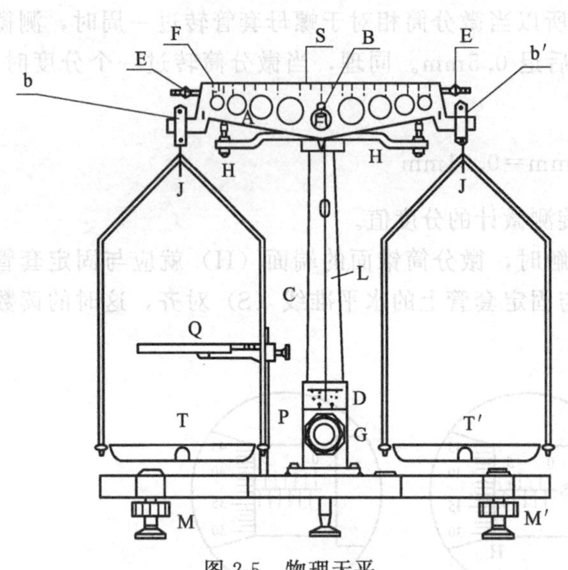

图2-5　物理天平

(1) 构造　物理天平的结构如图2-5所示。在横梁（A）的中点和两端共有三个钢质刀口，中间刀口（B）刀刃向下，安置在支柱（C）顶端的刀承上，作为横梁的支点。两端的刀口b、b′刃尺向上，用于悬挂称盘T、T′。支柱（C）的下端有一个制动旋钮（G），可以使横梁升降。横梁下降时，由支柱将它托住，这时中间刀口B和刀承分离，两侧刀口b、b′也由于托盘落在底座上而减去负担，以免刀口磨损。横梁两端装有平衡螺母（E），用于调节横梁水平。横梁上设有游码尺（S）和游码（F），用于10g以下的称衡。横梁下有一根指针（L），下端为标尺（D），用来观察和确定横梁的水平状态。当横梁水平时，指针（L）应在标尺的中央刻线上。托盘（Q）可以托住未被称衡的物体。天平的底座上装有圆形气泡水准器，用来判断支柱是否铅直，调节两个底脚螺钉M、M′，可使支柱铅直。

(2) 天平的技术参数

① 称量。称量是天平允许称衡的最大质量。如果实际称量超过其称量值，天平易受损伤。

② 分度值、感量与灵敏度。分度值是天平能准确读取的最小单元，如 WL 型物理天平的分度值为 0.02g。感量是在天平平衡的前提下，让指针从标尺中央刻线偏转 1 格时天平两端的质量差，可以用 mg/格表示。一般说来，感量应调节得与分度值相等或相近，可以通过指针偏转的格数判断应大致将游码置于何处方能平衡。灵敏度是感量的倒数，可以采用格/mg 为单位。

③ 示值变动性。它是指在天平平衡的情况下，连续起落横梁时，天平停点变动的范围，一般不允许超过 1 格。该指标主要决定于天平装配质量、刀口磨损程度及钝化程度等。

(3) 使用方法

① 调支柱铅直：调节底脚螺钉 M、M′，使气泡水准器处于中央。

② 调横梁水平：将游码移到横梁左端零线上，天平保持空载，缓慢支起横梁，观察指针的摆动情况。当指针（L）在标尺（D）的中线，两边作等幅摆动时，天平就平衡了。如不平衡，应放下横梁，调节平衡螺母（E）。如此反复调节，直到天平平衡。

③ 称衡：在横梁制动情况下，将被称物体放在左盘，砝码放在右盘，支起横梁观察天平是否平衡。如不平衡，放下横梁视情况加减砝码，必要时可移动游码，直至天平平衡。记下砝码、游码读数。

④ 清理：称完后，将被测物取出，砝码收回砝码盒，再将吊耳从左右刀口摘下放在刀口内侧。

(4) 注意事项

① 加减砝码和移动游码必须用镊子，严禁用手。

② 取放物体和砝码，移动游码或调节天平时，都应将横梁制动，以免损坏刀口。

③ 被测物的质量不得大于天平的最大称量，以免损坏刀口。

④ 被测物和砝码应放在盘中央，以防天平启动称盘左右摇摆影响称量结果。

⑤ 两称盘中的质量相差较大时（特别是最初称量），不要将天平完全启动，只需微启动，看出哪盘较重，就应止动。

三、时间测量器具

时间是基本物理量之一，其国际单位为 s（秒）。人们面对的时间测量范围也大得惊人。比如地球年龄约 46 亿年（10^{17}s），而某些“奇异粒子”的寿命仅 10^{-24}s，相差 10^{41}倍！因此，针对不同量级的时间，人们采用不同的测量办法和仪器。这里仅介绍常见的实验室测时器具。

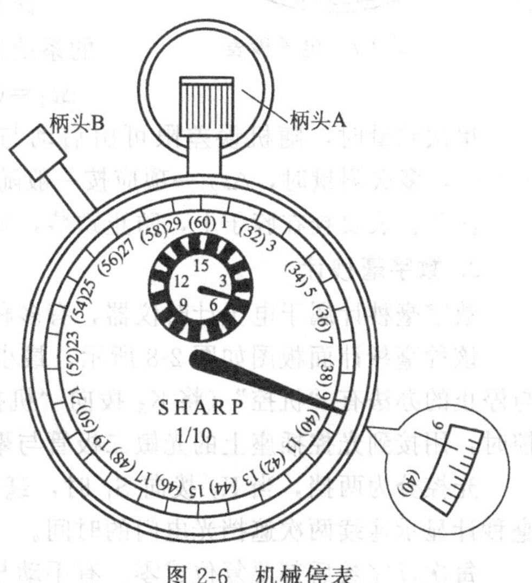

图 2-6　机械停表

1. 机械停表

如图 2-6 所示，机械停表有两个指针，长针为秒针，转一圈是 30s，短针是分针。表盘上的数字是秒数与分数，其中用括号括起的秒数代表红字，当秒针转过 30s 后应以红字为其准读数，此时分针指在每格的红色区域。由于每秒

10 等分，故其分度值为 0.1s。

停表上端有柄头 A，用于旋紧发条及控制启动与停止，用拇指按一次停表开始走动，再按一次停表即停止走动。当用食指按一下柄头 B 时，秒针与分针都弹回零点。当分针指在白色区域时，分以下的秒值在 30s 以内；当分针指在红色区域时，说明已超过 30s，应以红色数字为基础读秒数。例如，对于图 2-6 的情形，应读成 4′39.3″。

误差估算：合格机械停表的系统误差为

$$\Delta t_1=0.001t(\mathrm{s}) \tag{2-1a}$$

式中，t 为所示时间。对于单次测量，由于按动停表不准以及读数难以估计很准等原因，随机性误差限可取为

$$\Delta t_2=0.2\mathrm{s} \tag{2-1b}$$

进行不确定度估算时，可将 Δt_1、Δt_2 进行算术合成或方和根合成。对于测量次数超过 5 次的多次重复测量，Δt_2 一项应按一般随机误差估算规则估算，显然，读数时，读到 0.1s 那位即可。

注意：停表应挂在脖子上，以免跌落；使用前应检查零点是否正确，否则要对读数进行修正；使用完毕应让停表继续走动，使发条完全放松。

2. 电子秒表

电子秒表是利用石英振荡器的振荡频率作为时间基准计时的，采用 8 位数的液晶显示器。其时间由表盘显示的数字直接读取。分度值为 0.01s，量限为 11h59min59.99s，平均日差不大于 0.5s。金雀牌 J9-I 型电子秒表有 4 个按钮，如图 2-7 所示，具有多种功能。S_1 为启动/停止按钮；S_2 为时间调整按钮；S_3 为状态选择按钮，S_4 为复位按钮。作为停表时，其用法如下。

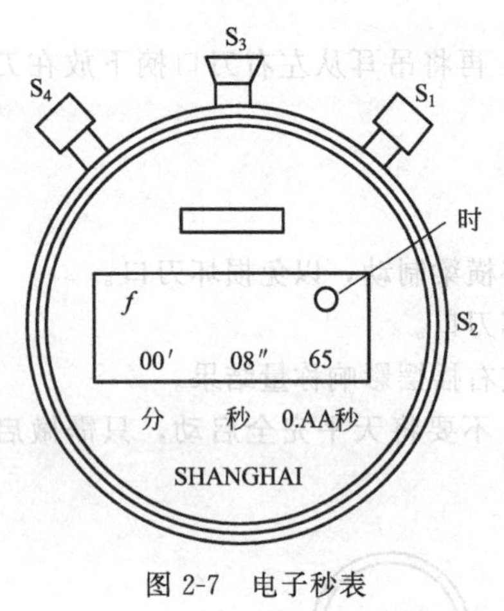

图 2-7 电子秒表

拨动 S_3，使秒表处于停表状态，此时表盘出现“f”字形，如果其上有数字，应按一下 S_4 使其复位为零。测量时，按一下 S_1，计时开始；再按一下 S_1，则计时停止，读出所显示的时间。再按一次 S_4 又复位成零。

误差估算：按日差不大于 0.5s 时的条件，电子停表的系统误差为

$$\Delta t_1=0.000006t(\mathrm{s}) \tag{2-2}$$

单次测量时，随机误差限可由启动与止动的具体情况确定（仪器本身的随机误差为 0.01s），多次测量时，Δt_2 一项应按一般随机误差估算规则确定。

注意：表要挂在脖子上，防止跌落，要避免浸水受潮及高温影响；用毕复零能够省电。

3. 数字毫秒计

数字毫秒计属于电子计时仪器，有多种，此处仅就 JSJ-787 型数字毫秒计作简单介绍。

该种毫秒计面板图如图 2-8 所示，最小分度值为 0.1ms，量限为 99.99s。控制计时开始与停止的办法有“机控”（将 K_3 拨向“机控”）和“光控”（将 K_3 拨向“光控”）两类。光控时，用接到光控插座上的光敏二极管与聚光灯所组成的光电门来测量时间。

光控分为两挡，当 K_2 拨向 S_1 时，毫秒计显示光电门遮挡的时间；发 K_2 拨向 S_2 时，毫秒计显示连续两次遮挡光电门的时间。

每次读完数后都要复位成零。有手动与自动两种。将 K_4 扳向“手动”一边时，按一下

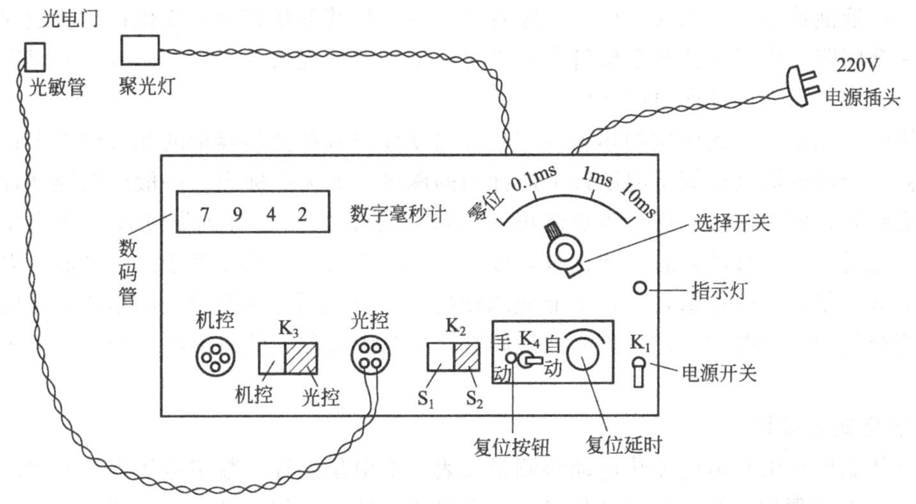

图 2-8　数字毫秒计面板图

复位按钮就能复位；将 K_4 扳向“自动”一边时，数码管显示一段时间后会自动复位成零。该段时间的长短用“复位延时”旋钮调节。

测量的时间等于数码管显示的数乘以面板上选择开关指示的值。例如，图中所显示的时间为 7942×0.1ms＝0.7942s。要恰当地选择时间倍率，力求数码管上 4 位数字都用上。

使用规程如下。

（1）准备　插上 220V 电源开关，打开电源开关 K_1；对好聚光灯，使灯光射到光敏管上；将开关 K_2、K_3、K_4 置于所需位置；用手或纸遮几次光敏管检查数码管是否正常显示，否则需调节聚光灯或光敏管方位使数码管显示正常。

（2）测量　调节选择开关使数码管能显示 4 位数字；测量时可以做断续测量（每次都自动或手动复位），也可以做累加测量，此时，后次读数减第一次读数即得第二次读数。

（3）实验过后关闭电源开关 K_1。

注意：环境温度较高时要注意通风；仪器要放在干燥通风处，防止受潮；仪器接地端应妥善接地，以免受外界干扰而影响正常工作；搬动时要轻拿轻放，防止撞击。

四、温度测量器具

温度是基本物理量之一，其国际单位为 K（开）。温度的范围十分广范，如太阳中心的温度约 1.5×10^7K。经过 100 多年科学家的努力，在 1979 年人们就已能获得 5×10^8K 的低温，其间相差 3×10^{14} 倍！因此，针对不同的温度范围，人们采用不同的测温方法和仪器。实验室中，常用的测温器有下面几种。

1. 汞温度计（俗称水银温度计）

它是液体温度计的一种，具有构造简单、使用方便、价格低廉、汞液不黏附玻璃、膨胀系数变化小、测温范围比较广（汞在－38.87～356.58℃内都保持液态）等优点，因而应用较广泛。由于做不到遥测和自动记录、热惰性较大、玻璃泡存在暂时剩余膨胀等原因，在应用上有一定限制。

汞温度计结构如图 2-9 所示。

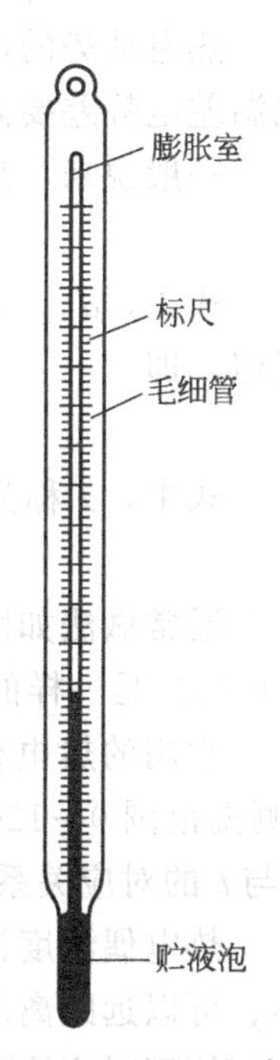

图 2-9　汞温度计

由于贮液泡玻璃内有永久性应力，随着时间的推移其形状有少许变化；贮液泡存在一定的暂时剩余膨胀；由于汞柱在毛细管中升降时会受到滞留现象等因素的影响，汞温度计的示值误差比较大，通常取分度值的2倍。

使用时要注意：被测介质的热容量应超过温度计浸入部分热容量的几百倍以上；温度计浸入的被测介质的深度应等于温度计上所标明的深度，如无此标志，一般应把温度计浸到读数的分度线处；使用前，应进行零点修正（用冰水混合物）；要等到温度计与待测介质达到热平衡（此时汞柱不移动）时才能读数，读数时视线应与汞柱顶端处于同一平面，以减少视差；因贮液泡很薄，应稳拿轻放，不能碰触硬物；测量低温与高温时，应小心将温度计缓慢浸入待测介质中，以防炸裂；一旦贮液泡碎裂，应马上将散失的汞回收干净，以免汞蒸气污染环境。

2. 热电偶温度计

热电偶温度计由热电偶和热电动势测量仪表（如电位差计、数字电压表等）组成，如图2-10所示。热电偶由两种不同的金属A、B焊接成的闭合回路构成，当两接头所处的温度t和t_0不相同时，回路中会产生电动势，称为温差电动势或热电动势，其大小与热电偶的材质及温度差有关，与金属材料长短、粗细等因素无关。

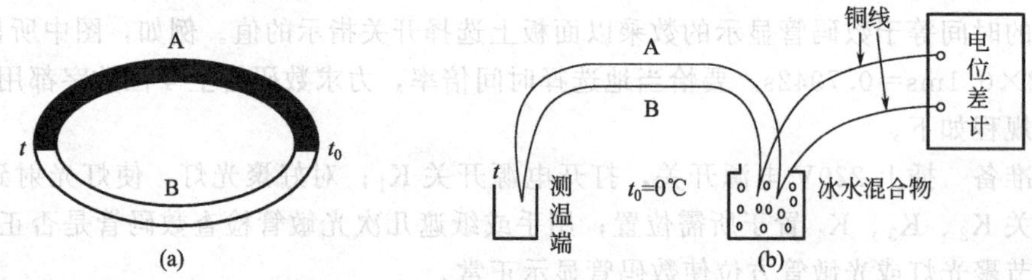

图2-10 热电偶及测温电路

(a) 热电偶；(b) 测温电路

热电动势的产生是由于温差电势差和接触电势差两个因素造成的，由于接触电势差一般比温差电势差要高，所以热电动势的方向一般取决于高温端接触电势差的方向。

一般说来，热电动势ε与t、t_0之差的关系很复杂，可用如下形式的展开式来表示：

$$\varepsilon=a(t-t_0)+b(t-t_0)^2+c(t-t_0)^3+\cdots$$

式中，a，b，c，…由实验确定。在常温测量范围内，要求准确度不太高时，可取一级近似，即

$$\varepsilon=a(t-t_0) \tag{2-3a}$$

式中，a称为温差系数。更精确的近似表达式可取：

$$\varepsilon=a(t-t_0)+b(t-t_0)^2+c(t-t_0)^3 \tag{2-3b}$$

通常做法如图2-10(b)所示，由中间金属定理可知，这种连接所产生的热电动势与图2-10(a)是一样的，让t_0保持0℃（即将冷端插入冰水混合物中），另一端即可测量温度t。

常用的热电偶有三种：铜-康铜热电偶（测温范围-200～200℃）、镍铬-镍铅热电偶（测温范围0～1200℃）和铂铑-铂热电偶（短时测温上限可达1700℃），它们具有标准组分，ε与t的对应关系可用图示法、解析法或列表法表示。

热电偶温度计具有测温范围广、灵敏度与准确度比较高、结构简单、不易损坏、热惯性小、可以远距离测量与记录等优点，从而获得广泛应用。

使用时应注意下述几点。

① 测温前应将测温端也插入冰水混合物中进行零点校正。

② 热电偶正负极不要与测试仪表接反了；测试仪表要与待测系统隔开一段距离，以保持与两根铜引线相接的测试仪表的接线柱处的温度相同，避免产生附加热电动势。

③ 当用热电偶测熔融金属时，为避免热电偶污染，热电偶和熔融金属间要用一端封闭的瓷管或石英管相隔，测量时应使热电偶紧贴管的底部，不能悬空。

3. 电阻温度计

电阻温度计是根据金属或半导体的电阻值随温度的变化而变化的原理制成的，当温度升高 1℃时，有些金属的阻值会增加 0.4%～0.6%，而有些半导体的阻值会减少 3%～6%。

电阻温度计分为金属电阻温度计和半导体热敏电阻温度计两类，铜、铂是两种广泛使用的测温金属电阻。热敏电阻的探头可做得很小，从而响应时间极短，对待测物几乎没什么影响，灵敏度也比金属电阻高得多，但与金属电阻相比，它的稳定性较差，测温范围也较窄（一般为－100～300℃）。

为使测温能连续进行，要配合电桥线路或电位差计线路使用，从而构成电阻温度计。电桥线路又分为非平衡式和自动平衡式两种。例如，在一般的惠斯通电桥上待测电阻的位置接一支热敏电阻，就构成一个最简单的非平衡式电桥电阻温度计。定标之后，由检流计指针偏转的位置即可知道热敏电阻所在处的温度。

表 2-1 列出了几种测温器具的测温范围。

表 2-1　常用测温器具一览表

类　别	接触式					非接触式	
名　称	玻璃棒式液体温度计	示差温度计	热电偶温度计	电阻温度计	定容气体温度计	光测高温计	辐射高温计
测温范围/℃	－200～500	－20～150	－200～2000	－260～1000	0～100	800～3200	400～2000

第二节　力学、热学实验

实验 1　长度的测量

【实验目的】

1. 掌握游标卡尺和螺旋测微计的原理、读数和使用方法。

2. 了解误差及有效数字的基本概念，学习在实验中正确读取、记录和处理数据。

3. 学习测量不确定度的估算方法。

【实验原理】

1. 游标卡尺的外形结构、读数方法及具体使用方法请参阅第二章第一节长度测量仪器中游标卡尺部分。

2. 螺旋测微计的外形结构、读数方法及具体使用方法请参阅第二章第一节长度测量仪器中螺旋测微计部分。

【实验仪器】

游标卡尺、螺旋测微计、待测铜圆柱。

【实验步骤】

1. 用游标卡尺测量圆柱体高 h，在不同方位测量 5 次（表 2-2）。

2. 用螺旋测微计测圆柱体直径 d，在不同部位测 5 次，记入数据表格（表 2-2）。

【数据处理】

卡尺分度值 $\delta=$　　mm，零点修正值 $N_0=$　　mm；螺旋测微计分度值 $\delta=$　　mm，零点修正值 $N_0=$　　mm。

表 2-2　数据表格（一）　　单位：mm

测量次数	1	2	3	4	5	平均
圆柱体的高(h)						
圆柱体的直径(d)						

$$\overline{h}=\frac{1}{5}\sum_{i=1}^{5}h_i=\qquad=\qquad.$$

$$u_h=\sqrt{\sum_{i=1}^{5}(h_i-\overline{h})^2/(5-1)+(\Delta_{仪}/3)^2}=\qquad=\qquad.$$

$$u_h/h=\qquad=\qquad\times 100\%=\qquad.$$

$$h=\overline{h}\pm u_h=\qquad.$$

$$\overline{d}=\frac{1}{5}\sum_{i=1}^{5}d_i=\qquad=\qquad.$$

$$u_d=\sqrt{\sum_{i=1}^{5}(d_i-\overline{d})^2/(5-1)+(\Delta_{仪}/3)^2}=\qquad=\qquad.$$

$$u_d/d=\qquad=\qquad\times 100\%=\qquad.$$

$$d=\overline{d}\pm u_d=\qquad.$$

注：上面的空格处用于表示数字表达式以及数字运算结果，应按照先写数字表达式，然后写数字运算结果这一顺序书写。这是统一要求，以下不再申明。

【思考题】

1. 什么是游标卡尺的分度值？如游标上有 50 格，主尺一格为 1mm，其分度值是多少？读数的末位可否出现奇数？

2. 读出下列游标卡尺、螺旋测微计的测数值与零点偏差值（图 2-11、图 2-12）。

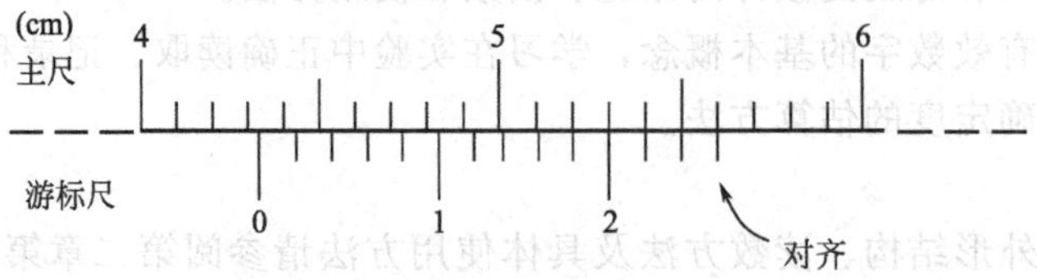

图 2-11　游标卡尺

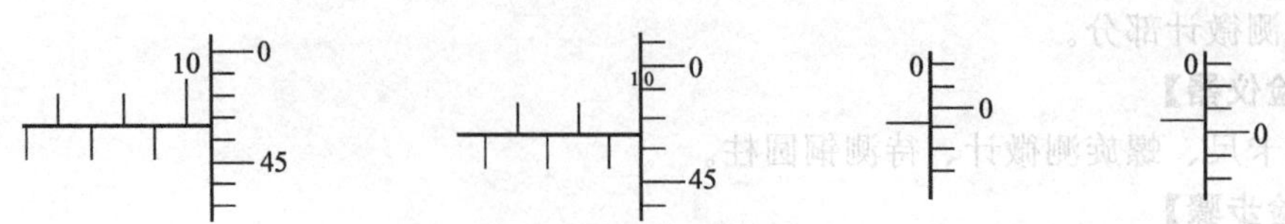

图 2-12　螺旋测微计

实验 2　物理密度的测定

密度是物质的基本特性之一，它与物质的纯度有关。因此，工业上常通过测定密度来做原料成分和纯度的鉴定。测量物体质量时，需使用天平。天平是物理实验中常用的基本仪器。我们将通过对物体密度的测量来熟悉物理天平的使用。

实验 2-1　规则物体密度的测定

【实验目的】

1. 掌握测定规则物体密度的一种方法。
2. 掌握物理天平的结构、性能及使用方法。
3. 进一步熟悉游标卡尺和螺旋测微计的使用。

【实验原理】

若一物体的质量为 m，体积为 v，密度为 ρ，则按密度定义有

$$\rho=\frac{m}{v} \tag{2-4}$$

当待测物体是一直径为 d、高度为 h 的圆柱体时，式(2-4) 变为

$$\rho=\frac{4m}{\pi d^2 h} \tag{2-5}$$

只要测出圆柱体的质量 m、外径 d 和高度 h，代入式(2-5) 就可算出该圆柱体的密度 ρ。

一般说来，待测圆柱体各个断面的大小和形状都不尽相同，从不同方位测量它的直径，数值会稍有差异；圆柱体的高度各处也不完全一样。为此，要精确测定圆柱体的体积，必须在它的不同位置测量直径和高度，求出直径和高度的平均值。测圆柱体的直径时，可选圆柱的上、中、下三个部位进行测量，每一部位至少测量 2 次。每测得一个数据后，应转动一下圆柱再测下一个数据。最后利用测得的全部数据求直径的平均值。同样，高度也应在不同位置进行多次测量。

【实验仪器】

游标卡尺、螺旋测微计、物理天平、待测铜圆柱体。

【实验步骤】

测定铜圆柱体的密度：

1. 正确使用物理天平，称出圆柱体的质量 m（参阅第二章第一节中关于物理天平的介绍）。
2. 用螺旋测微计测圆柱体外径，在不同部位测量 6 次（表 2-3）。
3. 用游标卡尺测圆柱体高度，在不同方位测量 5 次（表 2-4）。

【数据处理】

$m=$　　g，$\Delta_{仪m}=$　　g。

卡尺分度值 $\delta=$　　mm，零点修正值 $N_0=$　　mm，$\Delta_{仪h}=$　　mm；螺旋测微计分度值 $\delta=$　　mm，零点修正值 $N_0=$　　mm，$\Delta_{仪d}=$　　mm。

表 2-3　数据表格（二）

序　号		d_i/mm	$\Delta d_i=(d_i-\overline{d})$/mm	$(\Delta d_i)^2\times10^{-4}$/mm^2
上端	1			
	2			

续表

序　号		d_i/mm	$\Delta d_i=(d_i-\bar{d})$/mm	$(\Delta d_i)^2\times10^{-4}$/mm^2
中端	3			
	4			
下端	5			
	6			
$k=6$		$\bar{d}=$　　mm	$\Delta\bar{d}=$　　mm（各值绝对值的平均）	$\sum(\Delta d_i)^2=$　　mm^2

表 2-4　数据表格（三）

序号	h_i/mm	$\Delta h_i=(h_i-\bar{h})$/mm	$(\Delta h_i)^2\times10^{-4}$/mm^2
1			
2			
3			
4			
5			
$k=5$	$\bar{h}=$　　mm	$\Delta\bar{h}=$　　mm（各值绝对值的平均）	$\sum(\Delta h_i)^2=$　　mm^2

$$\rho=\frac{4m}{\pi\bar{d}^2\bar{h}}=\qquad=$$

$$u_\rho/\rho=\sqrt{\left(\frac{u_m}{m}\right)^2+\left(\frac{2u_{\bar{d}}}{\bar{d}}\right)^2+\left(\frac{2u_{\bar{h}}}{\bar{h}}\right)^2}$$

式中，$u_m=\Delta_{仪m}/3=\qquad=$

$$u_{\bar{d}}=\sqrt{[\sum(\Delta d_i)^2]/(6-1)+(\Delta_{仪d}/3)^2}=\qquad=$$

$$u_{\bar{h}}=\sqrt{[\sum(\Delta h_i)^2]/(5-1)+(\Delta_{仪h}/3)^2}=\qquad=$$

故　$u_\rho/\rho=\qquad\times100\%=$

$u_\rho=\rho(u_\rho/\rho)=\qquad=$

$\rho\pm u_\rho=$

【思考题】

试扼要说明为什么圆柱体的高度要用游标卡尺测量，直径要用螺旋测微计测量？若用普通米尺测量这两个量，测得铜圆柱体密度的结果表达式有什么不同？

实验 2-2　用流体静力称衡法测定固体的密度

【实验目的】

1. 学习正确使用物理天平。

2. 学习用流体静力称衡法测定固体的密度。

【实验原理】

如果将被测物体分别在空气中和水中称衡，得到其称量值为 m 和 m'，则物体在水中所受的浮力为：

$$F=(m-m')g \tag{2-6}$$

根据阿基米德原理，浸在液体中的物体所受浮力大小等于它所排开的同体积液体的重量。因此

$$F=\rho_0 vg \tag{2-7}$$

ρ_0 是液体的密度，v 是排开液体的体积，亦即被测物体的体积。由式(2-4)、式(2-6)、式(2-7)可得待测固体的密度：

$$\rho=\frac{m}{m-m'}\rho_0 \tag{2-8}$$

一般实验时，液体常用水，ρ_0 为水的密度。不同温度下水的密度见附表 7。

【实验仪器】

物理天平、水杯、温度计、待测玻璃杯。

【实验步骤】

1. 按照物理天平的使用方法，称出物体在空气中的质量 m。

2. 把盛有大半杯水的杯子放在天平左边的托板上，然后将用细线挂在天平左边小钩上的物体全部浸入水中（注意不要让物体接触杯子），称出物体在水中的质量 m'。

3. 由附表 7 查出室温下纯水的密度 ρ_0（表 2-5）。

【数据处理】

待测物体的材料：　　　　天平感量：　　　g

表 2-5　数据表格（四）

室温(t)		℃
水的密度(ρ_0)		g/m³
待测物体在空气中的质量(m)		g
待测物体在水中的质量(m')		g

$\rho=\frac{m}{m-m'}\rho_0=\qquad=$

$\frac{U_\rho}{\rho}=\frac{m+m'}{m(m-m')}U_m$

其中，$U_m=\Delta_{仪m}/3=\qquad=$

故 $\frac{U_\rho}{\rho}=\qquad=\qquad\times100\%=$

$U_\rho=\rho\left(\frac{U_\rho}{\rho}\right)=\qquad=$

$\rho\pm U_\rho=$

【思考题】

1. 推导上述 U_ρ/ρ 的表达式。

2. 假如待测固体的密度比水的密度小，现欲采用流体静力称衡法测定此固体的密度，应该怎么做呢？试扼要回答。

实验 3　气垫导轨上测滑块的速度和加速度——验证牛顿第一、第二定律

【实验目的】

1. 通过测量气垫导轨上滑块的速度和加速度，验证牛顿第一定律和第二定律。

2. 学会使用气垫导轨和数字毫秒计。

【实验原理】

1. 速度的测量及牛顿第一定律的验证

在已调好水平的气垫导轨上放置一滑块，滑块上装有一窄的遮光板（或遮光框），当滑块经过设在某一位置上的光电门时，则遮光板将遮住照在光电元件上的光。因为遮光板的宽度是一定的，遮光时间的长短与遮光板通过光电门的速度成反比。测出遮光板的宽度 Δx 和遮光时间 Δt，根据平均速度的公式，就可算出滑块通过光电门的平均速度

$$\overline{v}=\frac{\Delta x}{\Delta t} \tag{2-9}$$

由于 Δx 比较小，在 Δx 范围内滑块的速度变化也较小，可以把 $\overline{v}$ 看成是滑块经过光电门的瞬时速度。

根据牛顿第一定律，当滑块所受合外力为零，它在气轨上可以是静止或以一定速度作匀速直线运动。如果滑块作匀速直线运动，则瞬时速度与平均速度处处相等，而滑块通过设在气轨上任一位置的光电门时，毫秒计上显示的时间均相同。

2. 加速度的测量及牛顿第二定律的验证

气垫导轨调平后，用一系有砝码盘的细线跨过滑轮，如图 2-13 所示，使滑块在水平方向受一恒力作用，则它将作匀加速运动。

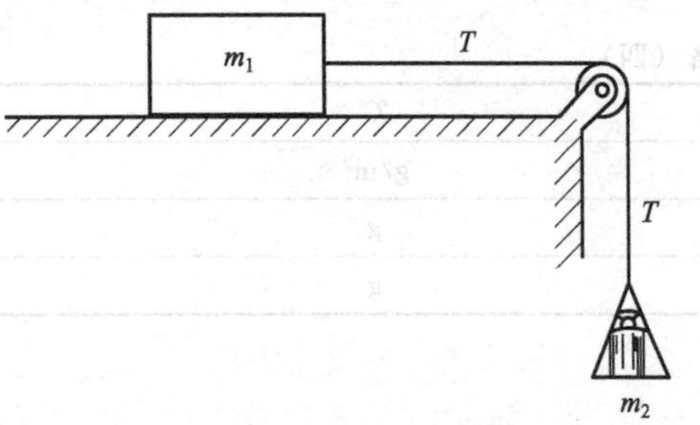

图 2-13　验证牛顿第二定律装置图

在气垫导轨中间选一段距离 s，并在 s 两端设置两个光电门，测出滑块通过 s 两端的始末速度 v_1 和 v_2，则滑块的加速度

$$a=\frac{v_2^2-v_1^2}{2s} \tag{2-10}$$

若滑块的质量为 m_1，砝码盘与盘中砝码质量为 m_2，细线张力为 T，则有：

$$\begin{cases} m_2 g-T=m_2 a & (2\text{-}11) \\ T=m_1 a & (2\text{-}12) \end{cases}$$

解得：

$$F=m_2 g=(m_1+m_2)a$$

令

$$M=m_1+m_2$$

则有：

$$F=Ma \tag{2-13}$$

保持系统质量 M 不变，当作用力 F 加大时，滑块的加速度 a 也增大，且有 $F_1/a_1=F_2/a_2=\cdots=$常量；反之亦然。这表明，当物体质量一定时，物体运动的加速度与其所受的合外力成正比。保持系统所受合外力不变，改变系统的质量 M，则加速度与质量成反比。测出相应的加速度 a，就可验证牛顿第二定律。

【实验仪器】

气垫导轨、数字毫秒计、卡尺、钢卷尺。

【实验内容】

将两个光电门固定在距气轨两端约 30cm 处，用一纸片遮挡光电门的光电元件，学习用数字毫秒计测量遮光时间的方法（参看本章第一节力学、热学实验常用仪器）。最后将气垫导轨调至水平（预习时要详读附录 1）。

1. 观察匀速直线运动——测量速度并验证牛顿第一定律

(1) 把滑块放在气垫导轨一端，轻轻推动滑块，分别记下滑块经过两光电门时遮光板遮光时间 Δt_1、Δt_2，量出遮光板的宽度 Δx，按式(2-9) 算出速度 v_1 和 v_2，并填入表 2-6。

表 2-6　验证牛顿第一定律的数据表

$\Delta x=$ 　　cm

滑块向左运动					滑块向右运动				
Δt_1/s	Δt_2/s	v_1/(cm/s)	v_2/(cm/s)	v_2-v_1/(cm/s)	Δt_1/s	Δt_2/s	v_1/(cm/s)	v_2/(cm/s)	v_2-v_1/(cm/s)

(2) 比较 v_1 和 v_2 值，并计算出它们之间的差值。v_1 和 v_2 之间存在差值的原因是由于实验中仍然存在一些不可避免的阻力（如空气的黏滞阻力等），但是如果测得的速度 v_1 和 v_2 相对差值很小，我们就可以认为牛顿第一定律得到了验证。

个别实验出现速度相对差值偏大，是由于某些偶然的过失所致，应该认真分析并找出原因。

2. 验证恒定质量的物体在恒力作用下作匀加速直线运动

(1) 将系有砝码盘的细线通过定滑轮❶与滑块相连，再把滑块移至远离滑轮的一端，释放滑块后，可以看到它从静止开始作加速运动。

(2) 使光电门 1 和光电门 2 之间的距离是任意的，如分别为 40cm、50cm、60cm 等。依次在表 2-7 中记下滑块上的遮光板（或遮光框）通过光电门 1 和光电门 2 的时间 Δt_1 和 Δt_2，以及相应的两个光电门之间的距离 s。算出 v_1，v_2 和 $\frac{v_2^2-v_1^2}{2s}$ 的各次数值。如果得到 $\frac{v_2^2-v_1^2}{2s}$ 的各次数值相同，那么就可以证明滑块在作匀加速直线运动。而 $\frac{v_2^2-v_1^2}{2s}$ 就是匀加速直线运动的加速度。

表 2-7　验证恒定质量的物体在恒力作用下作匀加速运动的数据表

$\Delta x=$ 　　cm，$M=m_1+m_2=$ 　　g

次数	$s=40.0$cm					$s=50.0$cm					$s=60.0$cm				
	Δt_1/s	Δt_2/s	v_1/(cm/s)	v_2/(cm/s)	$\frac{v_2^2-v_1^2}{2s}$/(cm/s^2)	Δt_1/s	Δt_2/s	v_1/(cm/s)	v_2/(cm/s)	$\frac{v_2^2-v_1^2}{2s}$/(cm/s^2)	Δt_1/s	Δt_2/s	v_1/(cm/s)	v_2/(cm/s)	$\frac{v_2^2-v_1^2}{2s}$/(cm/s^2)
1															
2															
3															

3. 验证牛顿第二定律——测量加速度

(1) 把系有砝码盘的细线通过定滑轮与滑块相连，再将滑块移至远离滑轮的一端，松手

❶ 运动系统的质量 M 应包括滑轮转动时的折合质量，其折合质量 m_e 可以用下面的公式计算 $m_e=\frac{m(D^2-d^2)}{2d_{槽}^2}$，式中 m 为滑轮的质量，D 为滑轮的外半径，d 为滑轮的内半径，$d_{槽}$ 为线槽的中半径。

后滑块便从静止开始作匀加速运动。分别记下滑块上遮光板通过两个光电门的时间 Δt_1、Δt_2，重复数次。测出遮光板的宽度 Δx 和两光电门的间距 s，由式(2-9) 与式(2-10) 计算加速度数值。

(2) 分两次从滑块上将两个砝码移至砝码盘中（每个砝码的质量取为 5.00g)，重复步骤 (1)。将测量结果填入表 2-8，验证物体质量不变时，物体的加速度与所受外力成正比。

表 2-8　验证物体质量不变时，加速度与外力成正比的数据表

$s=$　　cm，$\Delta x=$　　cm，$m_1=$　　g，$M=m_1+m_2=$　　g

次数	$m_2=5.00$g					$m_2=10.00$g					$m_2=15.00$g				
	Δt_1 /s	Δt_2 /s	v_1 /(cm/s)	v_2 /(cm/s)	a_1 /(cm/s^2)	Δt_1 /s	Δt_2 /s	v_1 /(cm/s)	v_2 /(cm/s)	a_2 /(cm/s^2)	Δt_1 /s	Δt_2 /s	v_1 /(cm/s)	v_2 /(cm/s)	a_3 /(cm/s^2)
1															
2															
3															

(3) 保持砝码盘和盘中砝码的质量（约为 10.00g）不变，改变滑块的质量，重复步骤 (1)，算出质量不同滑块的加速度。将测量结果填入表 2-9，验证当物体所受的外力不变时，其加速度与自身的质量成反比。

表 2-9　验证物体所受外力不变时，加速度与质量成反比的数据表

$s=$　　cm，$\Delta x=$　　cm，$m_1=$　　g，$m'=$　　g

$M_1=m_1+10.00$g					$M_2=m_1+m'+10.00$g				
Δt_1 /s	Δt_2 /s	v_1 /(cm/s)	v_2 /(cm/s)	a_1 /(cm/s^2)	Δt_1 /s	Δt_2 /s	v_1 /(cm/s)	v_2 /(cm/s)	a_2 /(cm/s^2)

实验数据的记录和整理可参考上面四个数据表格。

【注意事项】

1. 导轨表面和与其相接触的滑块内表面都是经过仔细加工的，两者配套使用，不得任意更换。在实验中严防敲、碰、划伤，以至于破坏表面光洁度。导轨未通气时，不允许将滑块放在导轨面上来回滑动。更换遮光板在滑块上的位置时，必须把滑块从导轨上取下，调整好后再放上去。实验结束后应将滑块从导轨上取下，以免导轨变形。

2. 如果导轨表面或者滑块内表面有污物，可用棉花蘸少许酒精，将污物擦洗干净，否则将阻碍滑块的运动。

【思考题】

1. 式(2-13) 中的质量是哪几个物体的质量？作用在质量 M 上的作用力 F 是什么力？

2. 在验证物体质量不变，物体的加速度与外力成正比时，为什么把实验过程中用的砝码放在滑块上？

3. 应如何调平气垫导轨？

实验 4　用自由落体测定重力加速度

【实验目的】

1. 学会使用数字毫秒计测量微小时间间隔。

2. 用自由落体测定重力加速度，并深刻理解匀加速直线运动的规律。

【实验原理】

在重力作用下，物体的下落运动是匀加速直线运动。这种运动可以用下列方程来描述：

$$S=v_0t+\frac{1}{2}gt^2 \tag{2-14}$$

式中，S 是在时间 t 秒内物体下落的距离；g 是重力加速度。

如果物体下落的初速度为零，即 $v_0=0$，则：

$$S=\frac{1}{2}gt^2 \tag{2-15}$$

可见，如果能够测得物体在最初 t 秒内通过的距离 S，就可算出 g 值。这就是用自由落体测定重力加速度。

实验中，为了提高精度，还可用下面的方式进行。

如图 2-14 所示，让物体从 O 开始自由下落。设它到达点 A 的速度为 v_1。从点 A 起，经过时间 t_1 后，物体到达点 B。令 A、B 两点间的距离为 S_1，则：

$$S_1=v_1t_1+\frac{1}{2}gt_1^2 \tag{2-16}$$

若保持前面所述的条件不变，则从点 A 起，经过时间 t_2 后，物体到达点 B'。令 A、B'两点间的距离为 S_2，则

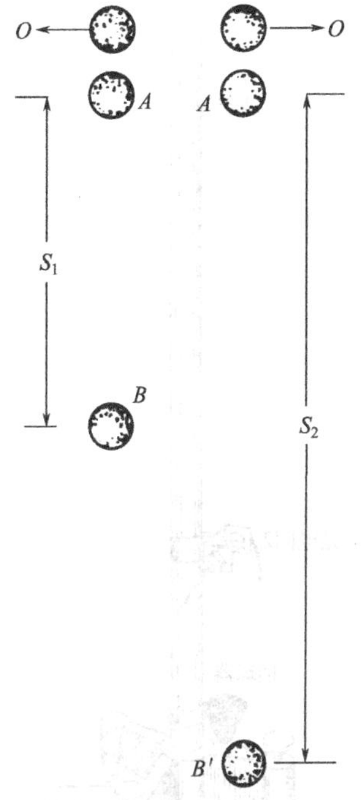

图 2-14　用自由落体测定重力速度

$$S_2=v_1t_2+\frac{1}{2}gt_2^2 \tag{2-17}$$

将上面两式中消去 v_1，得：

$$S_2t_1-S_1t_2=\frac{1}{2}g(t_2^2t_1-t_1^2t_2)$$

于是得到：

$$g=\frac{2(S_2t_1-S_1t_2)}{t_2^2t_1-t_1^2t_2}=\frac{2\left(\frac{S_2}{t_2}-\frac{S_1}{t_1}\right)}{t_2-t_1} \tag{2-18}$$

【实验仪器与用具】

自由落体装置、光电计时装置、数字毫秒计、米尺、铅垂线、小钢球。

自由落体装置如图 2-15 所示，主要由支柱、电磁铁、光电门和捕球器组成。支柱是一根长约 1.7m 的金属杆，固定在三角底座上。在金属杆的上方装有一块电磁铁。当电磁铁的线圈接通低压电源时，电磁铁可吸住小球；切断电源时，小球落下，做自由落体运动。为了精确测定小铁球下落的时间，在金属杆上装有两个可上下移动或固定的光电门。每个光电门上都装有光敏二极管和聚光灯泡，分别用导线与数字毫秒计的相应部分连接。小铁球依次通过间距为 S 的两个光电门所需时间可直接从数字毫秒计上读出。小铁球下落后掉入捕球

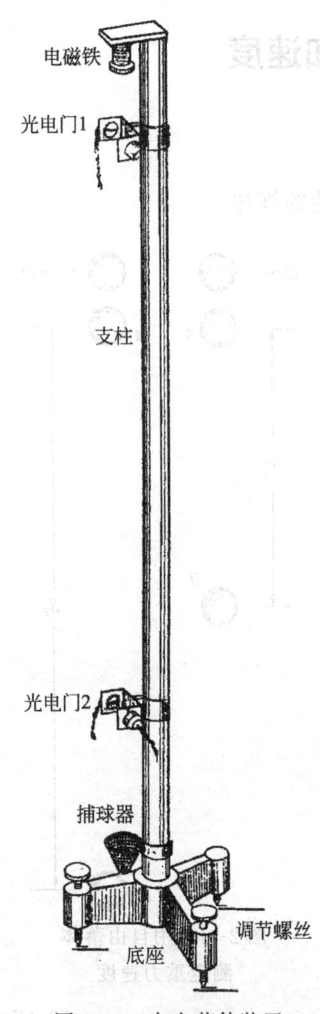

图 2-15　自由落体装置

器内。

有关数字毫秒计的工作原理和使用方法，请参见力学常用仪器介绍，也可参阅仪器说明书。

【实验内容】

1. 按式(2-15) 测定重力加速度

(1) 将重锤悬挂在铁芯上，调节底座上的螺旋，使支柱处于铅垂直状态后，取下重锤。

(2) 接通电磁铁开关，使其吸住小铁球。将第一个光电门装在电磁铁芯的下端，紧靠电磁铁但又不能让小铁球挡住光敏二极管。调节第二个光电门和第一个光电门的距离，然后测出这个距离 S 的值。

(3) 接通数字毫秒计电源开关。调节数字毫秒计面板上的有关旋钮，使数字毫秒计的数码管能正常显示数字。

(4) 断开电磁铁开关，小铁球自然下落。记录毫秒计上显示的时间 t。这就是小铁球通过距离为 S 的两个光电门所用的时间。让小铁球再重复下落两次，求出 t 的平均值。

(5) 改变第二个光电门的位置。重测两个光电门的距离 S'。重复上述步骤三次，测出小铁球通过相距 S'的两个光电门所用的时间的平均值 t'。

(6) 按式(2-15) 计算 g 的平均值，并估算 g 的相对误差 E_{ϕ} (本地 g_0 由实验室给出)。

2. 按式(2-18) 测定重力加速度

(1) 按实验内容 1 的步骤 (1) 和 (3)，调节好落体测定仪和数字毫秒计。

(2) 先接通电磁铁的电源开关，使小球被电磁铁吸住，然后断开此开关，释放小球。记录小铁球通过两光电门之间距离 S_1 时所需的时间 t_1。再重复两次，求出 t_1 的平均值。用钢卷尺测出距离 S_1 的值。

(3) 保持光电门 1 的位置不变，只改变光电门 2 的位置。按步骤 (2)，测出对应两光电门距离为 S_2 的时间 t_2。共测三次，得出 t_2 的平均值。用钢卷尺测出距离 S_2 的值。

(4) 按式(2-18) 计算重力加速度 g。

注意：实验操作时，动作要轻，不能使支柱晃动。调铅垂时，要使上下两个光电门的中心在一条铅垂线上，并保证下落小球的中心通过光电门的中心。

【数据数理】

由同学自己完成。

【思考题】

1. 试比较利用式(2-15) 和式(2-18) 测定重力加速度各有哪些优缺点。
2. 试分析本次实验产生误差的主要原因，并讨论改进方法。

实验 5　转动惯量的测定

转动惯量是物体转动惯性大小的量度。对于形状较复杂或非匀质的物体的转动惯量，需要用实验来测定。本实验采用三线扭摆法测定物体的转动惯量。

【实验目的】

1. 掌握正确测量长度、时间及质量的方法。
2. 掌握三线摆测量转动惯量的原理和方法。
3. 通过实验，进一步加深对转动惯量理论的理解。

【实验原理】

三线摆由上下两个圆盘组成，如图 2-16(a) 所示，两盘间用三根等长的悬线连接，上、下两盘分别有三个悬点，三个悬点是等边三角形的三个顶点。若将下圆盘绕三线摆的对称轴 OO'扭转一个很小角度 θ，释放后，下圆盘将在某一确定的平衡位置左右往复扭动。如果忽略空气阻力和悬线的扭力，这种扭动可以看做是准简谐振动。

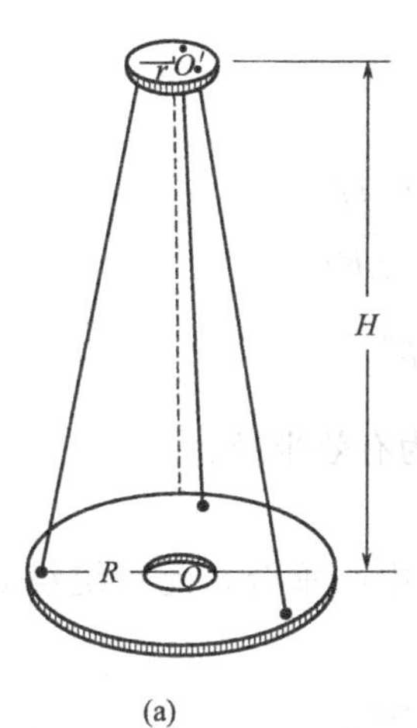

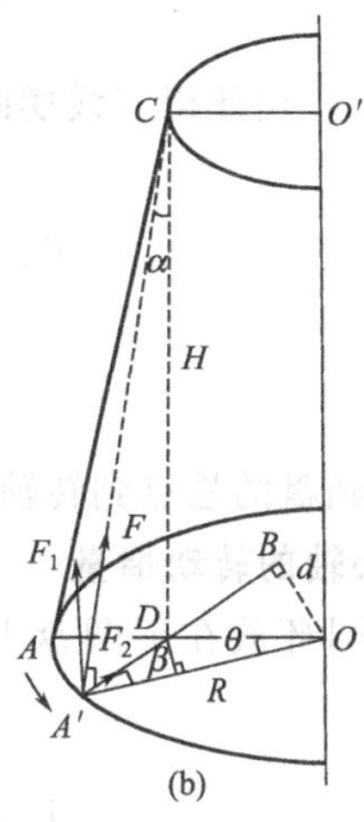

图 2-16　三线摆

1. 三线摆的扭转周期 T 与下圆盘的转动惯量 J_0 的关系式

如图 2-16(b) 所示，设圆盘的质量为 m_0，当圆盘的角位移为 θ 时，悬线与垂线之间的夹角为 α。设每条悬线的张力为 F，把它分解成垂直盘面的分力 F_1 与平行盘面的分力 F_2，则

$$F_1 = F\cos\alpha$$

$$F_2 = F\sin\alpha$$

总力矩
$$M = 3F_2 d = 3Fd\sin\alpha \qquad (2\text{-}19)$$

式中力臂
$$d = R\sin\beta = R\frac{r\sin\theta}{\overline{A'D}} \qquad (2\text{-}20)$$

垂直方向合外力为零（忽略下圆盘的上下运动），则：

$$3F_1 = 3F\cos\alpha = m_0 g$$

或
$$3F = \frac{m_0 g}{\cos\alpha} = \frac{m_0 g\overline{A'C}}{H} \qquad (2\text{-}21)$$

又
$$\sin\alpha = \frac{\overline{A'D}}{\overline{A'C}} \qquad (2\text{-}22)$$

将式(2-20)、式(2-21)、式(2-22) 代入式(2-19) 得

$$M=3Fd\sin\alpha=\frac{m_0gRr\sin\theta}{H}$$

当 θ 很小时，$\sin\theta\approx\theta$，力矩的方向与角位移方向相反，故

$$M=-\frac{m_0gRr}{H}\theta \tag{2-23}$$

设圆盘的转动惯量为 J_0，根据转动定律

$$M=J_0\frac{\mathrm{d}^2\theta}{\mathrm{d}t^2}$$

得三线摆的运动方程为：

$$\frac{\mathrm{d}^2\theta}{\mathrm{d}t^2}+\frac{m_0gRr}{J_0H}\theta=\frac{\mathrm{d}^2\theta}{\mathrm{d}t^2}+\omega_0^2\theta=0$$

式中，$\omega_0=\sqrt{\frac{m_0gRr}{HJ_0}}$，由此得三线摆的扭动周期：

$$T_0=\frac{2\pi}{\omega_0}=2\pi\sqrt{\frac{J_0H}{m_0gRr}}$$

即

$$J_0=\frac{m_0gRr}{4\pi^2H}T_0^2 \tag{2-24}$$

其中 r、R 为上、下圆盘的悬点到转轴的距离，称为有效半径。

2. 测圆环绕中心轴的转动惯量

把质量为 M 的圆环放在下圆盘上，使两者的中心垂合，此系统绕 OO' 轴的转动惯量 J_1 为：

$$J_1=\frac{(m_0+M)gRr}{4\pi^2H}T_1^2 \tag{2-25}$$

式中，T_1 为系统绕轴的扭动周期。所以圆环绕中心轴的转动惯量 J 为：

$$J=J_1-J_0=\frac{(m_0+M)gRr}{4\pi^2H}T_1^2-\frac{m_0gRr}{4\pi^2H}T_0^2 \tag{2-26}$$

如果圆环的内、外半径分别为 R_1 及 R_2，按理论公式计算其转动惯量为：

$$J^{s}=\frac{1}{2}M(R_1^2+R_2^2) \tag{2-27}$$

3. 验证转动惯量的平行轴定理

将两个半径和质量均为 r' 及 M'、形状完全相同的圆柱体对称地放置在下圆盘上，使圆柱体的中心轴与转轴的距离均为 d，则两圆柱体与下圆盘所组成的系统绕转轴的转动惯量 J_2 为：

$$J_2=2J_d+J_0=\frac{(m_0+2M')gRr}{4\pi^2H}T_d^2$$

式中，T_d 为该系统绕轴的扭动周期。由此可得一个圆柱体绕轴的转动惯量 J_d 为

$$J_d=\frac{1}{2}\left[\frac{(m_0+2M')gRr}{4\pi^2H}T_d^2-J_0\right] \tag{2-28}$$

根据转动惯量的平行轴定理，可计算其转动惯量为

$$J_d^{s}=M'd^2+\frac{1}{2}M'r'^2 \tag{2-29}$$

【实验仪器】

三线摆、水平仪、DHTC 多功能计时器、卷尺、天平、待测圆环和圆柱体。

【实验步骤】

1. 调节三线摆和计时器

(1) 将水平仪放在三线摆的上圆盘上，调节底座螺钉，使上圆盘水平。再将水平仪放在下圆盘上，调节悬线长度，使下圆盘水平。

(2) 开启计时器电源，将默认的周期数 30 调整到 50，并按一下置数。

(3) 调节光电门与下圆盘间的距离，在静止状态下，使下圆盘上的遮光柱充分无接触地遮住光电门。

2. 测量圆盘的转动惯量

(1) 待圆盘稳定后，轻轻转动上圆盘，使下圆盘做小角度平稳摆动（$<5°$）。

(2) 当下圆盘的遮光柱通过平衡位置时，测量下盘摆动 50 个周期的时间，共测 3 次，算出摆动周期的平均值 T_0。

(3) 用卷尺测量圆盘直径及上、下圆盘悬线间的距离 a、b。算出上、下圆盘的有效半径 $r=\frac{\sqrt{3}}{3}a$ 及 $R=\frac{\sqrt{3}}{3}b$。

(4) 分别沿三根悬线位置测量上、下圆盘之间的垂直距离 H，然后算出平均值；记录实验室给出的下圆盘质量 m_0。

(5) 计算圆盘的转动惯量 J_0，进行不确定度估算，写出测量结果的表示式。

(6) 计算圆盘转动惯量的理论值，并与测量值进行百分差比较。

3. 测量圆环的转动惯量

(1) 将圆环放在圆盘上，使它们同轴。仿照前面的实验，测出系统摆动周期的平均值 T_1。测量或记录实验室给出的圆环质量。

(2) 算出钢环和铝环的转动惯量。

(3) 测量圆环的内、外径，计算钢环和铝环转动惯量的理论值，并与测量值进行百分差比较。

4. 验证转动惯量的平行轴定理

(1) 将两个完全相同的圆柱体，对称地放在圆盘上，仿照前面测出系统绕轴摆动的周期 T_d。

(2) 测量或记录实验室给出的圆柱体质量 M'，计算单个圆柱体绕 OO' 轴的转动惯量 J_d。

(3) 测量圆柱体中心到转轴的距离 d 及圆柱体的直径，算出它绕 OO' 轴转动惯量的理论值，并与测量值进行百分差比较，从而验证转动惯量的平行轴定理。

【数据处理】

1. 测量圆盘的转动惯量（表 2-10）

下圆盘质量 $m_0=$

上圆盘有效半径 $r=\frac{\sqrt{3}}{3}a=$

下圆盘有效半径 $R=\frac{\sqrt{3}}{3}b=$

下圆盘半径 $R_0=$

$U_R=U_r=$　　　　　　　　　　　　$U_{m_0}=$

$U_{L_0}=\Delta t_1+\Delta t_0=0.000006t+\overline{\Delta t_0}=$

$U_H=$

表 2-10　数据表格（五）

测量次数	H/m（二盘距离）	t_0/s（扭动 50 次的时间）	T_0/s（扭动周期）
1			
2			
3			
平均值			

$$J_0=\frac{m_0gRr}{4\pi^2H}T_0^2=$$

因为　$T_0=\dfrac{t_0}{N}$

所以　$\dfrac{U_{T_0}}{T_0}=\dfrac{U_{t_0}}{t_0}$

$$\frac{U_{J_0}}{J_0}=\frac{U_{m_0}}{m_0}+\frac{U_R}{R}+\frac{U_r}{r}+\frac{U_H}{H}+2\frac{U_{t_0}}{t_0}=$$

$U_{J_0}=$

$J_0\pm U_{J_0}=$

$$J_0^s=\frac{1}{2}m_0R_0^2=$$

$$\frac{|J_0-J_0^s|}{J_0^s}=$$

2. 测量圆环的转动惯量（表 2-11）

表 2-11　数据表格（六）

物体	扭动 50 次的时间 t_1/s			扭动周期 T_1/s	环的质量 M/kg	内半径 R_1/m	外半径 R_2/m
	1	2	3				
钢环							
铝环							

$$J=\frac{(m_0+M)gRr}{4\pi^2H}T_1^2-\frac{m_0gRr}{4\pi^2H}T_0^2=$$

$$J^s=\frac{1}{2}M(R_1^2+R_2^2)=$$

$$\frac{|J-J^s|}{J^s}=$$

3. 验证转动惯量的平行轴定理（表 2-12）

圆柱体质量 $M'=$

圆柱体中心到转轴的距离 $d=$

圆柱体的半径 $r'=\frac{d'}{2}=$

表 2-12　数据表格（七）

扭动 50 次的时间 t_d/s			扭动周期 T_d/s
1	2	3	

$$J_d=\frac{1}{2}\left[\frac{(m_0+2M')gRr}{4\pi^2 H}T_d^2-J_0\right]=$$

$$J_d^s=M'd^2+\frac{1}{2}M'r'^2=$$

$$\frac{|J_d-J_d^s|}{J_d^s}=$$

【思考题】

1. 分析测量结果不确定度的来源，应如何提高实验的精度？
2. 测周期时，扭动次数多些好还是少些好？为什么要测扭动 50 次的总时间？
3. 用三线摆能否测量任意形状的物体绕特定轴转动的转动惯量？

实验 6　用拉伸法测金属丝的杨氏弹性模量

杨氏弹性模量是工程技术中常用的参数，是描写固体材料抵抗形变能力的重要物理量，因此在实际生产、科研中必须测定这一参数。

测量杨氏弹性模量的方法很多，有静态法、动态法等。本实验采用静态拉伸法测量金属丝的杨氏弹性模量。用拉伸法测量金属丝杨氏弹性模量通常采用光杠杆法（又称尺镜法）。其原理被广泛地应用在测量技术中，光杠杆法的装置被许多高灵敏度的测量仪器（如冲击电流计、光点检流计）用来测量小角度的变化。

【实验目的】

1. 学会测量杨氏弹性模量的一种方法。
2. 掌握用光杠杆法测量微小伸长量的原理。
3. 学习用逐差法处理数据。

【实验原理】

在外力作用下，固体所发生的形状变化称为形变。它可分为弹性形变和范性形变两类。外力撤除后物体能完全恢复原状的形变，称为弹性形变。如果加在物体上的外力过大，以致外力撤除后，物体不能完全恢复原状，而留下剩余形变，就称之为范性形变。本实验只研究弹性形变，所加外力大小，应保证在外力去掉后物体能恢复原状。

以棒状物体为例。设一物体长为 L，截面积为 S，沿长度方向施加力 F 后物体的伸长（或缩短）量为 ΔL。比值 F/S 是单位截面上的作用力，称为应力，它决定物体的形变；比值 $\Delta L/L$ 是物体的相对伸长，称为应变，它表示物体形变的大小。按照胡克定律，在物体的弹性限度内，应力与应变成正比，比例系数

$$E=\frac{F/S}{\Delta L/L} \tag{2-30}$$

称为杨氏弹性模量。实验证明，杨氏弹性模量 E 与外力 F、物体长度 L 以及截面积 S 的大小无关，它只决定于物体的材料，它是表征物体性质的一个物理量。

由式(2-30) 可见测出等式右边各量就可计算出杨氏弹性模量 E。其中 F 和 S 都很容易测量，唯有伸长量 ΔL 之值甚小，用一般测量工具不易测量。因此，采用下面将要介绍的光杠杆法来测量伸长量 ΔL。

用光杠杆法测量金属丝杨氏弹性模量的仪器装置如图 2-17 所示。被测物体是一段金属丝，金属丝 L 的上端固定在仪器支架顶部的横梁 A 上，下端固定在中间有一小孔的圆柱体 C 上。圆柱体 C 中间小孔内有一夹头，实验时金属丝可从中间穿过，用夹头夹住并固定在圆柱体上，使其能随金属丝的伸缩而上下移动。圆柱体下端有一个环，环上可用来挂砝码钩。G 是一个固定平台，中间开有一孔，圆柱体 C 可在孔中上下自由移动。光杠杆 M（平面镜）（图 2-18）前面的两尖脚放在平台 G 的沟内，主杆尖脚放在圆柱体 C 的上端。当砝码钩上增加（或减少）砝码后，金属丝将伸长（或缩短）ΔL，光杠杆 M 的主杆尖脚也随圆柱体 C 一起下降（或上升），使主杆转过一角度 α，同时平面镜 M 的法线也转过相同角度 α。

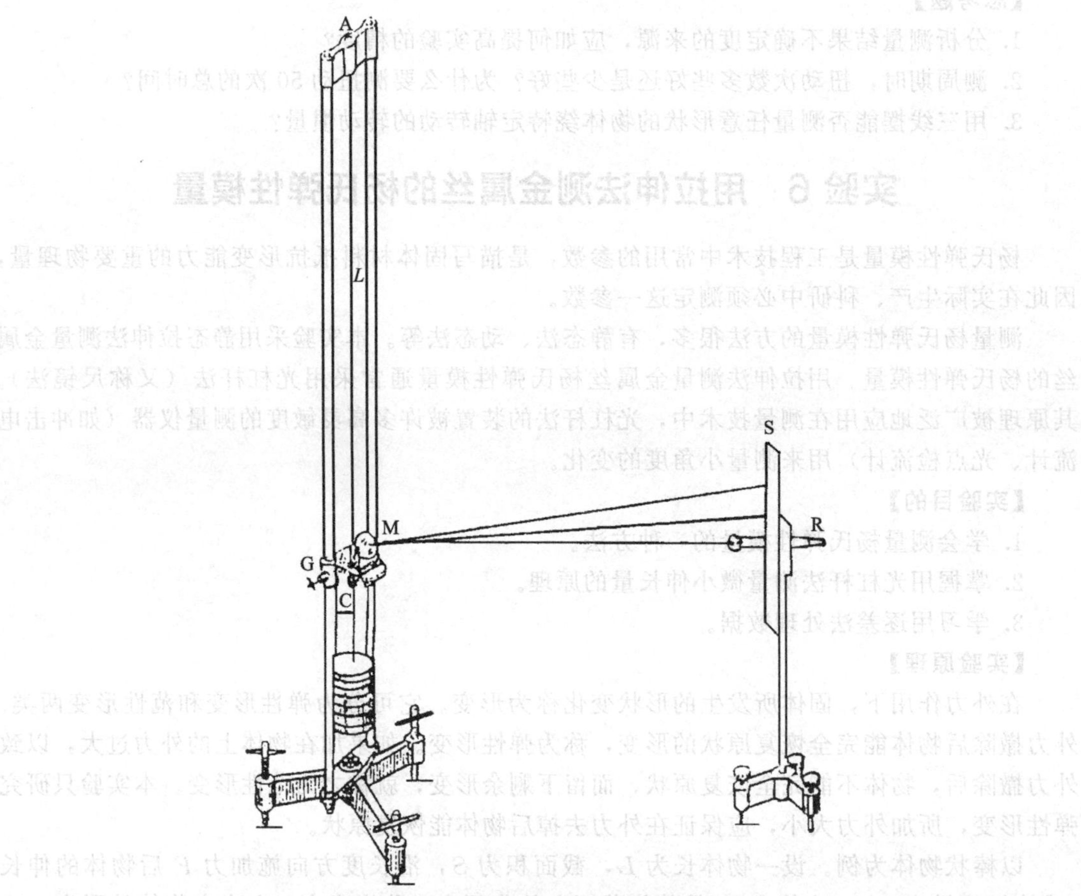

图 2-17 用光杠杆法测杨氏弹性模量装置图

假定开始时平面镜 M 的法线 On_0 在水平位置，则标尺 S 上的刻度线 n_0 发出的光通过平面镜 M 的反射进入尺读望远镜 R 中，形成 n_0 的像而被观察者看到。当金属丝伸长后，光杠杆的主杆尖脚随金属丝下落 ΔL，带动平面镜 M 转动 α 角而到 M′的位置，法线 On_0 也

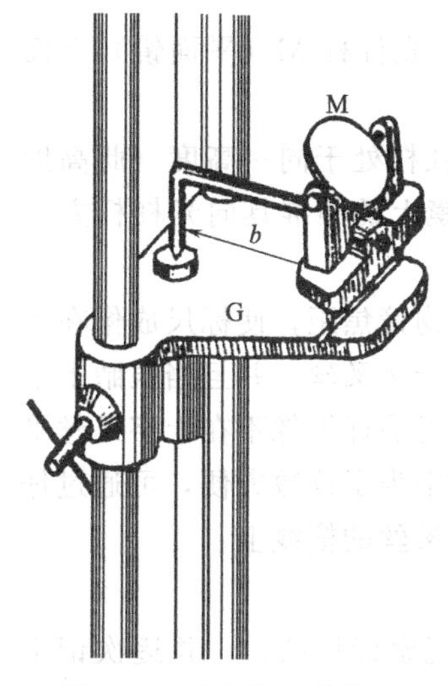

图 2-18　光杠杆（小镜）

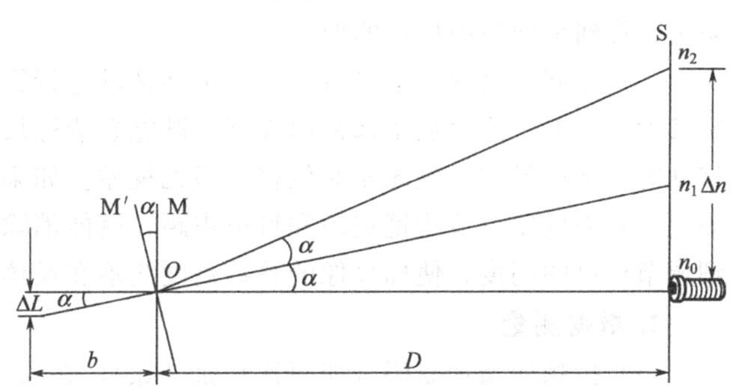

图 2-19　光杠杆原理图

同样转动 α 角至 On_1。根据光的反射定律，此时标尺上只有满足 $\angle n_2On_1=\angle n_0On_1=\alpha$ 的刻度线 n_2 发出的光经过平面镜 M 反射后进入尺读望远镜而被观察到。从图 2-19 可以看到

$$\tan\alpha=\frac{\Delta L}{b};\qquad \tan2\alpha=\frac{\Delta n}{D}$$

由于 α 很小，所以

$$\alpha\approx\frac{\Delta L}{b};\qquad 2\alpha=\frac{\Delta n}{D}$$

消去 α 得

$$\Delta L=\frac{b}{2D}\Delta n \tag{2-31}$$

由上式可知，利用光杠杆原理可以把一微小的长度变化 ΔL 转换成较大的光标读数变化量 Δn。其放大倍数为

$$\beta=\frac{\Delta n}{\Delta L}=\frac{2D}{b}$$

在实验中，通常 b 为 4～8cm，D 为 1～2m，可见放大倍数可达 25～100 倍。

将式(2-31) 代入式(2-30)，可得

$$E=\frac{2FLD}{Sb\Delta n} \tag{2-32}$$

测出式(2-32) 右边各量，即可算出待测金属丝的杨氏弹性模量。

【实验仪器】

杨氏弹性模量仪、尺读望远镜、光杠杆、砝码、千分尺、游标卡尺、钢卷尺、水平仪、待测金属丝。

【实验步骤】

1. 仪器调节

(1) 将水平仪放在平台 G 上，调节杨氏弹性模量仪的底脚螺钉，使平台水平，金属丝处于铅直位置，以减小圆柱体 C 与平台 G 中间的定位孔壁间的摩擦。

(2) 由于金属丝可能存在挠屈，应预先挂上砝码钩［砝码钩的质量为千克（kg）］，以

便把金属丝拉直。

(3) 把光杠杆放在平台G上，主杆尖放在圆柱体C的上端。光杠杆M（平面镜）下面的两尖脚放在平台G的沟内。将平面镜调至与平台大致垂直。

(4) 使标尺距光杠杆（平面镜）2m左右；尺读望远镜和光杠杆处于同一高度（此高度应便于观察和读数）。调节望远镜大致水平，然后利用尺读望远镜上的瞄准具向光杠杆方向望去，找到平面镜中标尺的像。

(5) 先调节尺读望远镜目镜，对十字叉丝进行聚焦，再调节物镜焦距，使标尺成像在十字叉丝平面上。这时从望远镜内观察，既能看清标尺，又能看清十字叉丝，并且当眼睛上下移动时，标尺像与叉丝无相对位移，即无视差。如果存在视差，说明标尺像不在十字叉丝平面上，只需反复调节物镜焦距和目镜焦距，就能消除视差。实验中为了读数方便，可通过仔细调节标尺的高度，使标尺像的整数刻度线落在尺读望远镜十字叉丝的横线上。

2. 数据测量

(1) 按顺序增加砝码（如每次增加1kg），在尺读望远镜中观察标尺的像，并逐次记下相应的标尺刻度 n_i（$i=0$，1，2，3，4，5）。然后按相反的顺序将砝码取下，记下相应的标尺刻度 n'_i。取 $\overline{n_i}=(n_i+n'_i)/2$，用逐差法求出 $\overline{\Delta n_i}$。

(2) 用螺旋测微器测量金属丝的直径，在不同位置测量5次，然后取其平均值 $\overline{d}$。

(3) 用钢卷尺单次测量标尺到光杠杆平面镜的距离 D 和金属丝的长度 L。

(4) 把光杠杆置于纸上，压出其三足痕迹，用游标卡尺单次测量出光杠杆主杆尖脚到两前尖脚痕迹连线垂直距离 b。

【数据处理】

金属丝长 $L=$

标尺到光杠杆平面镜距离 $D=$

光杠杆主杆尖脚到两前尖脚连线垂直距离 $b=$

金属丝直径平均值 $\overline{d}=$　　　　$\overline{\Delta d}=$

杨氏弹性模量 $E=\dfrac{2FLD}{Sb\Delta n}=\dfrac{8FLD}{\pi d^2 b\Delta n}$

$$\frac{U_E}{E}=\frac{U_D}{D}+\frac{U_b}{b}+\frac{U_L}{L}+\frac{2U_d}{d}+\frac{U\Delta n}{\Delta n}$$

其中

$U_D=4\text{mm}$，$U_b=\Delta_{仪}=0.02\text{mm}$，$U_L=3\text{mm}$，

$U_d=\Delta d+\Delta_{仪}=$　　　　（$\Delta_{仪}=0.004\text{mm}$）

$U_{\Delta n}=\overline{\Delta(\Delta n)}+\Delta_{仪}$　　　　（$\Delta_{仪}=0.5\text{mm}$）

所以

$\dfrac{U_E}{E}=$

$U_E=E\dfrac{U_E}{E}=$

$E\pm U_E=$

【注意事项】

光杠杆、望远镜和标尺所构成的光学系统一经调好后，实验过程中就不可再移动，否则

所测数据无效，实验应从头做起。

【思考题】

1. 光杠杆有什么特点？怎样提高光杠杆的灵敏度？

2. 是否可用作图法求杨氏弹性模量？如果以胁强为横轴、胁变为纵轴作图，图线是什么形状？

实验 7 用电流量热器法测定液体比热

测定物质的比热可归结为测量一定质量的该物质降低一定温度后所放出的热量。测量热量，通常采用的有：利用水的温度升高来测热量的水量热器和利用冰的溶解来测热量的冰量热器。一般来说，它们比较适用于测定固体物质（如金属）的比热。

测定液体的比热，常用冷却法和电流量热器法。这两种方法都要求对水和待测液体进行测量时，要具有完全相同的外界条件（环境）。并且，这两种方法都是用已知比热的水作为比较对象，运用了实验中常用的比较测量法。因此，它们能够“消除”与环境热交换带来的影响，是测量液体比热的较好方法。本实验应用的是电流量热器法。

【实验目的】

1. 学会用电流量热器法测定液体的比热。

2. 熟练掌握物理天平、温度计和量热器的使用方法。

【实验原理】

设在两只相同的量热器 1 和量热器 2 中，分别装着质量为 m_1 和 m_2、比热为 c_1 和 c_2 的两种液体，液体中安置着阻值相等的电阻 R。如果按照图 2-20 连接电路，然后闭合开关 K，则有电流通过电阻 R。根据焦耳楞次定律，每只电阻产生的热量为

$$Q=I^2Rt$$

其中，I 为电流强度，单位为 A；R 为电阻，单位为 Ω；t 为通电时间，单位用 s；热量 Q 的单位为 J。

液体、量热器内筒、搅拌器和温度计等吸收电阻 R 释放的热量 Q 后，温度升高。

若量热器中两种液体的质量分别为 m_1 和 m_2，比热分别为 c_1 和 c_2，初始温度（包括量热器内筒及其附件）分别为 t_1 和 t_2，加热终了温度分别为 τ_1 和 τ_2。包括量热器内筒、搅

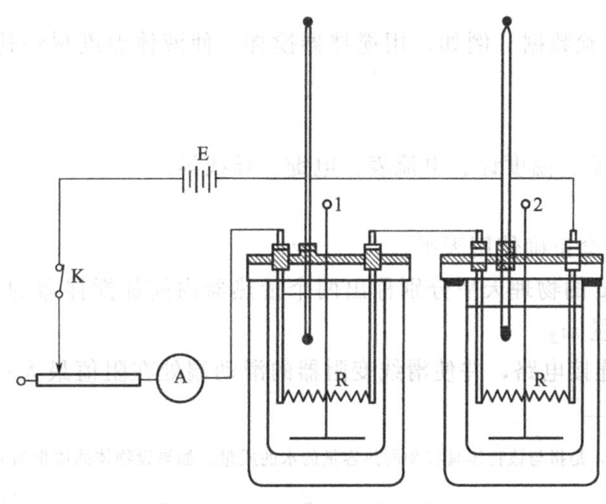

图 2-20 测定液体比热的装置

拌器、温度计、电流导入棒在内的两个量热器附件总水当量分别为 W_1 和 W_2[1]，水的比热为 c，则有

$$Q_1=(c_1m_1+cW_1)(\tau_1-t_1)$$
$$Q_2=(c_2m_2+cW_2)(\tau_2-t_2)$$

由于电阻 R 相同，且采用串联连接，故 $Q_1=Q_2$，即

$$(c_1m_1+cW_1)(\tau_1-t_1)=(c_2m_2+cW_2)(\tau_2-t_2)$$

由上式得到

$$c_1=\frac{1}{m_1}\left[(c_2m_2+cW_2)\frac{\tau_2-t_2}{\tau_1-t_1}-cW_1\right] \tag{2-33}$$

其中的水当量 W_1、W_2 可以按下述方法计算。

假定测量铜制量热器和搅拌器的总质量为 m_0（kg），已知铜的比热 c_0 为 0.385kJ/(kg・K)，则它的热容量（即升高 1℃所吸收的热量）为 m_0c_0，因而它的水当量为 $0.092m_0$（kg）。其次还应考虑温度计浸入液体那一部分的水当量。水银温度计是由玻璃和水银组成的。考虑到玻璃的比热和密度的乘积，与水银的比热和密度的乘积近似相等，都等于 1.9×10^3kJ/(m³・K)。设温度计浸入液体部分的体积为 V（m³），则对应体积 V 的热容量近似为 1.9×10^3V（kJ/K），相应的水当量为 0.45×10^3V（kg）。最后还要考虑电流导入棒的水当量 W_0。由于具体的装置不完全相同，W_0 的值由实验室给定。将以上三部分相加得到

$$W(\text{kg})=0.092m_0+0.45\times10^3V+W_0 \tag{2-34}$$

取比热已知的水作为第二种液体，显然 $c_2=4.182$kJ/(kg・K)。如果称出水和待测液体的质量为 m_2 和 m_1，并测出温度 τ_1、τ_2、t_1 和 t_2，则根据式(2-34) 和式(2-33) 可算出待测液体的比热 c_1。

在量热学实验中，经常使用量热器。量热器采用双层套筒结构，外套筒用隔热效果较好的材料制成，以便减小热对流和热传导的损失。尽管如此，筒壁与周围环境热辐射的影响还是相当严重的。在要求较高的测量中，需要采用特殊方法进行修正。在一般实验中，也要设法减小由此带来的误差。

按牛顿冷却定律，辐射热与温度差及实验时间成正比，因此实验中常采用下列措施。

① 设计实验时最好使量热器及液体的始末温度尽量接近环境温度，如在环境温度上、下 5℃左右。

② 尽快地取得实验数据。例如，用搅拌器搅拌，使液体温度尽快达到平衡，快速而准确地读得所需温度等。

【实验仪器】

量热器、物理天平、温度计、电流表、电键、导线等。

【实验内容】

1. 调节天平，学会正确使用天平。

2. 用感量为 0.1g 的物理天平分别称出两个量热器内筒加搅拌器的质量 m_0、待测液体的质量 m_1 和水的质量 m_2。

3. 按照图 2-20 连接电路，并使滑线变阻器的滑动端处在阻值最大一端。暂时不得关闭

[1] 某一物体的水当量，是指与该物体具有相同热容量的水的质量。如果设物体的质量为 m_x（kg），比热为 c_x［kJ/(kg・K)］，因水（20℃时）的比热 c 为 4.182［kJ/(kg・K)］，故它的水当量 W_x 可用 $W_x=\frac{c_x}{c}m_x=\frac{c_x}{4.182}$(kg) 来表示。

开关 K。把最小刻度为 0.1℃的 50℃温度计插入量热器中（注意不要接触到电阻 R），记下未加热前的初始温度。为了以后计算当量，还应预先记下温度计浸入液体部分的刻度位置。

4. 关闭开关 K（加热电流的数值由实验室给定）后，便有电流通过两个量热器内的电阻 R，此时应不断搅拌，使量热器内各处的温度均匀。待液体温度升高适当温度时（由实验室给出参考值），切断电源。断电源后温度还会有少许上升，应记下上升的最高温度。

5. 根据步骤 2 所记下的刻度值，用量筒测出温度计浸入液体部分的体积 V。

6. 实验中的加热电阻与电流导入装置不能做到完全相同，于是会带来一些误差。为此，在实验时要求将两电阻（包括电流的导入装置）对调重复以上步骤，再测一遍。

注意：对调时应该用清水将电阻及电流导入棒冲洗干净并吹干。

7. 将上述两次测量的数据分别代入式(2-33) 和式(2-34)，算出每次待测液体的比热 c_1，然后取其平均值。将测得的液体比热值与其标准值相比较，计算百分差，估算本次实验的相对误差。如果实验结果的误差较大，应该分析产生误差的原因。

【思考题】

1. 如果实验过程中加热电流发生了微小的波动，是否会影响测量的结果？为什么？

2. 实验过程中量热器不断向外界传导和辐射热量，这两种形式的热量损失是否引起系统误差？为什么？

实验 8 导热系数的测量

导热系数（热导率）是反映材料热性能的物理量，导热是热交换三种基本形式（导热、对流和辐射）之一，是工程热物理、材料科学、固体物理及能源、环保等各个研究领域的课题之一。材料的导热机理在很大程度上取决于它的微观结构，热量的传递依靠原子、分子围绕平衡位置的振动以及自由电子的迁移，在金属中电子流起支配作用，在绝缘体和大部分半导体中则以晶格振动起主导作用。因此，材料的导热系数不仅与构成材料的物质种类密切相关，而且与它的微观结构、温度、压力及杂质含量相关。在科学实验和工程设计中所用材料的导热系数都需要用实验方法测定。

1882 年法国科学家 J·傅里叶奠定了热传导理论，目前各种测量导热系数的方法都是建立在傅里叶热传导定律基础之上的，从测量方法来说，可分为两大类：稳态法和动态法，本实验采用稳态平板法测量材料的导热系数。

【实验目的】

1. 了解热传导现象的物理过程。
2. 学习用稳态平板法测量材料的导热系数。
3. 学习用作图法求冷却速率。
4. 掌握一种用热电转换方式进行温度测量的方法。

【实验原理】

为了测定材料的导热系数，首先从它的定义和物理意义入手。热传导定律指出：如果热量是沿着 Z 方向传导，那么在 Z 轴上任一位置 Z_0 处取一个垂直截面积 $\mathrm{d}S$（图 2-21），以 $\frac{\mathrm{d}T}{\mathrm{d}z}$ 表示在 Z 处的温度梯度，以 $\frac{\mathrm{d}Q}{\mathrm{d}t}$ 表示在该处的传热速率（单位时间内通过截面积 $\mathrm{d}S$ 的热量），那么传导定律可表示为：

$$\mathrm{d}Q=-\lambda\left(\frac{\mathrm{d}T}{\mathrm{d}z}\right)_{Z_0}\mathrm{d}S\cdot\mathrm{d}t \tag{2-35}$$

式中的负号表示热量从高温区向低温区传导（即热传导的方向与温度梯度的方向相反）。式中比例系数λ即为导热系数，可见导热系数的物理意义是：单位温度梯度，单位时间内垂直通过单位截面的热量。

利用式(2-35) 测量材料的导热系数λ，需解决的关键问题有两个：一个是在材料内造成一个温度梯度$\frac{dT}{dz}$，并确定其数值；另一个是测量材料内由高温区向低温区的传热速率$\frac{dQ}{dt}$。

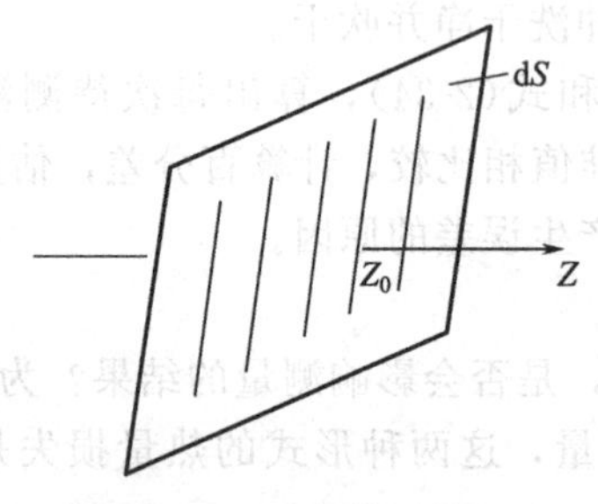

图 2-21　垂直截面积 dS

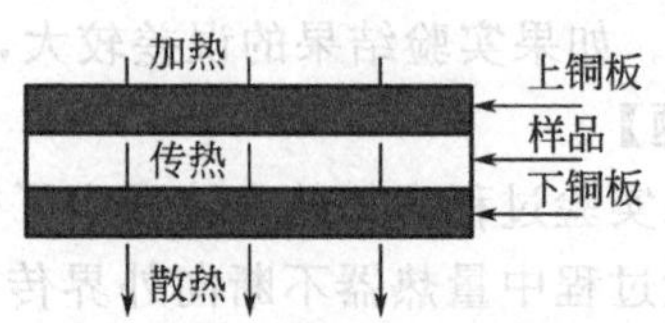

图 2-22　样品温度梯度的形成

1. 关于温度梯度$\frac{dT}{dz}$

为了在样品内造成一个温度的梯度分布，可以把样品加工成平板状，并把它夹在两块良导体——铜板之间（图 2-22），使两块铜板分别保持在恒定温度T_1和T_2，就可能在垂直于样品表面方向上形成稳定的温度梯度分布。样品厚度可做成$h \leqslant D$（D为样品直径）。这样，由于样品侧面积比平板面积小得多，由侧面散去的热量可以忽略不计，可以认为热量是沿垂直于样品平面的方向传导，即只在此方向上有温度梯度。由于铜是热的良导体，在达到平衡时，可以认为同一铜板各处的温度相同，样品内同一平行平面上各处的温度也相同。这样只要测出样品的厚度h和两块铜板的恒定温度T_1、T_2，就可以确定样品内的温度梯度$\frac{T_1-T_2}{h}$，当然这需要铜板与样品表面的紧密接触（无缝隙），否则中间的空气层将产生热阻，使得温度梯度测量不准确。

为了保证样品中温度场的分布具有良好的对称性，把样品及两块铜板都加工成等大的圆形。

2. 关于传热速率$\frac{dQ}{dt}$

单位时间内通过一截面积的热量$\left(\frac{dQ}{dt}\right)$是一个无法直接测定的量，我们设法将这个量转化为较为容易测量的量，为了维持一个恒定的温度梯度分布，必须不断地给高温侧铜板加热，热量通过样品传到低温侧铜板，低温侧铜板则要将热量不断地向周围环境散出。当加热速率、传热速率与散热速率相等时，系统就达到一个动态平衡状态，称之为稳态。此时低温侧铜板的散热速率就是样品内的传热速率。这样，只要测量低温侧铜板在稳态温度T_2下散热的速率，也就间接测量出了样品内的传热速率。但是，铜板的散热速率也不易测量，还需要进一步作参量转换，我们已经知道，铜板的散热速率与其冷却速率（温度变化率$\frac{dT}{dt}$）有关，其表达式为：

$$\left.\frac{\mathrm{d}Q}{\mathrm{d}t}\right|_{T_2}=-mc\left.\frac{\mathrm{d}T}{\mathrm{d}t}\right|_{T_2} \tag{2-36}$$

式中，m 为铜板的质量；c 为铜板的比热；负号表示热量向低温方向传递。因为质量容易直接测量，c 为常量，这样对铜板散热速率的测量又转化为对低温侧铜板冷却速率的测量。铜板的冷却速率可以这样测量：在达到稳态后，移去样品，用加热铜板直接对下铜板加热，使其温度高于稳定温度 T_2（大约高出 10℃），再让其在环境中自然冷却，直到温度低于 T_2，测出温度在大于 T_2 到小于 T_2 区间中随时间的变化关系，描绘出 T-t 曲线，曲线在 T_2 处的斜率就是铜板在稳态温度时 T_2 下的冷却速率。

应该注意的是，这样得出的是在铜板全部表面暴露于空气中的冷却速率，其散热面积为 $2\pi R_{\mathrm{P}}^2+2\pi R_{\mathrm{P}}h_{\mathrm{P}}$（其中 R_{P} 和 h_{P} 分别是下铜板的半径和厚度），然而在实验中稳态传热时，铜板的上表面（面积为 πR_{P}^2）是样品覆盖的，由于物体的散热速率与它们的面积成正比，所以稳态时，铜板散热速率的表达式应修正为：

$$\frac{\mathrm{d}Q}{\mathrm{d}t}=-mc\frac{\mathrm{d}T}{\mathrm{d}t}\times\frac{\pi R_{\mathrm{P}}^2+2\pi R_{\mathrm{P}}h_{\mathrm{P}}}{2\pi R_{\mathrm{P}}^2+2\pi R_{\mathrm{P}}h_{\mathrm{P}}} \tag{2-37}$$

根据前面的分析，这个量就是样品的传热速率。

将上式代入热传导定律表达式，并考虑到 $\mathrm{d}S=\pi R^2$，可以得到导热系数：

$$\lambda=-mc\frac{2h_{\mathrm{P}}+R_{\mathrm{P}}}{2h_{\mathrm{P}}+2R_{\mathrm{P}}}\times\frac{1}{\pi R^2}\times\frac{h}{T_1-T_2}\times\left.\frac{\mathrm{d}T}{\mathrm{d}t}\right|_{T=T_2} \tag{2-38}$$

式中，R 为样品的半径；h 为样品的高度；m 为下铜板的质量；c 为铜块的比热；R_{P} 和 h_{P} 分别是下铜板的半径和厚度。右式中的各项均为常量或可直接测量。

【实验仪器】

1. 导热系数测试仪（见附录 13）。
2. 冰点补偿装置。
3. 测试样品（硬铝、硅橡胶、胶木板）。
4. 塞尺。

【实验步骤】

1. 用自定量具测量样品、下铜板的几何尺寸和质量等必要的物理量，多次测量，然后取平均值。其中铜板的比热容 $c=0.385\mathrm{kJ/(K\cdot kg)}$。

2. 加热温度的设定

① 按一下温控器面板上的设定键（S），此时设定值（SV）后一位数码管开始闪烁。

② 根据实验所需温度的大小，再按设定键（S）左右移动到所需设定的位置，然后通过加数键（▲）、减数键（▼）来设定好所需的加热温度。

③ 设定好加热温度后，等待 8s 后返回至正常显示状态。

3. 圆筒发热盘侧面和散热盘（P）侧面，都有供安插热电偶的小孔，安放时此两小孔都应与冰点补偿器在同一侧，以免线路错乱。热电偶插入小孔时，要抹上些硅脂，并插到洞孔底部，保证接触良好，热电偶冷端接到冰点补偿器信号输入端。

根据稳态法的原理，必须得到稳定的温度分布，这就需要较长的时间等待。

手动控温测量导热系数时，控制方式开关打到“手动”。将手动选择开关打到“高”挡，根据目标温度的高低，加热一定时间后再打至“低”挡。根据温度的变化情况要手动去控制“高”挡或“低”挡加热。然后，每隔 5min 读一下温度示值（具体时间因被测物和温度而异)，如在一段时间内样品上、下表面温度 T_1、T_2 示值都不变，即可认为已达到稳定状态。

自动 PID 控温测量时，控制方式开关打到“自动”，手动选择开关打到中间一挡，PID 控温表将会使发热盘的温度自动达到设定值。每隔 5min 读一下温度示值，如在一段时间内样品上、下表面温度 T_1、T_2 示值都不变，即可认为已达到稳定状态。

4. 记录稳态时 T_1、T_2 值后，移去样品，继续对下铜板加热，当下铜板温度比 T_2 高出 10℃左右时，移去加热系统，让下铜板所有表面均暴露于空气中，使下铜板自然冷却。每隔 30s 读一次下铜板的温度示值并记录，直至温度下降到 T_2 以下一定值。作铜板的 T-t 冷却速率曲线（选取邻近的 T_2 测量数据求出冷却速率）。

5. 根据式(2-38) 计算样品的导热系数 λ。

6. 本实验选用铜-康铜热电偶测温度，温差 100℃时，其温差电动势约 4.0mV，故应配用量程 0～20mV，并能读到 0.01mV 的数字电压表（数字电压表前端采用自稳零放大器，故无须调零）。由于热电偶冷端温度为 0℃，对一定材料的热电偶而言，当温度变化范围不大时，其温差电动势（mV）与待测温度（℃）的比值是一个常数。因此，在用式(2-38) 计算时，可以直接以电动势值代表温度值。

【实验注意事项】

1. 稳态法测量时，要使温度稳定 40min 左右。手动测量时，为缩短时间，可先将热板电源电压打在高挡，一定时间后，毫伏表读数接近目标温度对应的热电偶读数，即可将开关拨至低挡，通过调节手动开关的高挡、低挡及断电挡，使上铜板的热电偶输出的毫伏值在 ±0.03mV 范围内。同时每隔 30s 记录上铜板和下铜板对应的毫伏读数，待下铜板的毫伏读数在 3min 内不变即可认为已达到稳定状态，记下此时的 V_{T_1} 和 V_{T_2} 值。

2. 测金属导热系数的稳态值时，热电偶应该插到金属样品上的两侧小孔中；测量散热速率时，热电偶应该重新插到下铜板（散热盘）的小孔中。T_1、T_2 值为稳态时金属样品上下两侧的温度，此时散热盘的温度为 T_3，因此测量散热盘的冷却速率应为：

$$\left.\frac{\Delta T}{\Delta t}\right|_{T=T_3} \qquad 所以\ \lambda = mc\left.\frac{\Delta T}{\Delta t}\right|_{T=T_3} \times \frac{h}{T_1 - T_2} \times \frac{1}{\pi R^2}$$

测 T_3 值时要在 T_1、T_2 达到稳定时，将上面测 T_1 或 T_2 的热电偶移下来插到金属下端的小孔中进行测量。高度 h 按金属样品上小孔的中心距离计算。

3. 样品上铜板和散热盘的几何尺寸，可用游标尺多次测量取平均值。散热盘的质量 (m) 约 0.8kg，可用天平称量。

4. 本实验选用铜-康铜热电偶，温差 100℃时，温差电动势约 4.27mV，故配用了量程 0～20mV 的数字电压表，并能测到 0.01mV 的电压（表 2-13）。

表 2-13 铜-康铜热电偶分度表

温度/℃	热电势/mV									
	0	1	2	3	4	5	6	7	8	9
−10	−0.383	−0.421	−0.458	−0.496	−0.534	−0.571	−0.608	−0.646	−0.683	−0.720
−0	0.000	−0.039	−0.077	−0.116	−0.154	−0.193	−0.231	−0.269	−0.307	−0.345
0	0.000	0.039	0.078	0.117	0.156	0.195	0.234	0.273	0.312	0.351
10	0.391	0.430	0.470	0.510	0.549	0.589	0.629	0.669	0.709	0.749
20	0.789	0.830	0.870	0.911	0.951	0.992	1.032	1.073	1.114	1.155
30	1.196	1.237	1.279	1.320	1.361	1.403	1.444	1.486	1.528	1.569

续表

温度/℃	热电势/mV									
	0	1	2	3	4	5	6	7	8	9
40	1.611	1.653	1.695	1.738	1.780	1.882	1.865	1.907	1.950	1.992
50	2.035	2.078	2.121	2.164	2.207	2.250	2.294	2.337	2.380	2.424
60	2.467	2.511	2.555	2.599	2.643	2.687	2.731	2.775	2.819	2.864
70	2.908	2.953	2.997	3.042	3.087	30131	3.176	3.221	3.266	3.312
80	3.357	3.402	3.447	3.493	3.538	3.584	3.630	3.676	3.721	3.767
90	3.813	3.859	3.906	3.952	3.998	4.044	4.091	4.137	4.184	4.231
100	4.277	4.324	4.371	4.418	4.465	4.512	4.559	4.607	4.654	4.701
110	4.749	4.796	4.844	4.891	4.939	4.987	5.035	5.083	5.131	5.179

备注：当出现异常报警时，温控器测量值显示：HHHH，设置值显示：Err，当故障检查并解决后可按设定键（S）复位和加数键（▲）、减数键（▼）重设温度。表 2-14 为不同材料的密度和导热系数。

表 2-14 不同材料的密度和导热系数

材料名称	(20℃)		导热系数/[W/(m·K)]			
	导热系数/[W/(m·K)]	密度/(kg/m³)	温度/℃			
			−100	2	100	200
纯铝	236	2700	243	236	240	238
铝合金	107	2610	86	102	123	148
纯铜	398	8930	421	401	393	389
金	315	19300	331	318	313	310
硬铝	146	2800				
橡皮	0.13～0.23	1100				
电木	0.23	1270				
木丝纤维板	0.048	245				
软木板	0.044～0.079					

实验举例

实验时室温 25℃。待测样品：硅橡胶。直径 $D_B=120.90\text{mm}$，厚 $H_B=8.00\text{mm}$。下铜盘质量 $m=812\text{g}$，$c=3.85\times10^2\text{J}/(\text{kg}\cdot℃)$，厚 $H_P=7.00\text{mm}$，直径 $D_P=120.90\text{mm}$。加热置于高挡。20～40min 后（时间长短随被测材料和环境有所不同），改为低挡（PID 控温时可以保持高挡不变），每隔 5min 读取温度示值，见表 2-15。

表 2-15 温度示值（一）

V_{T1}/mV	4.56	4.43	4.40	4.37	4.35	4.34	4.36	4.35	4.36	4.35
V_{T2}/mV	3.04	3.18	3.27	3.28	3.29	3.30	3.31	3.32	3.32	3.31

由于热电偶冷端已经经过补偿，电压表读数对应的温度就是实际温度。对一定材料的热电偶而言，当温度变化范围不太大时，其温差电动势（mV）与待测温度（℃）的比值为一

常数。故可知稳定温度对应的电动势为 $V_{T_1}=4.35\text{mV}$ 及 $V_{T_2}=3.31\text{mV}$。

测量下铜板在稳态值 V_{T_2} 附近的散热速率时，每隔 30s 记录的温度示值见表 2-16。

表 2-16 温度示值（二）

t/s	0	30	60	90	120	150	180	210	240
V_{T_2}/mV	3.59	3.54	3.48	3.42	3.37	3.31	3.26	3.21	3.16

计算硅橡胶的导热系数：

$$\lambda=\frac{mcH_B}{\pi R_B^2(V_{T_1}-V_{T_2})}\times\frac{2H_P+R_P}{2H_P+2R_P}\times\frac{\Delta V}{\Delta t}\bigg|_{T=T_2}$$

$$=\frac{812\times10^{-3}\times3.85\times10^2\times8.00\times10^{-3}}{3.14\times(60.45\times10^{-3})^2\times(4.35-3.31)\times10^{-3}}\times\frac{(2\times7.00+60.45)\times10^{-3}}{2\times(7.00+60.45)\times10^{-3}}\times\frac{(3.37-3.26)\times10^{-3}}{180-120}$$

$$=2.10\times10^5\times0.552\times1.83\times10^{-6}$$

$$=0.212\text{W}/(\text{m}\cdot℃)$$

根据以上公式，可得到相对不确定度的计算公式为：

$$\frac{U_\lambda}{\lambda}=\frac{U_{h_B}}{H_B}=2\frac{U_{R_B}}{R_B}+\frac{U_{V_1}}{V_1}+\frac{U_{V_2}}{V_2}+\frac{U_{H_P}}{H_P}+\frac{U_{R_P}}{R_P}+\frac{U_{\Delta V}}{\Delta V}+\frac{U_{\Delta t}}{\Delta t}$$

因为测量直径和厚度的不确定度为 0.01mm，所以 U_{H_B}、U_{R_B}、U_{V_1}、U_{H_P}、U_{R_P} 均为 0.01mm。数字表的读数不确定度为 0.01mV，所以 U_{V_1}、U_{V_2}、$U_{\Delta V}$ 均为 0.01mV。计时秒表的分辨率为 0.01s，不确定度为±0.01s，由此可计算出 λ 的相对不确定度为：

$$\frac{U_\lambda}{\lambda}=\frac{U_{H_B}}{H_B}=2\frac{U_{R_B}}{R_B}+\frac{U_{V_1}}{V_1}+\frac{U_{V_2}}{V_2}+\frac{U_{H_P}}{H_P}+\frac{U_{R_P}}{R_P}+\frac{U_{\Delta V}}{\Delta V}+\frac{U_{\Delta t}}{\Delta t}\text{（代入数据计算略）}$$

从有效数字位数知，其不确定度主要来源于冷却速率这一项。

故 λ 的不确定度为：$U_\lambda=\lambda\times\frac{U_\lambda}{\lambda}=0.212\times0.095=0.02\text{W}/(\text{m}\cdot℃)$

因此，测量结果为：$\lambda\pm U_\lambda=(0.21\pm0.02)\text{W}/(\text{m}\cdot℃)$

实验 9　固体的线热膨胀系数的测量

物体因温度改变而发生的膨胀现象叫“热膨胀”。通常是指外压强不变的情况下，大多数物质在温度升高时，其体积增大，温度降低时体积缩小。也有少数物质在一定的温度范围内，温度升高时，其体积反而减小。在相同条件下，固体的膨胀比气体和液体小得多，直接测定固体的体积膨胀比较困难。但根据固体在温度升高时形状不变可以推知，通常情况下，固体在各方向上的膨胀规律相同。因此，可以用固体在一个方向上的线膨胀规律来表征它的体膨胀。

物质在一定温度范围内，原长为 L_0 的物体受热后伸长量 ΔL 与其温度的增加量 Δt 近似成正比，与原长 L_0 也成正比，即：$\Delta L=\alpha L_0\Delta t_0$，式中 α 为固体的线热膨胀系数。实验证明：不同材料的线热膨胀系数是不同的。

本实验可以对已配备的实验不锈钢管、铜管等进行测量并计算其线热膨胀系数。

【实验目的】

1. 了解金属线热膨胀系数实验仪的基本结构和工作原理。
2. 掌握千分表和温度控制仪的使用方法。
3. 掌握测量金属线热膨胀系数的基本原理。

4. 测量不锈钢管、紫铜管等材料的线热膨胀系数。

5. 学会用热电偶测量温度。

6. 学会用图解图示法处理实验数据，并分析实验误差。

【实验原理】

在一定温度范围内，原长为 L_0（在 $t_0=0$℃时的长度）的物体受热温度升高，一般固体会由于原子的热运动加剧而发生膨胀，在 t（单位℃）温度时，伸长量 ΔL，它与温度的增加量 Δt（$\Delta t=t-t_0$）近似成正比，与原长 L_0 也成正比，即：

$$\Delta L=\alpha L_0\Delta t \tag{2-39}$$

此时的总长是：

$$L_t=L_0+\Delta L \tag{2-40}$$

式中，α 为固体的线热膨胀系数，它是固体材料的热学性质之一。在温度变化不大时，α 是一个常数，可由式(2-39) 和式(2-40) 得

$$\alpha=\frac{L_t-L_0}{L_0 t}=\frac{\Delta L}{L_0}\times\frac{1}{t} \tag{2-41}$$

由上式可见 α 的物理意义：当温度每升高 1℃时，物体的伸长量 ΔL 与它在 0℃时的长度之比。α 是一个很小的量，表 2-17 中列有几种常见的固体材料的 α 值。当温度变化较大时，α 可用 t 的多项式来描述：

$$\alpha=A+Bt+Ct^2+\cdots$$

式中，A，B，C 为常数。

在实际的测量当中，通常测得的是固体材料在室温 t_1 下的长度 L_1 及其在温度 t_1 至 t_2 间的伸长量 L_2，就可以得到线热膨胀系数，这样得到的线热膨胀系数是平均线热膨胀系数 $\bar{\alpha}$：

$$\bar{\alpha}\approx\frac{L_2-L_1}{L_1(t_2-t_1)}=\frac{\Delta L_{21}}{L_1(t_2-t_1)} \tag{2-42}$$

式中，L_1 和 L_2 分别为物体在 t_1 和 t_2 下的长度；$\Delta L_{21}=L_2-L_1$，是长度为 L_1 的物体在温度从 t_1 升至 t_2 的伸长量。在实验中需要直接测量的物理量是 ΔL_{21}、L_1、t_1 和 t_2。

为了得到精确的测量结果，因此，我们需要得到精确的 $\bar{\alpha}$，这样不仅要对 ΔL_{21}、t_1 和 t_2 进行精确的测量，还要扩大到对 ΔL_{i1}和相应的温度 t_i 的测量。即：

$$\Delta L_{i1}=\alpha L_1(t_i-t_1)\qquad i=1,2,3,\cdots$$

在实验中按等温度间隔的设置加热温度（如等间隔 5℃或 10℃），从而测量对应的一系列 $\Delta L_{i\text{-}1}$。将所得到的测量数据采用最小二乘法进行直线拟合处理，从直线的斜率可得到一定温度范围内的平均线热膨胀系数 $\bar{\alpha}$。

【实验仪器】

恒温水浴锅、金属线热膨胀系数实验仪、循环水泵、千分表、待测样品、铜-康铜热电偶温度计、实验架。

实验仪器使用说明如下。

1. 实验架如图 2-23 所示。

2. 通常热电偶安装座安装在待测样品中间位置即挡板和左侧固定点的中间。安装座的一侧有一小孔，将热电偶涂上导热硅脂插在小孔中，实验仪上显示的是热电偶的温差电动势，查找铜-康铜热电偶分度表可以得出温度值。

3. 千分表与挡板的位置要安装合适，既要保证两者间没有间隙，又要保证千分表有足够的伸长空间。

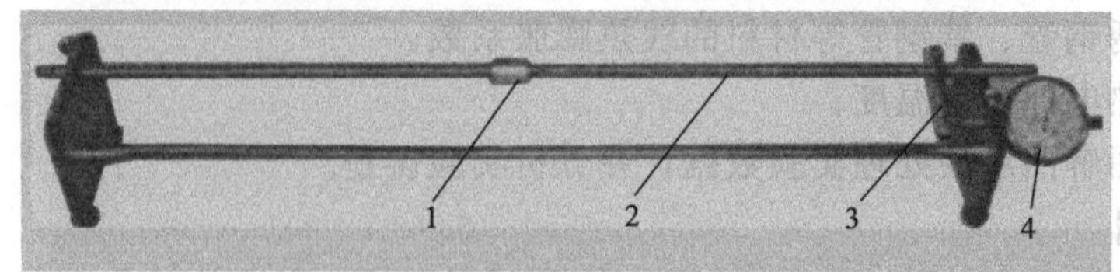

图 2-23

1—热电偶安装座；2—待测样品；3—挡板；4—千分表

4. 样品的一端用硅胶管与恒温水浴锅出水口相连，一端与恒温水浴锅的进水口相连。

5. 在恒温水浴锅没有和样品连接好的情况下不要将水泵电源打开。

6. 打开恒温水浴锅电源之前仔细检查连接是否正确。

7. 温度控制设定值不要超过 80℃。

8. 实验过程中防止恒温水浴锅干烧。

9. 实验过程中不能振动仪器和桌子，否则会影响千分表读数。

10. 千分表是精密仪表，不能用力挤压。

【实验步骤】

1. 将实验样品固定在实验架上，拧紧锁紧螺钉，注意挡板要正对着千分表。

2. 调节千分表和挡板的相对位置，既要保证两者间没有间隙，又要保证千分尺有足够的伸长空间。

3. 调节热电偶安装座的位置，使其处在待测样品的中间。

4. 将热电偶涂上导热硅脂，插在热电偶安装座的小孔中，热电偶传感器的插头和金属线热膨胀系数实验仪上的插座相连。

5. 样品的一端用硅胶管与恒温水浴锅出水口相连，一端与恒温水浴锅的进水口相连。

6. 关闭水泵电源。

7. 确保水浴锅内有足够的水。

8. 最后检查仪器连接是否正确，仪器各部分的相对位置摆放合适。

9. 打开仪器电源，进入实验。

10. 打开水泵开关。

11. 每 n 摄氏度设定一个控温点，记录样品上的实测温度和千分表上的变化值。

$$\alpha=\frac{\Delta L}{L\Delta t}$$

12. 根据数据 ΔL 和 Δt，通过公式计算线热膨胀系数并画出 Δt（作 x 轴）-ΔL（作 y 轴）的曲线图，观察其线性。

13. 换用不同的金属棒样品，分别测量并计算各自的线热膨胀系数，与表 2-17 提供的参考值进行比较，计算出测量的百分误差。

表 2-17　固体的线热膨胀系数

物　质	温　度	线热膨胀系数/10^{-6}℃$^{-1}$
铝	0～100℃	22.0～24.0
铁	0～100℃	11.54～13.20
青铜	0～100℃	17.10～18.02
黄铜	0～100℃	18.10～20.08

注：仅供参考，不同金属材料的线热膨胀系数不相同，在不同的温度段也不同。

附：千分表使用说明

千分表是一种将量杆的直线位移通过机械系统传动转变为主指针的角位移，沿度盘圆周上有均匀的标尺标记，可用于绝对测量、相对测量、形位公差测量和检测设备的读数头。

本仪器采用的千分表技术参数见表 2-18。

表 2-18　千分表技术参数

量程	精度等级	分度值	示值总误差	下轴套直径
0～1mm	一等品	0.001mm	±2μm	ϕ8mm

千分表的使用方法如下。

一、使用前的准备工作

(1) 检验千分表的灵敏程度　左手托住表的背面，度盘向前用眼观察，右手拇指轻推表的测量头，试验量杆的移动是否灵活。

(2) 检验千分表的稳定性　将千分表夹持在表架上，并使测头处于工作状态，反复几次提落防尘帽自由下落测量头，观察指针是否指向原位。

二、测量和读数方法

(1) 先把表夹在表架或专用支架上，所夹部位应尽量靠近下轴根部，但是不可以影响表圈的转动，夹紧即可，不要太紧，以免压坏伸缩杆。

(2) 校准零位　校准零位有两种方法：第一种是旋转表盘的外圈，使刻度盘对准“0”位；第二种是轻而缓慢地移动表架的悬臂，使其升起或下降，通过升降量杆的压缩量，等于旋转表针，去对准刻度盘的“0”位。

在校对零位的时候，应尽量使表的测量头对准基本面，并使量杆有一定的伸缩量（如0.02～0.2mm），再用扳手固定住千分表支架，夹住千分表。在对好零位后，应反复几次提起，放手让其回落防尘帽（升落0.1～0.2mm），待指针位稳定后方可旋转表外圈对零。在对零位时，要重复检查，要求指针测量既准又稳。

(3) 测量　测量平面时，应使千分表的量杆轴线与所测量表面垂直，防止斜角现象。测量圆柱体时，量杆轴线应该通过工件中心并与母线垂直。在测量过程中，可以看到大小指针都在转动。大指针每转一格为 0.001mm；大指针转一圈，小指针转一格。在开始测量时，要记住大小指针的初始值，待测量读数，做差值即为测量值。读数时视线要垂直于千分表的刻度盘，如果大指针停留在刻线之间，就进行估读。

第三章　电磁学实验

第一节　电磁学实验常用仪器介绍

电磁测量是现代生产和科学研究中广泛应用的一种实验方法和实验技术。在许多实验中都离不开电流和电压的测量，除直接测量电磁量外，还可以通过换能器把非电量变为电量来测量。

物理学实验中有许多常用的典型的实验方法（如比较法、模拟法和补偿法等），它们被广泛地应用于电磁学测量之中。电磁学实验的目的，是学习典型的实验方法，进行实验技能的训练，培养看图、正确连接线路和分析判断实验故障的能力；同时，学会正确使用电学仪器和仪表。通过实验的观察、测量和分析，更加深入地认识和掌握电磁学理论的基本规律。

电磁学实验离不开电源和各种电测仪器、仪表，下面对一些常用的基本仪器及仪器布置与线路连接作一简单介绍。

一、电源

电源是把其他形式的能量转变为电能的装置，分为直流电源和交流电源两类。

1. 电流电源（以DC或—表示）

常用的直流电源有干电池、铅蓄电池和晶体管直流稳压电源。干电池体积小、重量轻，携带和使用都很方便，短时间使用输出电压比较稳定，但它的容量小，长期稳定性差，适用于耗电少、短时间测量的实验。铅蓄电池的正常电动势为2V，额定供电电流约为2A，输出电压比较稳定，当它的电动势降低到1.8V时，应及时充电；另外，铅蓄电池即使未用也需要每隔2～3周充电一次；铅蓄电池的维护比较麻烦。直流稳压电源短时间稳定性有时感到不足，但长期稳定性好，内阻低，输出功率大，使用方便，只要接到交流220V电源上，就能输出连续可调的直流电压（输出电压和电流的大小可由仪器上的电表读出）。

使用晶体管直流稳压电源时应严禁短路和超载；每次使用都应从零输出调起，用后再将输出置于零；有“启动”按钮的，通电后，按一下面板上的“启动”按钮才有电压输出。如实验中突然发现无电压输出，应检查外电路，排除短路或过载故障后，再按一次“启动”按钮才能恢复正常输出。

2. 交流电源（以 AC 或～表示）

实验室常用电网电源作为交流电源。其电压可通过变压器来调节，亦可通过交流稳压电源使电压稳定不变。

使用交流或直流电源时要特别注意，不能使电源短路。

二、电阻

为了改变电路中的电流和电压，或作为特定电路的组成部分，在电路中经常需要接入各种不同大小的电阻。电阻分为固定电阻和可变电阻两大类。不论哪种电阻，使用时除注意阻值 R 的大小外，还应注意其额定功率 W，应使通过的电流 $I \leqslant \sqrt{W/R}$。下面着重介绍两种可变电阻——滑线变阻器和旋转式电阻箱的结构和用法。

1. 滑线变阻器

滑线变阻器的外形和结构如图 3-1 所示。将电阻丝（如镍铬丝）均匀绕在瓷筒上，瓷筒两边固定在一个铁架上，A、B 为电阻丝的两个端头，然后在瓷筒上方固定一根铜棍，并在铜棍上再装一个弹簧滑块，使它能沿铜棍在电阻丝上滑动，C 就是连通滑块的引出端。

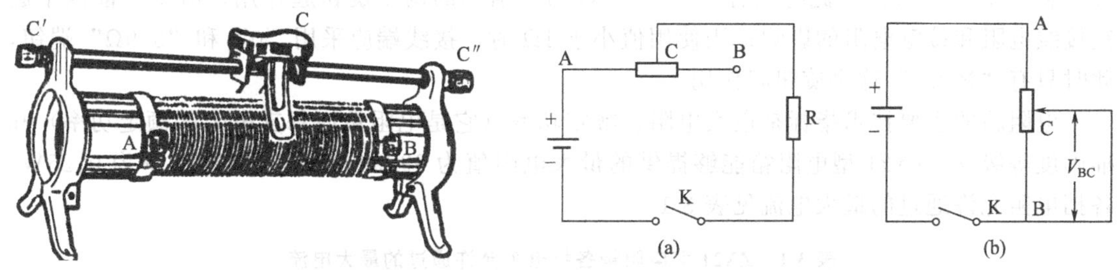

图 3-1 滑线变阻器

图 3-2 滑线变阻器的两种接法

（a）限流接法；（b）分压接法

使用方法如下。

（1）限流接法 目的是控制电路中的电流强度。使用方法是将其通过 A、C 两端或 B、C 两端串接在电路中，如图 3-2(a) 所示，通过移动 C 的位置改变电路中串联的电阻值，从而达到控制电流的目的。应当注意的是，通电前应使串入的电阻最大。

（2）分压接法 目的是把一个具有固定电压的电源变成一个输出电压连续可调的电源，如图 3-2(b) 所示。使用方法是 A、B 两端并接在电源上，C、B 两端为可调的电压输出端，输出电压可由零（C 滑到 B 端时）变到最大值（C 滑到 A 端）。通电前应使分出的电压接近零。

为了使电压、电流调节的范围大又使调节的均匀性好，有时采用多级分压、多级限流或限流与分压组合在一起的混合电路。

2. 旋转式电阻箱

旋转式电阻箱是由若干个固定的精密电阻按照一定的组合方式接在特殊的变换开关装置上构成的，利用电阻箱可以在电路中得到不同的电阻值。ZX21 型电阻箱的面板图和内部接线图如图 3-3 所示。

在箱面上有四个接线柱和六个旋钮，每个旋钮的边缘上都标有 0，1，2，…，9 十个数字，靠近旋钮边缘的面板上刻有标志“Δ”，并标有×0.1，×1，…，×10000 等倍率。电阻箱给出的电阻值应该等于各个旋钮对准“Δ”的数字乘以该旋钮下面的倍率，然后取其和。例如：各旋钮的位置如图 3-3(b) 所示，总电阻应为：（8×10000＋7×1000＋6×100＋5×

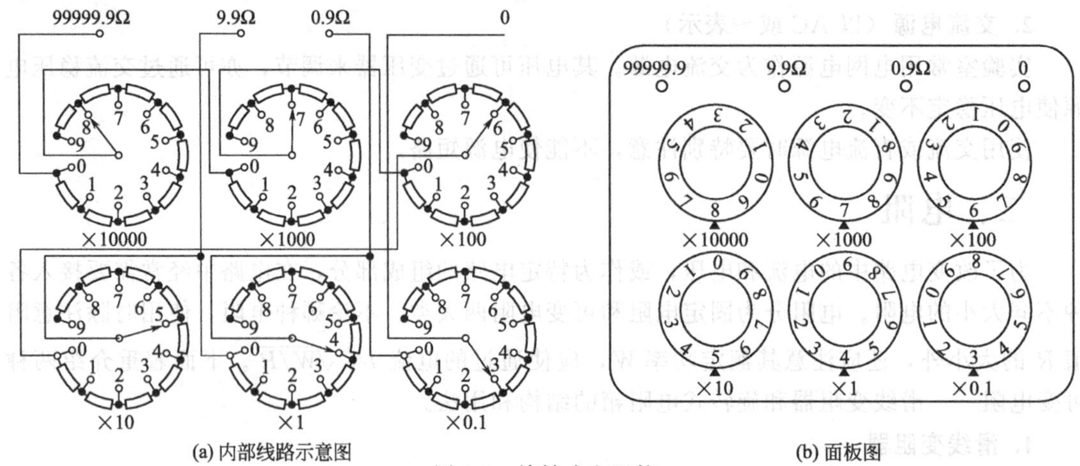

图 3-3 旋转式电阻箱

10＋4×1＋3×0.1）＝87654.3Ω。当使用值大于 10Ω 时，接线端应采用“0”和“99999.9Ω”端钮，此时六个旋钮都起作用；当使用值小于 10Ω 大于 1Ω 时，接线端应采用“0”和“9.9Ω”端钮，此时只有“×1”“×0.1”倍率的两个旋钮起作用，减少了前四个旋钮接线电阻和接触电阻的影响；当使用值小于 1Ω 时，接线端应采用“0”和“0.9Ω”端钮，此时只有“×0.1”这个旋钮起作用。

电阻箱的主要技术指标是最大电阻、额定功率（它是电阻箱内每支电阻的额定功率）和准确度等级 a。ZX21 型电阻箱能够提供的最大电阻值为 99999.9Ω；其额定功率为 0.25W，各挡电阻允许通过的最大电流见表 3-1。

表 3-1 ZX21 型电阻箱各挡电阻允许通过的最大电流

旋钮倍率	×0.1	×1	×10	×100	×1000	×10000
允许电流/A	1.5	0.5	0.15	0.05	0.015	0.005

由准确度等级 a 可以计算出仪器误差 ΔR，其计算公式为

$$\Delta R = a\%R + bm \tag{3-1}$$

式中，R 为使用值；m 为使用的旋钮个数；当 $a \leqslant 0.05$ 时，$b=0.001\Omega$，当 $a=0.1$ 时，$b=0.002\Omega$，当 $a \geqslant 0.2$ 时，$b=0.005\Omega$。

使用电阻箱时，应注意零值电阻的影响与修正；在通电情况下调整电阻值时，除非需要，切不可把电阻值调到零，造成电路短路，烧坏其他仪表。

三、电表

物理实验所用电表大都是磁电式电表，其特点是表盘刻度均匀，电流方向不同时指针偏转方向不同，下面对它的基本工作原理作一简单介绍。

磁电式电表结构如图 3-4 所示。在永久磁铁的两极上安装有圆弧形极掌，极掌中间有一圆柱形铁芯固定在底座上，其作用是在极掌与铁芯间形成与中心轴对称的均匀辐射状的强磁场。长方形线圈固定在上下轴上，并可以在铁芯与极掌间转动而不触碰铁芯与极掌。当有电流通过线圈时，线圈受电磁力矩作用而带动指针偏转，直到与游丝的扭力矩平衡。线圈偏转角度大小与所通入的电流成正比。电流方向不同，偏转方向也不同。

1. 电表种类

（1）检流计（以Ⓖ表示） 检流计一般作为指零仪表用，有时也用于测微小电流或微小

电压。作为指零仪表用时，指针（或光标）初始位置在刻度盘中央，指针（或光标）可随电流方向的不同而左右偏转。

注意：悬丝式灵敏检流计都设有防震的锁或短路装置，用前必须开锁或离开短路状态；用后要关锁或使线圈短路；不能通过较大电流；作为指零仪表时，应由最不灵敏的状态开始调节，直到灵敏状态。

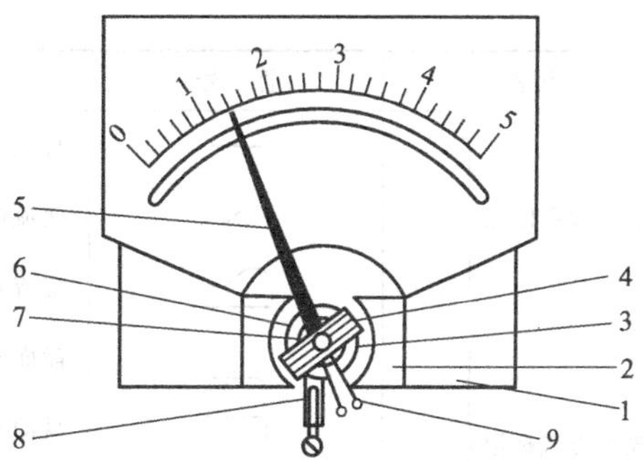

图 3-4　磁电式电表结构

1—永久磁铁；2—极掌；3—圆柱形铁芯；4—线圈；5—指针；6—游丝；7—半轴；8—调零螺杆；9—平衡锤

（2）电流表（包括微安表(μA)、毫安表(mA)、安培表(A)）　在检流计（称为表头）两端并联上阻值很小的分流电阻就构成了电流表。一块表头两端分别并联上不同的分流电阻，就构成了多量程的电流表。由于电流表是串联在电路中使用（电流从电流表的正端流入，从负端流出），为了减小对原电路的影响，其内阻越小越好。电流表的主要技术指标是量程和内电阻。

（3）电压表（包括毫伏表(mV)、伏特表(V)、千伏表(kV)）　在表头上串一只阻值较大的分压电阻就构成了电压表。一块表头可以串入不同阻值的分压电阻，就构成了多量程的电压表。由于电压表是并联在电路中使用（电压表的正端接在高电位一端，负端接在低电位一端），为了减小对原电路的影响，其内阻越高越好。电压表的主要技术指标是量程和内电阻。

对于电流表和电压表其测量值 A 可按下式计算：

$$A=n\frac{a}{N}$$

式中，a 为该量程可测量的最大值；N 为该量程对应的标度尺的总分度数；n 为电表指针指示的读数（分度数）。

2. 电表的级别及其测量误差

电表准确度等级分为 0.1、0.2、0.5、1.0、1.5、2.5 和 5.0 七级。如数字 0≶5 表示电表的测量值误差不超过电表量程的 0.5%，其余数字亦表示相同的意义。如果在数字上加一个圆圈，如(1.5)，则表示电表的测量值误差不超过指示值的 1.5%，其余相同。

3. 电表盘面标记的意义

表 3-2 列出了电表盘面上常见符号的意义，使用电表前必须搞清楚。在电表机壳上标有正、负端钮，要求电流由正端钮流入、负端钮流出。

表 3-2　电表符号的意义

标记种类	符　号	意　　义
结构原理标记		磁电式仪表
		电磁式仪表
		电动式仪表
		静电式仪表

续表

标记种类	符　号	意　义
通电种类标记	—	直流电表
	～	交流电表
	≂	交流直流两用电表
放置方式标记	⊥	盘面竖放使用
	⊓	盘面水平放置使用
	∠	盘面斜放使用
准确度级别标志	0.5	如 0.5 级电表，$\Delta_{仪}=0.5\%\times$量程
	⓪.5 (0.5 in circle)	如 0.5 级电表，$\Delta_{仪}=0.5\%\times$指示值
使用环境标志	Ⅱ (in square)	二类防磁(5GS 磁场作用下 $\left\|\frac{\Delta d}{dm}\right\|\leqslant 1.0\%$)
	A (in triangle)	环境温度与湿度要求符号(环境温度 0～40℃，环境湿度 85%以下)
	2 (in star)	耐压符号(线圈与地之间的电压不超过 2kV，也称为击穿电压)

4. 电表使用及其注意事项

(1) 查询　明确电表的功能、用法、级别、使用环境要求等。

(2) 机械调零　使电表无负载时指针指于零刻度。

(3) 合理选取量程　一般做法是，先用万用表或大量程获得粗略值，再选用合适的量程精测，要求所选量程应使指针偏转到满刻度的 2/3 以上。

(4) 正确连接电表　明确电表串联、并联连接方式，正接线柱为电流流入端，负接线柱为电流流出端，切不可接错。对于检流计可以不考虑极性。

(5) 正确读数　一般应在分度值以内再估读一位数；为减小读数误差，应使实验者视线垂直于度盘表面；有些仪表刻度线附近衬有反射镜，应在指针和指针在镜中的像重合的情况下读数。

(6) 用后检查　电表用毕后，各旋钮应旋到仪器说明书指定的位置。

第二节　仪器布置和线路连接

要获得正确的实验测量结果，合理布置仪器和正确连接线路是非常必要的。只有仪器布置恰当、合理，线路才便于检查、不易出错，实验才顺利。因此要重视仪器布置和线路连接方面的技能训练。

(1) 在电磁学实验时，首先要看懂线路图；然后按照“走线合理，操作方便，易于观察，实验安全”的原则布置仪器。实验设备的位置不一定要完全按照实验电路中的相应位置一一对应，一般是把经常调整或读数的仪器放在近处，其他仪器放在远处。高压电源要远离人身。

(2) 从电源正极开始按回路对点接线。对于复杂线路可以把它按图形分成几个回路，然后逐一连接。接线时应充分利用电路中的等电位点，尽量避免在一个接线柱上接过多的导线。

(3) 在实验时，应遵守“先接线路，后通电源；先断电源，后拆线路”的操作规程。接好电路后，先自己检查无误，再请教师复查，方能接通电源。接通电源时要做到手合电源，眼观全局，先看现象，后读数据。

(4) 测得实验数据后，应仔细检查有无遗漏，判断数据是否合理。在自己确认无疑又经教师复核后，方可拆除线路，并整理好仪器。表 3-3 为常用电路元器件符号及连接标志。

表 3-3 常用电路元器件符号及连接标志

名 称	符 号	名 称	符 号
直流电源	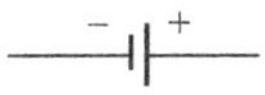 − +	单刀开关	
交流电源		换向开关	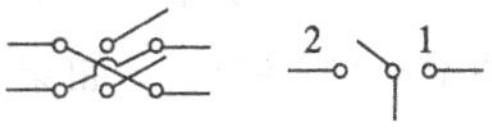 2 1
电阻(固定电阻)		双刀双掷开关	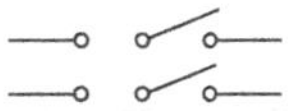
可变电阻		指示灯	
滑线变阻器	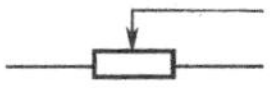	不连接的相交导线	
电容器	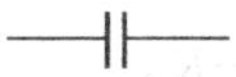	相连接的相交导线	
电感线圈		晶体二极管	
有铁芯的电感线圈		稳压二极管	
单相双线变压器		晶体三极管	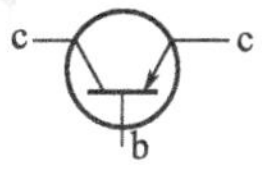 c c b

第三节 电磁学实验

实验 10 欧姆定律应用

欧姆定律是反映电路中电流、电压和电阻之间相互联系的规律，在电流、电压和电阻这三个物理量中知道其中任意两个量，就可以求出第三个量。例如，用伏安法测电阻时，只要知道电阻两端的电压和通过电阻的电流，即可计算出电阻阻值。

【实验目的】

1. 验证欧姆定律。
2. 掌握用伏安法测电阻的方法。
3. 学会电压表、电流表、电阻箱和滑线变阻器的正确用法。

【实验原理】

根据欧姆定律：$I=V/R$，如果测得电阻 R 两端的电压 V 和流过电阻的电流 I，则这个电阻阻值就是：

$$R=\frac{V}{I} \tag{3-2}$$

式中，电流单位用 A（安培）；电压单位用 V（伏特）；电阻单位用 Ω（欧姆）。

这种直接测量出电压和电流数值，由欧姆定律计算电阻的方法，称为伏安法。它原理简单，测量方便。但是，用这种方法进行测量时，电表的内阻可影响测量结果。下面就对电表内阻的影响作一下分析讨论。

用伏安法测量电阻不外乎下面两种接线方法。

1. 电流表内接

在图 3-5 中，电流表的读数 I 为通过待测电阻 R_x 的电流 I_x，电压表的读数不是 V，而是 $V=V_x+V_A$。如果将电压表的读数 I、V 代入式(3-2) 中计算得的电阻阻值为

$$R=\frac{V}{I}=\frac{V_x+V_A}{I_x}=R_x+R_A \tag{3-3}$$

式中，R_A 为电流表的内阻，可见采用电流表内接时，测得的电阻阻值 R 比实际阻值 R_x 大了 R_A。其百分误差为

$$\frac{R-R_x}{R_x}\times 100\%=\frac{R_A}{R_x}\times 100\% \tag{3-4}$$

如果知道电流表内阻 R_A，则实际值 R_x 可用下式计算

$$R_x=R-R_A=\frac{V}{I}-R_A \tag{3-5}$$

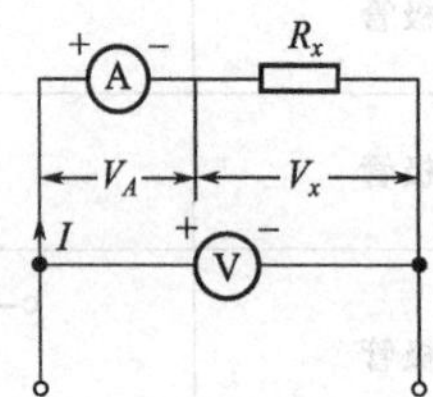

图 3-5　电流表内接

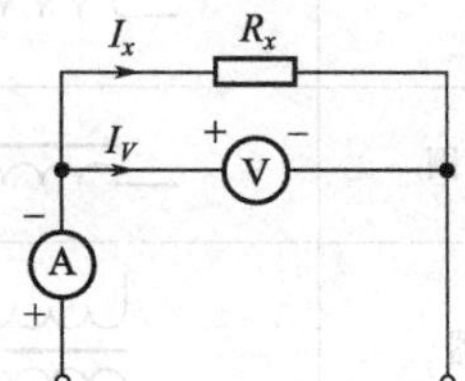

图 3-6　电流表外接

2. 电流表外接

在图 3-6 中，电压表的读数 V 等于电阻 R_x 两端电压 V_x；电流表的读数 I 不等于 I_x，而是 $I=I_x+I_V$。如果将电压表和电流表的读数 V 和 I 代入式(3-2) 中，得：

$$R=\frac{V}{I}=\frac{V}{I_x+I_V}=\frac{1}{I_x/V+I_V/V}=\frac{1}{1/R_x+1/R_V}$$

整理后为

$$R=\frac{R_x}{1+R_x/R_V} \tag{3-6}$$

或

$$\frac{1}{R}=\frac{1}{R_x}+\frac{1}{R_V} \tag{3-7}$$

式(3-6)、式(3-7) 中的 R_V 为电压表内阻。从式(3-7) 可以看出，测得的电阻值 R 是待测

电阻R_x和电压表内阻R_V并联后的阻值，比实际阻值R_x小，其百分误差为

$$\left|\frac{R-R_V}{R_x}\right|\times 100\%=\left|\frac{1}{1+R_x/R_V}-1\right|\times 100\% \tag{3-8}$$

如果知道电压表内阻R_V，则待测电阻R_x可由式(3-6)或式(3-7)导出

$$R_x=\frac{R}{1-R/R_V}=\frac{V/I}{1-V/IR_V} \tag{3-9}$$

来计算。

一般来说，用伏安法测电阻时，由于测量线路方面的原因，测得的阻值总是偏大或偏小，即存在一定的系统误差。要确定究竟用哪一种接线法，必须对R_x、R_A、R_V三者的大小有粗略估计。当$R_x \gg R_A$，而R_V与R_x相差不很大时，可采用电流表内接法；当$R_x \ll R_V$，而R_x又不过分大于R_A时，可采用电流表外接法。对于既满足$R_x \gg R_A$，又满足$R_x \ll R_V$的电阻，可任选一种接法进行测量。如果要得到待测电阻的准确值，必须分别按式(3-5)或式(3-6)加以修正。电表内阻R_A和R_V可以测定或由实验室给出，但要注意，当改变电表量程时，内阻也随着改变。

【实验仪器】

甲电池、滑线变阻器、直流电压表、直流毫安表、电阻箱。

【实验内容】

1. 验证欧姆定律

(1) 按图3-7连接电路，图中Ⅰ、Ⅱ、Ⅲ表示按回路接线的顺序。经教师检查线路后，先将滑线变阻器的滑动头C靠近固定端B处，再合上开关K，接通电源。将滑线变阻器滑动头C缓慢向A移动，观察电压表指针的变化；再向B移动，观察电压表指针变化有什么不同（图中滑线变阻器是采用什么接法？它起什么作用）。断开电源，最后连接回路Ⅲ。

(2) 取电阻箱的阻值为一定（如$R=500\Omega$），接通电源，调节滑线变阻器用来改变电阻R两端的电压V，则电流I也随之改变。测出一系列的V值和对应的I值，如当电压表读数分别为0.5V、1.0V、1.5V、2.0V、2.5V时，记录相应的电流表的读数。比较所得的电压和电流的数据，验证电流和电压是否成正比。

(3) 调节滑线变阻器，使电压V固定在某一定值（如$V=2.5$V），然后改变电阻箱R的阻值（如$R=500\Omega$，600Ω，700Ω，…），记录与电阻箱R阻值对应的电流表的读数。用所得的电阻和电流数据验证电流I与电阻R是否成反比。应该注意，在改变电阻箱R的阻值时，电压表的读数也有变化，因而每改变一次R阻值，都需要调节滑线变阻器，以保证电压表读数不变。

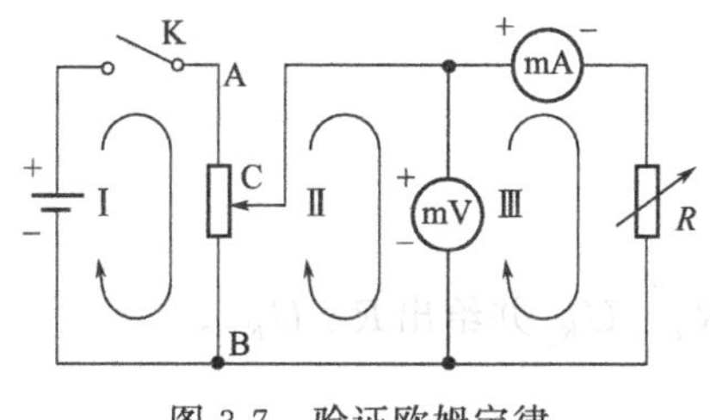

图3-7　验证欧姆定律

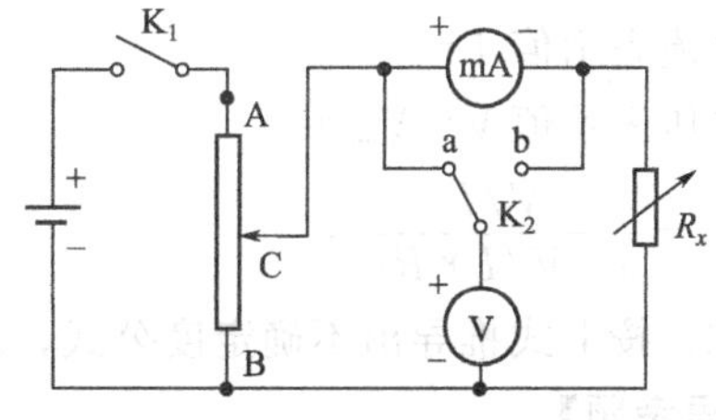

图3-8　伏安法测电阻

2. 用伏安法测电阻

(1) 按图3-8接好线路，请教师检查线路。图中K_2是单极转换开关，倒向a为电流表

内接的接法，倒向 b 为电流表外接的接法。R_x 是待测电阻。实验室备有大小不同的两种待测电阻（低阻值电阻 10Ω 左右，高阻值电阻 1000Ω 左右）。

（2）把滑线变阻器的滑动头 C 靠近 B 端，合上开关 K_1 并将开关 K_2 拨向 a，滑线变阻器滑动头 C 缓慢由 B 端向 A 端移动，观察电压表和电流表的读数（如果读数偏大或偏小，可调整电源或改变电表量程），然后判断待测电阻阻值（高阻或低阻）。K_2 由 a 倒向 b，如果电流表的读数明显增大，表示待测电阻 R_x 为高阻值电阻；K_2 由 a 倒向 b，如果电压表的读数减小，表示待测电阻 R_x 为低阻值电阻。

（3）待测电阻为高阻时，把 K_2 拨回 a（选择适当的电流表量程），读出电压表和电流表指示的数值，同时记录电流表的内阻 R_A。

（4）待测电阻为低阻时，开关拨向 b（选适当的电流表量程），记下电压表和电流表指示的数值及电压表的内阻 R_V。

【数据处理】

电流表：等级 $a=$　　　　量程 $I_m=$

　　　　分度值 $\sigma=$　　　　内阻 $R_A=$

电压表：等级 $a=$　　　　量程 $V_m=$

　　　　分度值 $\sigma=$　　　　内阻 $R_V=$

1. 待测电阻为高阻

电流表示值 $I=I_x=$

电压表示值 $V=$

$R_x=\frac{V}{I}-R_A$

$\frac{U_{R_x}}{R_x}=\sqrt{\left(\frac{U_V}{V}\right)^2+\left(\frac{U_I}{I}\right)^2}$

$U_I=\Delta_I/3=(a_I\%\times I_m)/3$

$U_V=\Delta_V/3=(a_V\%\times V_m)/3$

$\frac{U_{R_x}}{R_x}=$

$U_{R_x}=$

$R_x\pm U_{R_x}=$

2. 待测电阻为低阻

（1）计算阻值

电流表示值 $I=$

电压表示值 $V=V_m=$

$R_x=\frac{V/I}{1-V/I\times R_V}=$

（2）按上式推导出不确定度公式，求出 U_{R_x}、R_x、U_{R_x} 并给出 $R\pm U_{R_x}$。

【思考题】

1. 在图 3-9 和图 3-7 所示的线路中滑线变阻器各起什么作用？在图 3-9 中，当滑动头 C 移至 A 或 B 时，电压表的读数是否有变化？这种变化是否与图 3-7 中移动滑动头 C 时的变化相同？

2. 如果给你一个电阻箱（其阻值可直接读出），你能利用图 3-8 所示的电路，测出电压表、电流表的内阻，如果能，请说出实验步骤和计算方法。

3. 滑线变阻器当作分压器用的电路如图 3-10 所示。已知滑线变阻器两个固定接线端 AB 间总电阻为 R_0，接线端 BC 间电阻为 R_x，现将外部负载电阻 R 并联到 BC 上，试计算出：$R \gg R_0$ 和 $R=R_0$ 时，BC 间的电压分别是多少？根据这个计算结果，请你说明应该怎样正确地使用分压器。

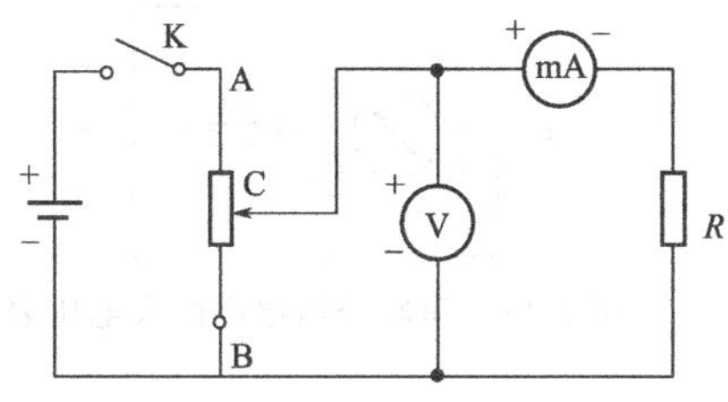

图 3-9 变阻器的变流接法（一）

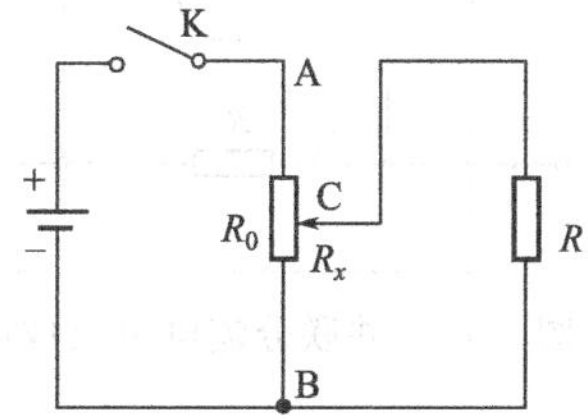

图 3-10 变阻器的变流接法（二）

实验 11 电表改装与校准

常用的直流电流表和直流电压表都有一个共同的部分，即电流计（表头）。表头通常是一只磁电式微安表，只允许通过微安量级的电流，一般只能测量很小的电流和电压。如果要用它来测量较大的电流和电压，就必须进行改装，以扩大量限。根据分流或分压原理，表头并联或串联适当阻值的电阻，可改装成所需量程的电流表或电压表。校准电表就是将需要校准的电表指示数，与准确度更高的电表的相应指示数一一进行比较，从而确定被校电表的准确度等级。

【实验目的】

1. 学会测量电表内阻的一种方法。
2. 掌握将电流计（表头）改装成较大量程电流表和电压表的原理和方法。
3. 学会校准电流表和电压表的方法。并能理解电表准确度等级的含义。

【实验原理】

1. 改装表头为电流表

使表头指针偏转到满刻度所需要的电流 I_g 称为表头的量程。这个电流一般很小，表头的量程越小，其灵敏度就越高。表头两接线端之间的电阻 R_g 称为表头内阻。

若要测量较大的电流需要扩大表头的量程，表头量程经扩大以后就成为电流表。

扩大量程的办法是在表头两端并联一个分流电阻 R_s，如图 3-11 所示。图中虚线框内的表头和 R_s 组成了一个新的电流表。设新表量程为 I，当流入电流为 I 时，由于流入原表头的电流只能为 I_g，所以 $I-I_g$ 的电流必须从分流电阻 R_s 上流过。

根据欧姆定律由图 3-11 可得：$I_gR_g=(I-I_g)R_s$，由此可得，分流电阻 $R_s=I_gR_g/(I-I_g)$。

令 $I/I_g=n$，称为量程的扩大倍数，则分流电阻为：

$$R_s=\frac{1}{n-1}R_g \tag{3-10}$$

例：将量限为 $I_g=100\mu A$、内阻 $R_g=1000\Omega$ 的表头改装成 $I=10mA$ 的毫安表，需并

联一个多大的分流电阻？

解：因 $n=\frac{I}{I_g}=\frac{10}{100\times10^{-3}}=100$，

得 $R_s=\frac{R_g}{n-1}=\frac{1000}{100-1}\approx10\Omega$

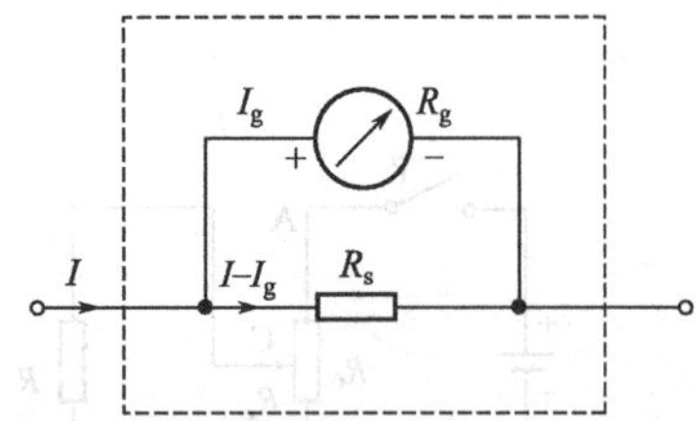

图 3-11 并联分流电阻改成电流表

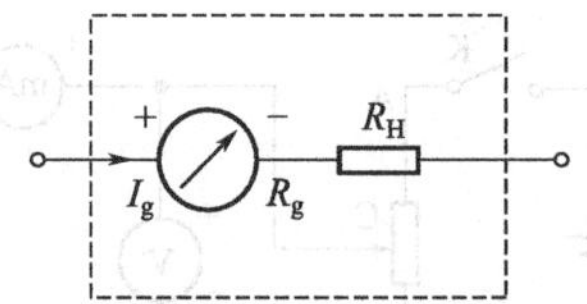

图 3-12 串联分压电阻改成电压表

2. 改装表头为电压表

表头的满度电压（表头两端的最大压降）I_gR_g 很小，为了测量较大的电压 V，就需要在表头的一端串接一个分压电阻 R_H。虚线框中的表头和 R_H 组成一只量程为 V 的电压表，见图 3-12。设微安表的量限为 I_g，内阻为 R_g，欲改成的电压表的量限为 V，根据欧姆定律由图 3-12 可得：

$$I_g(R_g+R_H)=V$$

得
$$R_H=\frac{V}{I_g}-R_g \tag{3-11}$$

例：将量限为 $I_g=100\mu A$、内阻为 $R_g=1000\Omega$ 的表头改成量限为 $V=10V$ 的电压表，需串联的分压电阻 R_H 为

$$R_H=\frac{V}{I_g}-R_g=\frac{10}{100\times10^{-6}}-1000=99000\Omega$$

3. 电表的校准

电表在扩大量程或改装后，还需要进行校准，所谓校准，是使被校电表与标准表（其准确度等级较之被校电表一般高两级以上）同时测量一定的电流（或电压），看其指示值与相应的标准值（从标准电表读得）相符的程度。校准的目的是：①评定该表在扩大量程或改装后是否仍符合原表头准确度的等级；②绘制校准曲线，以便于扩大量程或改装后的电表能准确读数。

所谓准确度等级，是国家对电表规定的指标，它以数字标在电表的表盘上，如表明为 s 级（s 为 0.1，0.2，0.5，1.0，1.5，2.5，5.0 七个中的一个）。电表的等级标志着电表质量的好坏。等级低的电表，其稳定性、重复性等性能都差些，经过校准，并不可能大幅度减少误差，一般只能大约提高半个级别，而且如果电表使用环境和校正环境不同或校准日期过久，标准数据也会失效。电表各等级的最大绝对误差 $\Delta_{仪}=$量程$\times s\%$。

设被校电表的指示值为 I_x，标准表的读数为 I_s，则当对被校电表的整个刻度上等间隔的几个标准点进行校准时，可获得一组相应的数据 I_{x_i} 和 I_{s_i}（$i=1, 2, 3, \cdots, n$），以及每个标准点的校正值 $\Delta I_i=I_{s_i}-I_{x_i}$。如果将 n 个 ΔI_i 中绝对值最大的一个作为最大绝对误差，则被校电表的标称误差为：

$$标称误差=\frac{最大绝对误差}{量程}\times100\% \tag{3-12}$$

标称误差指的是电表的读数和准确值的差异。它包括了电表在构造上各种不完善的因素所引起的误差。根据标称误差的大小，即可以定出被校电表的准确度等级 s。例如，0.5%＜标称误差≤1%，则该表为 1.0 级。

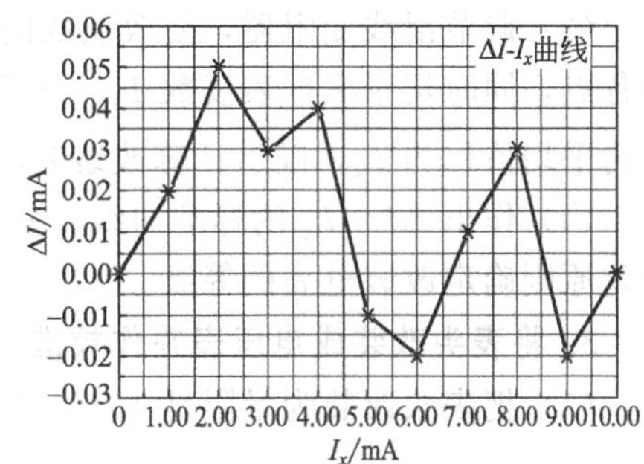

图 3-13　校准曲线

电表的校准结果除用准确度等级表示外，还常用校准曲线（图 3-13）表示，即以被校表的指示值（如 I_x）为横坐标轴，以校正之值（如 ΔI）为纵坐标轴，根据校正数据 I_{x_i} 和 Δ_{I_i} 作呈折线状的校准曲线，即两个校准点之间用直线连接，供使用时作读数修正。

【实验仪器】

待测表头、甲电池、电阻箱、滑线变阻器、直流毫安表（标准表）、直流电压表（标准表）等。

【实验步骤】

1. 用替代法测表头内阻 R_g

(1) 按图 3-14 接好电路，保护电阻 R 先取较大值。经教师检查同意后，合上开关 K_1，开关 K_2 与“1”点相连。

(2) 调节滑线变阻器，同时逐步降低保护电阻 R（使尽量小），以使待测表指针偏转到满刻度值。记下标准表的示数，即表头量程 I_g。

(3) 把开关 K_2 与“2”点相连，这时，滑线变阻器与保护电阻都不能作任何变动。调节电阻箱电阻 R_0 之值，使标准表的读数等于 I_g 的值，此时电阻箱上的电阻值即等于待测表的内阻 R_g。

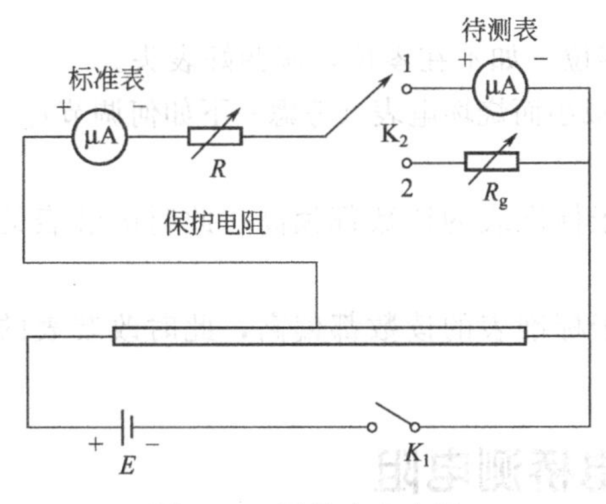

图 3-14　测量表头内阻

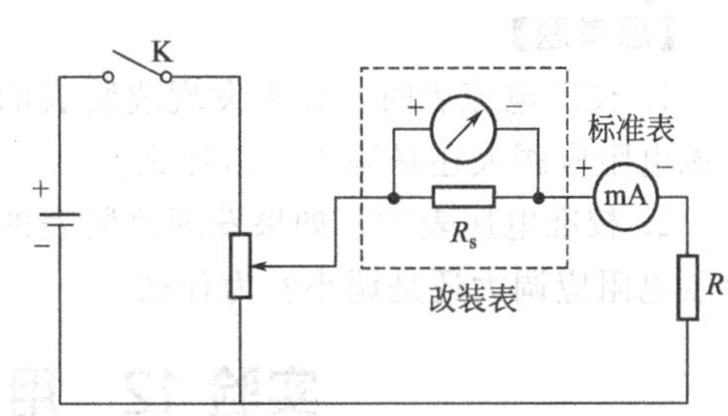

图 3-15　将表头改装成电流表

2. 将表头改装成电流表并作校准

(1) 拟把 100μA 表头改装为量程是 10mA 的电流表，根据式(3-10) 计算电阻 R_s 之值，用电阻箱作 R_s，并将电阻箱调到此数值。

(2) 按图 3-15 连接电路，经教师检查后合上开关 K，接通电路。调节滑线变阻器，使标准表示数为 10mA，观察表头示数是否为满刻度值。如有偏差，可酌情调整电阻箱 R_s 值与滑线变阻器（调整电压），使标准表读数为 10mA 时，改装表头示数恰好为满刻度值。记下此时电阻箱的实际阻值 $(R_s)_{实}$，并与理论计算的 R_s 值比较，计算两者偏差的百分率。

(3) 调节滑线变阻器，使改装成的电流表读数 I_x 分别为改装成的电流表上标有标度值的各点，同时记录标准表读数 I_s。顺序由大至小再由小至大各校测一遍，将标准表两次读数的平均值作为 $\overline{I}_s$，随后计算改装表与标准表相应读数的各校正点的校正值 $\Delta I=\overline{I}_s-I_x$。

(4) 作出 $\Delta I \sim I_x$ 的标准曲线。并根据本实验"电表的校准"所述电表的级别及其测量误差原则确定改装电表的等级。

3. 将表头改装成电压表并作校准

(1) 把表头改装为量限是 1000mV 的电压表。根据式(3-11) 计算出分压电阻 R_H，并将电阻箱调到此数值。

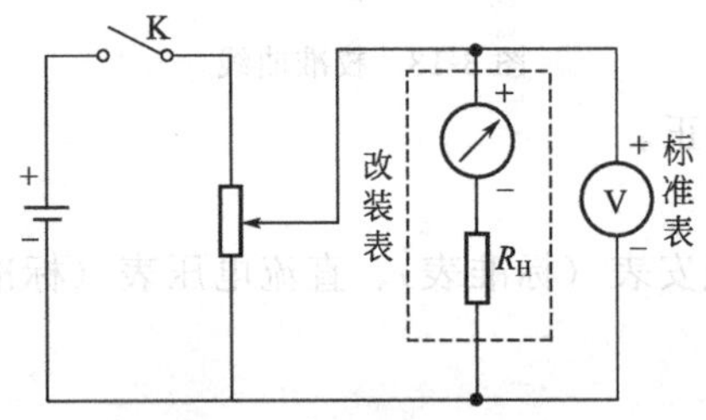

图 3-16　将表头改装成电压表

(2) 按图 3-16 连接电路，经教师检查同意后合上开关 K。调节滑线变阻器，观察标准表读数为 1000mV 时，表头是否为满度值。如有偏差，适当调节电阻箱 R_H 阻值，使表头恰好为满刻度值，记下此时电阻箱的阻值 $(R_H)_{实}$，并与理论计算的 R_H 值比较，计算两者偏差的百分率。

(3) 调节滑线变阻器，使改装电压表读数 U_x 分别为改装电压表上标有标度值的各点，同时记录下标准电压表的读数，电压值由大到小再由小到大各校测一遍。将标准表两次读数的平均值作为 $\overline{U}_s$，计算各校正点的校正值 $\Delta U=\overline{U}_s-U_x$。

(4) 作出 $\Delta U \sim U_x$ 的校准曲线。并根据本实验"电表的校准"所述电表的级别及其测量误差原则确定改装电表的等级。

【注意事项】

1. 接通电源前，应检查滑线变阻器的滑键是否在安全位置、电阻箱是否已取好适当阻值。

2. 测量前应检查表头、电流表及电压表的指针零位。如不在零位，应调好表头。

3. 调节电阻箱时，务必防止电阻从 9 至 0 的突然减小而烧坏电表（考虑一下如何调节）。

【思考题】

1. 校准电流表时，如果发现改装表的读数相对于标准表的读数都偏高，此时改装表的分流电阻应调大还是调小？为什么？

2. 校准电压表时，如果发现改装表的读数相对于标准表的读数都偏高，此时改装表的分压电阻应调大还是调小？为什么？

实验 12　用惠斯登电桥测电阻

电桥是一种精密的电学测量仪器，可用来测量电阻、电容、电感等电学量，并能通过这些量的测量测出某些非电学量，如温度、压力、频率等，它被广泛地用在工业生产的自动控制中。电桥的类型很多，按照使用条件分为平衡式电桥和非平衡式电桥，按照所用的电源分为直流电桥和交流电桥，按照桥臂的个数分为单臂电桥和双臂电桥。惠斯登电桥是直流、单臂、平衡式电桥，是电桥中最基本的一种，可用来测量 $10\sim10^6\Omega$ 的中值电阻。

【实验目的】

1. 掌握用惠斯登电桥测电阻的原理和方法。

2. 了解电桥灵敏度的概念。

【实验原理】

1. 惠斯登电桥的工作原理

惠斯登电桥的测量原理是比较法。如图 3-17 所示，四个电阻 R_1、R_2、R_0、R_x 称为“桥臂”，接入检流计的对角线 B Ⓖ D 称为“桥”。调节 R_1、R_2、R_0，可使 B、D 两点电位相等，此时检流计Ⓖ中无电流通过。流过 R_1、R_0 的电流皆为 I_1，流过 R_2、R_x 的电流皆为 I_2，这种状态称为电桥的平衡。当电桥平衡时，$I_g=0$，从而

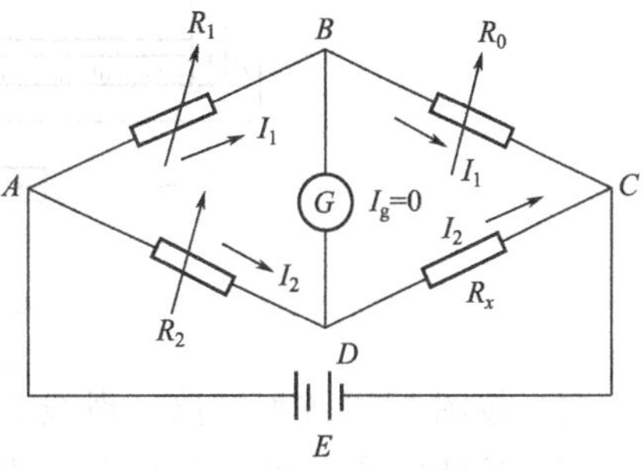

图 3-17　惠斯登电桥原理图

$$I_1R_1=I_2R_2,\ I_1R_0=I_2R_x$$

由以上两等式解得电桥的平衡条件为

$$R_1R_x=R_2R_0$$

或
$$R_x=\frac{R_2}{R_1}R_0=K_rR_0 \tag{3-13}$$

R_1 和 R_2 称为比例臂，K_r 通称倍率，R_0 称为比较臂。一般先选定倍率，再调节 R_0 使电桥达到平衡状态，即可由式(3-13) 得到待测电阻值 R_x。

由于 R_1、R_2、R_0 可采用精密的标准电阻箱，检流计可采用灵敏度很高的灵敏电流计，且不存在方法误差，所以此法测量的精确度很高。

2. 惠斯登电桥的灵敏度

当电桥平衡后，将 R_x 改变一微小量 δR_x，电桥将失去平衡而使检流计指针偏离平衡位置 δn 格，电桥的灵敏度定义为

$$S=\frac{\delta n}{\delta R_x/R_x} \tag{3-14}$$

它表示电桥灵敏度的高低。S 值越大，说明灵敏度越高；反之，表明灵敏度越低。

具体测量时，R_x 值是不能任意改变的，由式(3-13) 知，$\delta R_x=(R_2/R_1)\delta R_0$，从而 $\delta R_x/R_x=\delta R_0/R_0$，所以实际所用的测量公式为

$$S=\frac{\delta n}{\delta R_0/R_0} \tag{3-15}$$

理论和实际都表明，选用低内阻、高电流灵敏度的检流计，适当增加电桥的工作电压，适当减小比较臂电阻值，均有利于提高电桥灵敏度。

由于电桥灵敏度的限制，使得测量结果产生了不确定度。一般取检流计指针偏离零点 0.2 格作为眼睛能够觉察的界限，从而由式(3-14) 可算得由电桥灵敏度所引入的测量结果极限不确定度的大小

$$\left(\frac{U_{R_x}}{R_x}\right)_S=\frac{0.2}{S} \tag{3-16}$$

应该明确，如果测量次数较多（5 次以上），灵敏度引入的不确定度的影响转化成了读数的起伏，不应再另外计入灵敏度引起的不确定度。

【实验仪器】

线式惠斯登电桥、检流计、限流开关、滑线变阻器、开关、直流电源、电阻箱、QJ24 型直流单臂电桥。

【实验步骤】

1. 用线式惠斯登电桥测电阻

线式惠斯登电桥如图 3-18 所示，其平衡条件可写为 $R_x=\frac{I_2}{I_1}R$。

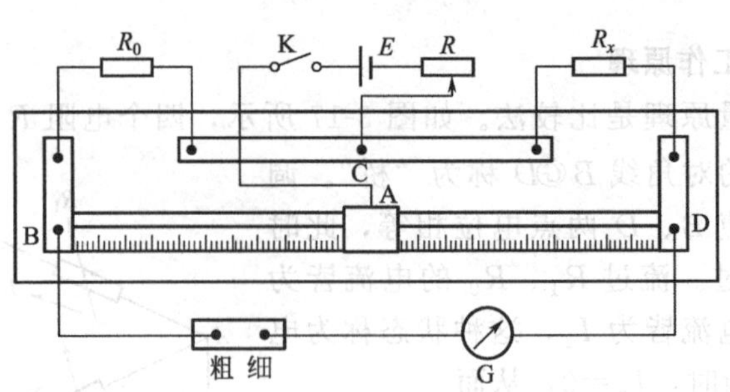

图 3-18　线式惠斯登电桥

(1) 按图 3-18 连好线路。滑线变阻器取最大值。

(2) 接通电源，把按键 A 在滑线中点按下，同时按下限流开关的粗调按键，观察检流计的指针是否偏转。逐渐改变 R_0 值使检流计指针的偏转减小，最后指零。

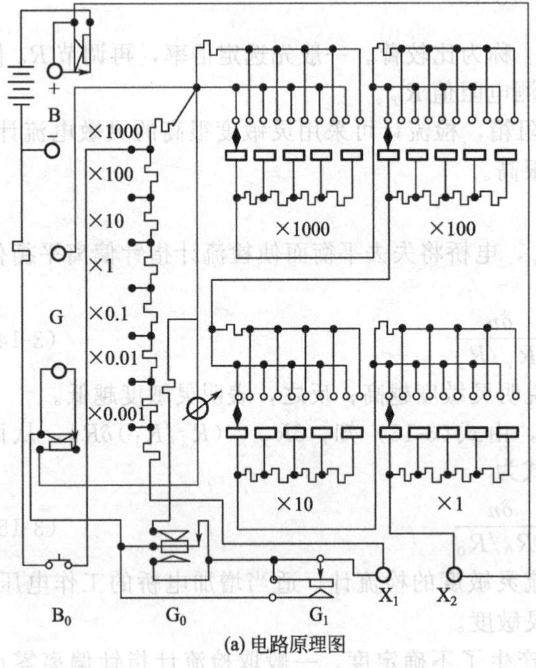

(a) 电路原理图

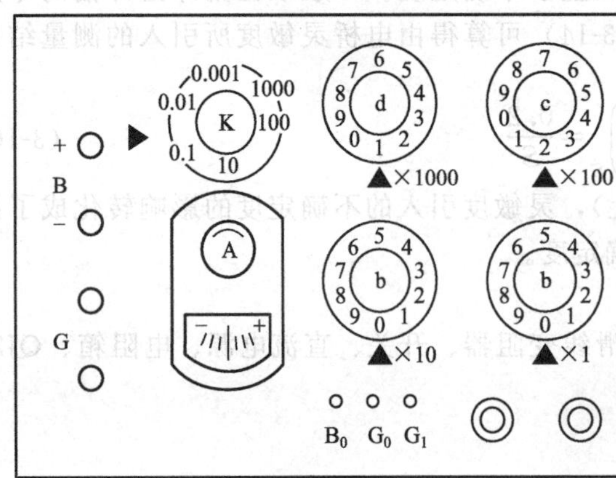

(b) 面板图

图 3-19　QJ24 型直流单臂电桥

调节电桥平衡的方法：设 R_0 为某一值 R_{01} 时，检流计指针偏向一边；当 R_0 为另一值 R_{02} 时，指针偏向另一边。要使指针不偏转，R_0 的值必定在 R_{01} 和 R_{02} 之间，逐渐缩小 R_{01} 和 R_{02} 的差值，便可找到准确的 R_0 值。

(3) 松开限流开关的粗调按键，将细调按键按下，改变 R_0 使检流计指针指零。

(4) 将 R 取零，重复实验步骤 (2)、(3)，记下 R_0 的读数，算出待测电阻 R_x。

(5) 按上述步骤测量另一个电阻 R'_x。再将 R_x、R'_x 串联和并联，分别测出其等效电阻。

2. 用箱式电桥测电阻

本实验所用箱式电桥为 QJ24 型直流单臂电桥，其电路原理图和面板图如图 3-19 所示。

(1) 将待测电阻 R_x 接到箱式电桥的 X_1 和 X_2 两接线柱上；正确选择倍率 K_r，以保证比较臂 R_0 的千位也具有有效数字；调检流计指针指零。先按下 B_0 键，点按 G_1 键，通过逐次逼近法使检流计指针指零；放开 G_1 键，随即再按下 G_0 键，再次调节比较臂，直到检流计指针指零。记下倍率 K_r 和比较臂 R_0 的数值。

(2) 测量待测电阻 R_x 时的电桥灵敏度。在电桥平衡的情况下，增加或减少 R_0

值（在个位上），使检流计指针左偏和右偏 2 格左右，记下 R_0 的两次改变量 δR_0 及对应的格数偏转量 δn，按式(3-15) 计算灵敏度，并取两个灵敏度的平均值。

(3) 测量另一个电阻 R'_x。将 R_x、R'_x 串联和并联，分别测出其等效电阻。

【注意事项】

1. 检流计在使用前必须开锁，用完后必须将锁锁上。

2. 对于箱式电桥，B_0、G_1、G_0 三键按下的时间不能太长；要先按下 B_0 键再按各 G 键；松开时，先松各 G 键后松 B_0 键。

【数据处理】

1. 线式惠斯登电桥测电阻（表 3-4）

$I_1=I_2=$　　；$U_{I_1}=U_{I_2}=$　　；电阻箱准确度等级＝

表 3-4 实验数据（一）

待测电阻	R_x/Ω	R'_x/Ω	R_x 与 R'_x 串联	R_x 与 R'_x 并联
R_0/Ω				

$R_x=\dfrac{I_2}{I_1}R_0=$　　　　，$\dfrac{U_{R_x}}{R_x}=\dfrac{U_{I_1}}{I_1}+\dfrac{U_{I_2}}{I_2}+\dfrac{U_{R_0}}{R_0}$

(U_{R_0}/R_0 可用电阻箱的准确度等级 a 除以 100，即用 $a\%$代入。)

$U_{R_x}=R_x(U_{R_x}/R_x)=$　　　　，$R_x\pm U_{R_x}=$

2. 箱式电桥测电阻（表 3-5、表 3-6）

表 3-5 实验数据（二）

待测电阻	R_x	R'_x	R_x 与 R'_x 串联	R_x 与 R'_x 并联
倍率(K_r)				
R_0/Ω				
R_x/Ω				

$R_0=$

表 3-6 实验数据（三）

指针偏转方向	$\lvert\Delta R_0\rvert/\Omega$	Δn/格	S
左偏			
右偏			

$\overline{S}=$

$K_r=$　　　　$a=$　　　　$b=$　　　　$\Delta R=$

$\Delta R_x=K_r(a\%R_0+b\Delta R)=$

$\Delta R_{xs}(0.2/\overline{S})R_x=$

$$U_{R_x}=\sqrt{\left(\frac{\Delta R_x}{3}\right)^2+\left(\frac{\Delta R_{xs}}{3}\right)^2}=$$

$R_x\pm U_{R_x}=$

【思考题】

1. 电桥平衡条件是什么？

2. 线式电桥测电阻的最佳测量条件是什么？

3. 线式电桥滑线的中间部分磨损严重，会给测量结果引入系统误差，如何消除这种误差？

4. 如何选择电桥合适的倍率？

5. 为什么先松开各 G 键后松开 B_0 键？

实验 13 模拟静电场

在电子管、示波器、电子显微镜的电子枪等许多电学领域里，常需要了解带电体周围电场分布情况。由于实际问题往往都很复杂，用理论计算会遇到数学上的困难，所以常借助于实验方法解决问题。但是，直接测量静电场也遇到很大困难，不仅因为设备复杂，还因为把探针伸入静电场时，探针会产生感应电荷，使电场产生显著畸变。实验中常常用模拟法来测绘静电场，以克服以上困难。

模拟法的特点是，仿造另一个电场（称模拟场），使它与原静电场完全一样。当用探针去测模拟场时，它不受干扰，因此可间接地测出被模拟的静电场。

【实验目的】

1. 学习用模拟法描述和研究静电场。

2. 加深对电场强度和电位概念的理解。

【实验原理】

长同轴柱面（电缆线）的电场。

1. 静电场

如图 3-20(a) 所示，在真空中有一半径为 r_1 的长圆柱导体 A 和一个内径为 r_2 的长圆筒导体 B，它们同轴放置，分别带等量异号电荷。由高斯定理可知，在垂直于轴线上的任一个截面 S 内，有均匀分布辐射状电子线，见图 3-20(b)，其等位面为一簇同轴圆柱面。显然，含电极轴线的任一个平面也是电力线平面。在这个平面内直线电力线与电极轴线垂直，直线等位线与轴线平行，见图 3-20(c)。因此，我们只需研究一垂直横截面上的电场分布即可。

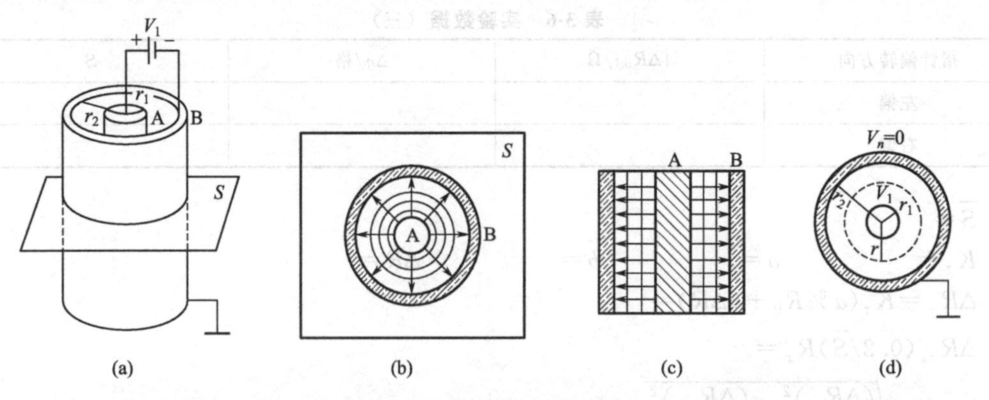

图 3-20 长同轴柱面电场

(a) 电极组态；(b) 电力线平面的电场分布；(c) 垂直电力线平面的电场分布；(d) 计算用图

如图 3-20(d) 所示，为了计算电极 A、B 间的静电场，在轴长方向上取一段单位长度的同轴柱面，设内、外柱面各带电荷 $+\tau$ 与 $-\tau$。作半径为 r 的高斯面（柱面），由高斯定理可

得到 $2\pi r\varepsilon_0 E=\tau$，$E$ 为此面上的电场强度，故

$$E=-\frac{dV}{dr}=\frac{\tau}{2\pi r\varepsilon_0} \tag{3-17}$$

由式(3-17) 得

$V_r=-\int E dr=-\frac{\tau}{2\pi\varepsilon_0}\int\frac{dr}{r}=-k\int\frac{dr}{r}$，积分上式得

$$V_r=-k\ln r+C \tag{3-18}$$

其中 $k=\tau/2\pi\varepsilon_0$

应用边界条件：$r=r_1$ 时 $V_r=V_1$，$r=r_2$ 时 $V_r=0$，分别代入式(3-18)，解出积分常数 $C=k\ln r_2$ 和 $k=V_1/(\ln r_2-\ln r_1)$。再把 k 及 C 的值代回式(3-18)，整理后得

$$V_r=V_1\frac{\ln\left(\frac{r_2}{r}\right)}{\ln\left(\frac{r_2}{r_1}\right)}\quad 或\quad \frac{V_r}{V_1}=\frac{\ln\left(\frac{r_2}{r}\right)}{\ln\left(\frac{r_2}{r_1}\right)} \tag{3-19}$$

式(3-18)、式(3-19) 表示柱面之间的电位 V_r 和 r 的函数关系。可以看出，$V_r\propto\ln r$，即 V_r 和 $\ln r$ 是直线关系，并且相对电位 V_r/V_1 仅仅是坐标 r 的函数。

2. 模拟场

若在 A、B 间的整个空间内填满均匀的不良导体（电阻率远大于铜电阻率的导体称为不良导体。如液态中的自来水和稀硫酸铜溶液，固态中的某些合金和黏土与石墨的黏结体等都是不良导体），且 A 和 B 分别与电源的正负极相连，见图 3-21。A、B 间形成径向电流，建立一个稳恒电流场 E'_r。可以证明不良导体中的电场强度 E'_r 与真空中理论上推导出的静电场的电场强度 E_r 是相同的，推导过程略。下面直接给出推导结果。

$$V'_r=V_1\frac{\ln\left(\frac{r_2}{r}\right)}{\ln\left(\frac{r_2}{r_1}\right)}\quad 或\quad \frac{V'_r}{V_1}=\frac{\ln\left(\frac{r_2}{r}\right)}{\ln\left(\frac{r_2}{r_1}\right)} \tag{3-20}$$

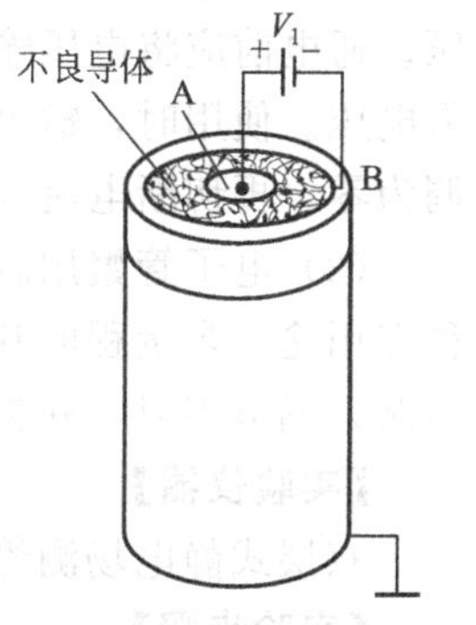

图 3-21　模拟场的获得

式(3-19) 和式(3-20) 具有相同的形式，说明稳恒电流场与静电场的分布是相同的。

实际上，并不是每种带电体的静电场及模拟场的电位分布函数都能计算出来。上述情况只是说明用稳恒电流场模拟静电场，然后用实验直接测定相应的稳恒电流场是一种行之有效的方法。另外，实际的电极尺寸可能很小（或很大)，可以按比例放大（或缩小）模拟模型，从而得到便于测量的模拟场。

3. 模拟条件

综上所述，可以归纳出用稳恒电流场模拟静电场的条件：

① 所用电极系统应和被模拟的电极系统的几何形状相似；

② 稳恒电流场中的导电物质应是不良导体且电阻率分布均匀（本实验所用导电物质为涂有均匀石墨粉的导电纸)；

③ 模拟所用电极系统与被模拟电极系统的边界条件相同。

4. 装置介绍

(1) 双层式静电场模拟实验装置如图 3-22 所示，分有上、下两层，导电纸和电极装在

下层的左半部，上层可放记录纸。在导电纸和记录纸上方各有一探针，通过弹簧片探针臂把两探针固定在同一个柄座上。两探针始终保持在同一铅垂线上。移动手柄座时，可保证两探针的运动轨迹是一样的，导电纸上的探针靠弹簧片的弹性始终和导电纸接触，记录纸上的探针平时不与记录纸接触。找到等位点后，按下记录纸上方的探针，可在记录纸上扎孔记下位置。

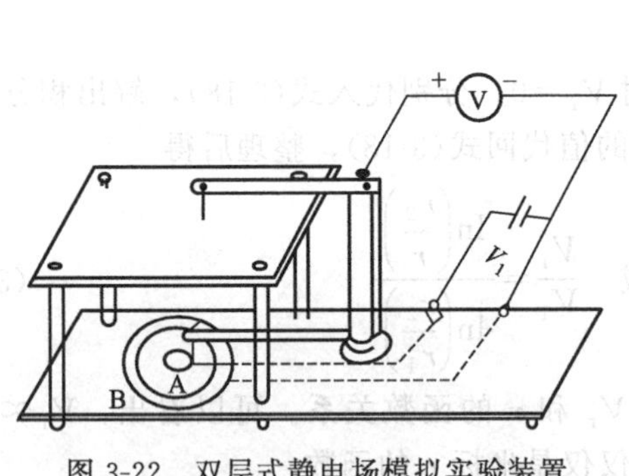

图 3-22　双层式静电场模拟实验装置

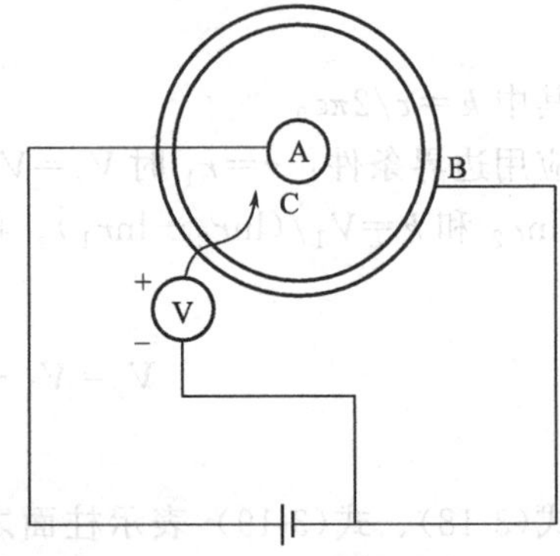

图 3-23　测量线路

(2) 晶体管稳压电源　实验中使用 WYJ-7B 型晶体管稳压电源，是由变压器、晶体管、电阻和电容等电子元件组成的。只要接到交流 220V 电源上，就能输出连续可调的直流电压。通电前应将电压输出调节旋钮反时针方向旋到底，然后接通电源预热 5min，再调到所需电压。使用时，输出电流不准超过 2A，并严禁两输出端短路。停电时，应先将输出电压调为零，再切断电流。

(3) 电子管繁用表　本实验采用 DY-7 型电子管繁用表测量电压和指示等位点。它是一种多用途、多量程的基本测量电子仪器。使用时，应先接通电源预热 5min，再将两输入端短路，调节零点，并将量程选择为直流挡，然后才能进行测量。

【实验仪器】

双层式静电场测绘仪、直流稳压电源、模拟电极、电子管繁用表、导电纸及导线。

【实验步骤】

测绘长同轴柱面的电场分布。

(1) 将探针移出圆环。按图 3-23 连接电路，使环状电极接电源负极，柱状电极接电源正极；繁用表正极接探针，负极接电源负极。把方格坐标纸装在上层极上。

(2) 晶体管稳压电源通电预热 5min 后，在两电极间加 $V_1=5.00$V 电压。将探针与环状电极接触，看繁用表电压指示是否为零，如不为零，可调节繁用表零点；再把探针与柱状电极接触，看繁用表电压指示是否为 5.00V，大于或小于 5.00V，可调节晶体管稳压电源。反复调节多次，直至在环状电极、柱状电极间正好加上 5.00V 电压为止。

(3) 小心将探针放入圆环，使下面的探针与导电纸接触。移动探针座找到使繁用表指示 1.50V 的点，按下上探针在坐标纸上记下此点。再移动探针座找出仍使繁用表指示 1.50V 的不同位置的点（8 个左右），并使它们大致均匀分布。显然，这些点位于同一等位面上，该等位面与柱状电极间的电位差为 1.5V。

(4) 用类似的方法确定出与柱状电极间电位差为 2.00V、2.50V、3.50V、4.00V、4.50V 的等位面，各记下 8 个左右均匀分布的点。

(5) 切断电源，移开探针，取下记录用的坐标纸，定出圆心，画出各等位圆及电力线，用直尺测出每一等位圆的半径 r。

(6) 以相对电位 (V_r/V_1) 为纵坐标，半径 $\bar{r}$ 为横坐标，在坐标纸上作 $(V_r/V_1)\sim\bar{r}$（包括 r_1 和 r_2）关系曲线。将 $\bar{r}$ 及其坐标刻度数值和单位（cm）写在横坐标的上方。在同一张坐标纸上，以 (V_r/V_1) 为纵坐标、$\ln\bar{r}$ 为横坐标作 $(V_r/V_1)_{实验}\sim\ln\bar{r}$（包括 $\ln r_1$ 和 $\ln r_2$）曲线。将 $\ln\bar{r}$ 及其坐标刻度数值，写在横坐标的下方（$r_1=1.00\text{cm}$，$r_2=5.00\text{cm}$）。

(7) 由式(3-19)

$$\left(\frac{V_r}{V_1}\right)_{理论}=\frac{\ln\left(\frac{r_2}{r}\right)}{\ln\left(\frac{r_2}{r_1}\right)}$$

当 $r=r_1$ 时，$(V_r/V_1)_{理论}=1$；当 $r=r_2$ 时，$(V_r/V_1)_{理论}=0$；当 $r_2>r>r_1$ 时，$(V_r/V_1)_{理论}\propto\ln r$，是直线关系。用线段连接坐标纸上（1，$\ln r_1$）与（0，$\ln r_2$）两点，这线段表示 $(V_r/V_1)_{理论}\sim\ln r$ 的直线关系。如果 $(V_r/V_1)_{实验}\sim\ln r$ 线段与 $(V_r/V_1)_{理论}\sim\ln r$ 线段重合得不好，则从实验上分析不重合的原因。

【注意事项】

1. 导电纸必须保持平整，无破损或折叠痕迹，以保证其电阻率分布的均匀性。
2. 探针和导电纸不要接触太紧，以免损坏导电纸。
3. 由于导电纸边界条件的限制，边缘上的等位线、电力线的分布严重失真。

【思考题】

1. 在模拟同轴电缆电场分布时，电源电压增加，等位线、电力线的形状是否变化？电场强度和电位分布是否变化？
2. 从测绘的等位线和电力线的分布，试分析哪些地方场强较强，哪些地方场强较弱？

实验 14 电位差计

【实验目的】

1. 掌握电位差计的补偿原理及使用方法。
2. 学习用线式电位差计测量电动势。
3. 了解热电偶测温度的原理，练习用箱式电位差计测量热电偶的温差电动势。

【实验原理】

用电位差计测量未知电动势（电压），就是将未知电压与电位差计上的已知电压相比较。这时，被测的未知电压回路无电流，测量的结果仅依赖于准确度极高的标准电池、标准电阻以及高灵敏度的检流计。电位差计的测量准确度可高达 0.01%或更高。由于上述原因，电位差计是精密测量中应用最广的仪器之一，不但用来精确测量电动势、电压、电流和电阻等，还可用来校准精密电表和直流电桥等直读式仪表，在非电参量（如温度、压力、位移和速度等）的电测法中也占有重要地位。

1. 补偿原理

现在考虑用电压表来测量电路中的电压和电动势。如图 3-24(a) 所示，未接入电压表前，$V_{AB}=2.40\text{V}$。可见，引入电压表测量电压时，电压表内阻会影响结果。内阻越小，引起的误差就越大。要清除此误差，电压表内阻应为无穷。又如图 3-24(b) 所示，若电源电动势为 1.5V，内阻 30Ω，根据全电路欧姆定律，接入电压表后，电源端电压为 1.42V，用电压表只能测得电源端电压 1.42V，不能测得电动势。要测得电动势，电压表的内阻亦应为无穷。总之，电压表只有不从被测电路分流，才不存在上述误差。

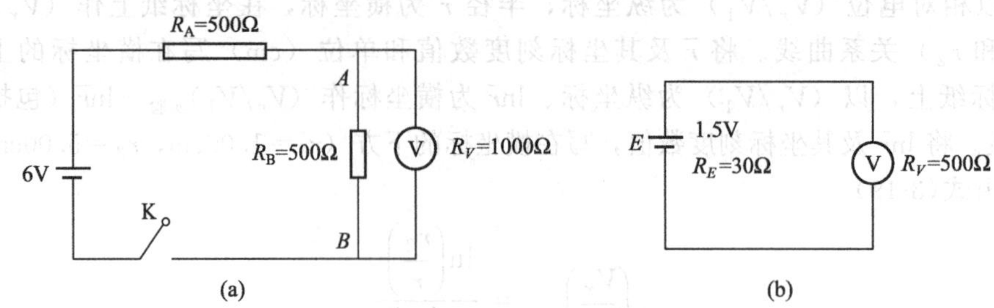

图 3-24　用电压表测量电压和电动势

怎样才能不从被测电路分流而又能测定电池的电动势或电路中的电压呢？这就要用补偿法。

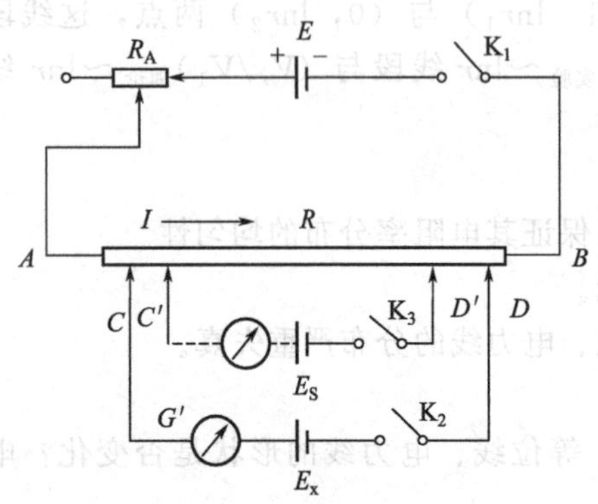

图 3-25　用补偿法测定电池的电动势或电路中的电压

如图 3-25 所示，接通 K_1 后，有电流 I 通过电阻线 AB，并在电阻丝上产生电压降落 IR。如果再接通 K_2，可能出现三种情况

① 当 $E_x > V_{CD}$ 时，G 中有自右向左流动的电流（指针偏向一侧）。

② 当 $E_x < V_{CD}$ 时，G 中有自左向右流动的电流（指针偏向另一侧）。

③ 当 $E_x = V_{CD}$ 时，G 中无电流，指针不偏转，将这种情形称为电位差计处于补偿状态。

在补偿状态时，$E_x = IR_{CD}$。设每单位长度电阻丝的电阻为 r_0，CD 段电阻丝的长度为 L_x，于是，

$$E_x = Ir_0 L_x \tag{3-21}$$

将可变电阻的滑动端固定，即保持工作电流 I 不变，再用一个电动势为 E_S 的标准电池替换图 3-25 中的 E_x，适当地将 C、D 的位置调至 $C'D'$，同样可使检流计 G 的指针不偏转，达到补偿状态。设这时 $C'D'$ 段电阻丝的长度为 L_S，则，

$$E_S = IR_{CD} = Ir_0 L_S \tag{3-22}$$

将式(3-21) 和式(3-22) 相比，得到

$$E_x = E_S \frac{L_x}{L_S} \tag{3-23}$$

式(3-23) 表明，待测电池的电动势 E_x 可用标准电池的电动势 E_S 和在同一工作电流下电位差计处于补偿状态时测得的 L_x 和 L_S 值来确定。

2. 箱式电位差计工作原理

箱式电位差计是利用补偿法原理做成的一个精密而使用方便的仪器，它虽有多种型号，但一般都包括三个部分，如图 3-26 所示。

(1) 工作电流调节回路　主要由 E、R_n、R、K_0 等组成。

(2) 校正工作电流回路　主要由 E_S、R_S、G、K_1、K_2(S) 等组成。

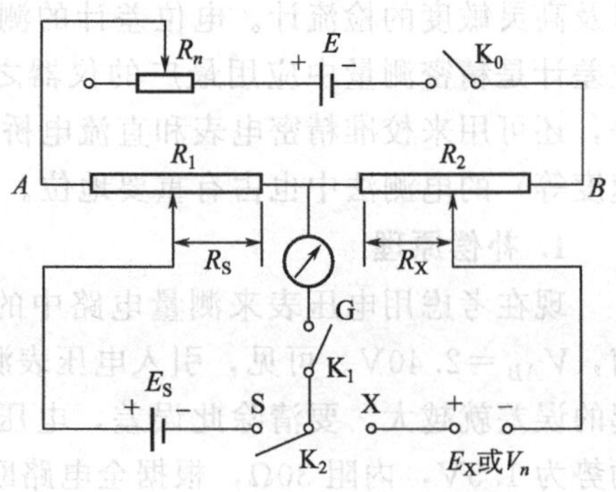

图 3-26　箱式电位差计工作原理

(3) 待测回路　主要由 E_x、R_x、G、K_1、K_2(X) 等组成。

这三部分构成一个有机的整体，缺任何一部分都不能完成测量电动势或电压的职能。

为了能从箱式电位差计直接读出待测电动势 E_x 或电压 V_x，需要事先用标准电池的电动势来校准电位差计的工作电流 I。举例来说，若测量时温度为20℃，查得此时标准电池的电动势为1.0183V，则选取标准电阻 R_S 为101.83Ω。然后接通开关 K_0、K_1，将 K_2 倒向 S，调节可变电阻 R_n 以改变工作电流 I 的大小，直至检流计指针不偏转为止。显然，这时工作电流回路中电流大小为：

$$I=\frac{E_S}{R_S}=\frac{1.0183\ (\text{V})}{101.83\ (\Omega)}=0.010000\ (\text{A})$$

因而在精密电阻箱 R 的一部分电阻 R_x 上电位差为 $0.010000\times R_x$V。当用校准过的电位差计测量电动势或电压时，可将 K_2 倒向 X，调节电阻 R 的滑动端使电位差计处于补偿状态，则从电阻 R 的转盘上可直接读出欲测的电动势或电压。

在实验教学中常用的电位差计有线式和箱式两种。它们的结构不同，为了便于进行实验，现根据仪器设备情况，将实验分为1、2两部分内容，供选择。

【实验仪器与用具】

线式电位差计、直流稳压电源、电阻箱、电源开关、单刀换向开关、指针式检流计、标准电池、UJ31箱式电位差计。

1. 用线式电位差计测电池的电动势

【装置介绍】

(1) 线式电位差计　线式电位差计具有结构简单、直观、便于分析讨论等优点，而且测量结果亦较准确。具体结构见图3-27。图中的电阻丝 AB 长11m，往复绕在木板的11个接线插孔0，1，2，3，…，10上。每两个插孔间电阻丝长为1m。接头 C 可选择插在插孔0，1，…，10中任一个位置。电阻丝 $B0$ 旁边附有带毫米刻度的米尺，接头 D 在它上面滑动。插头 CD 间的电阻丝长度可在0～11m间连续变化。R_n 为可变电阻，用来调节工作电流。双向转换开关 K_2 用来选择接通标准电池 E_S 或待测电池 E_x。电阻 R 是用来保护标准电池和检流计的。在电位差计处于补偿状态进行读数时，必须关闭 K_3，使电阻 R 短路，以提高测量的灵敏度。

(2) 标准电池　这是一种用来作电动势标准的原电池。由于内阻高，在充放电情况下会极化，不能用它来供电。当温度恒定时，它的电动势稳定。在不同温度（0～40℃）时，标准电池的电动势 $E_S(t)$ 要按下述公式换算：

$$E_S(t)=E_S(20)-39.94\times10^{-5}\times(t-20)-0.929\times10^{-6}\times(t-20)^2+0.0090\times10^{-6}\times(t-20)^3\ (\text{V})$$

其中，$E_S(20)$ 是+20℃时标准电池的电动势，其值应根据所用标准电池型号确定。

使用标准电池时要注意以下几点。

① 必须在温度波动小的条件下保存，应远离热源，避免太阳光直射。

② 正负极不能接错。通入或取自标准电池的电流不应大于 10^{-6}～10^{-5}A。不允许将两电极短路连接或用电压表去测量它的电动势。

③ 标准电池内是装有化学物质溶液的玻璃容器，要防止振动和摔坏，一般不可倒置。

【实验内容】

(1) 按图3-27连接电路。接线时需断开所有开关，并特别注意工作电流 E 的正负极，应与标准电池 E_S 和待测电池 E_x 的正负极相对。否则，检流计的指针总不会指到零。

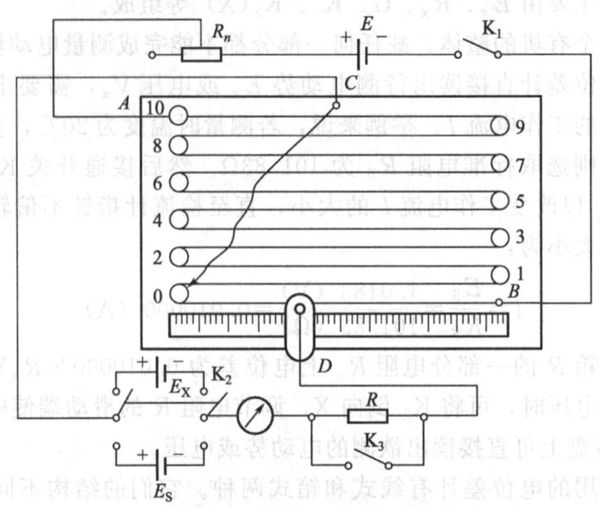

图 3-27 线式电位差计

(2) 校准电位差计，即固定 R_S，调节工作电流 I 的大小使得 E_S 被补偿。首先选定电阻丝单位长度上的电压降为 A（V/m），记下室温 t，换算出室温下标准电池的电动势 $E_S(t)$，调节 C、D 两活动接头，使 C、D 间电阻丝长度（单位：m）为

$$L_S = E_S(t)/A$$

[例如，若 $E_S(t)=1.0186$V，选定 $A=0.20000$V/m，则 $L_S=5.0930$m]

然后接通 K_1，将 K_2 倒向 E_S，调节 R_n，同时断续按动接头 D，直到 G 的指针不偏转，去掉保护电阻（按下 K_3），再次微调 R_n 使 G 的指针不偏转。此时电阻丝上每米的电压降为 A。

(3) 断开 K_3，固定 R_n，即保持工作电流不变，将 K_2 倒向 E_x，活动接头 D 移至米尺左边 0 处，按下接头 D，同时移动接头 C，找出使检流计偏转方向改变的两相邻插孔，将接头 C 插在数字较小的插孔上，然后向右移动接头 D，当 G 的指针不偏转时记下 CD 间的电阻丝的长度 L_x（注意接通 K_3）。重复这一步骤，求出 L_x 的平均值 $\overline{L_x}$，于是 $\overline{E_x}=A\overline{L_x}=\frac{\overline{L_x}}{L_S}E_S(t)$。

2. 用箱式电位差计测量热电偶温差电动势

【装置介绍】

(1) 热电偶　把两种不同材料的金属焊接起来，结成一个闭合回路，构成温差电偶（图 3-28）。它们有两个接触点。如果这两个接点的温度不同，则回路中就产生电动势。这种现象叫做温差电现象。这种电动势叫做温差电动势。

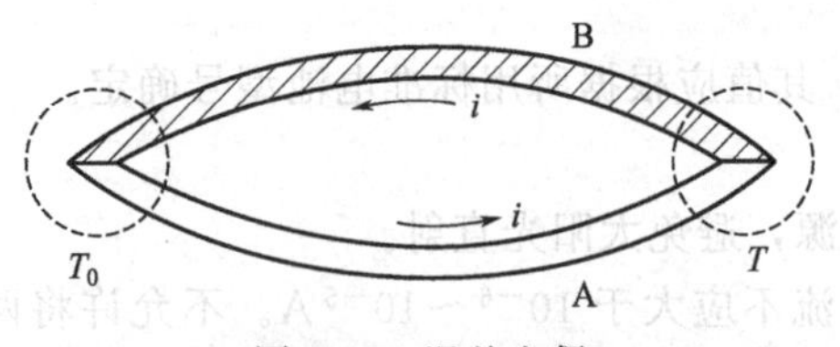

图 3-28 温差电偶

实验发现：在温差（$T-T_0$）不太大的情况下，温差电动势 E_x 与（$T-T_0$）成正比，即

$$E_x = \lambda(T-T_0)$$

式中，T 是热电偶热端的温度；T_0 是冷端的温度；λ 是比例系数，叫做温差电系数。若把冷端温度固定，则 E_x 随 T 变化而变化。利用这一原理，目前人们广泛利用它来测量温度。温差电偶温度计的优点是热容量小，反应迅速，便于遥测和自动记录；缺点是精度较差。

(2) 箱式电位差计　箱式电位差计的类型很多，现以 UJ31 型为例加以说明。这是一种测量低电势的电位差计。它的测量范围是：1μV～17mV（K_0 旋至×1）或 10μV～170mV（K_0 旋至×10）。使用 5.7～6.4V 的外接工作电源。总工作电流为 10mA。测量的准确度为 ±0.05%。

箱式电位差计面板图（图 3-29）和工作原理图（图 3-26）对照见表 3-7。

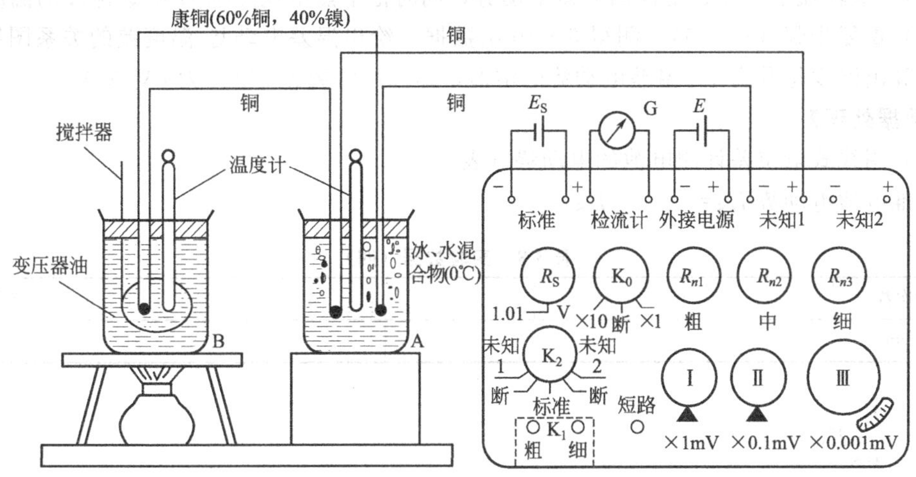

图 3-29　箱式电位差计面板图

表 3-7　箱式电位差计面板图与工作原理图对照

工作原理图(图 3-26)	UJ31 型电位差计面板图(图 3-29)
R_n	R_n 被分成 R_{n1}(粗调)、R_{n2}(中调)和 R_{n3}(细调)三个电阻转盘，以保证迅速准确地调节工作电流
R_S	标有 R_S 的旋钮，是为补偿温度不同时标准电池电动势的变化而设置的。当温度不同引起标准电池电动势变化时，通过调节 R_S，进而调节 R_S 两端的电压，使标准电池得到补偿
R_x	R_x 被分成Ⅰ(×1)、Ⅱ(×0.1)、Ⅲ(×0.001)三个电阻转盘，并在转盘上标示出电压。电位差计处于补偿状态时可以从三个转盘读出未知电动势
K_1	标有 K_1 的按钮有两个，分别标记为“粗”和“细”。按下“粗”，保护电阻与检流计串联；按下“细”，保护电阻被短路，操作时应先按“粗”，在检流计几乎不偏转时，再按“细”
K_2	标有 K_2 的旋钮的使用方法是：校准电位差计时，应旋至“标准”；测定未知电动势时，旋至“未知 1”或“未知 2”

面板上方一排接线柱分别外接标准电池 E_S、检流计 G、工作电池 E 和两个未知电动势。左下方的短路按钮能使检流计两端连通，按下“短路”钮，摆动的检流计指针迅速停下来。

【实验内容】

(1) 按图 3-29 安排好仪器、用具，连接线路。注意：①热电偶的极性不允许接错；②低温端必须良好地浸没在冰水混合物中，保持稳定的 0℃。

(2) 测量前先调整检流计指针正对“零位”，将 K_0 旋至“×1”处，K_2 指在“标准”处，再根据标准电池电动势的值调定 R_S。

(3) 校准工作电流。断续按下 K_1 的“粗”按钮，先调 R_{n1}（粗），再调 R_{n2}（中），最后调 R_{n3}（细），使 G 的指针无偏转。关键在于找出检流计指针偏转方向反转时 R_{n1} 和 R_{n2} 的位置。最后按“细”按钮，用 R_{n3} 来精确调至补偿状态。

(4) 一边加热一边搅拌。当油的温度上升到接近玻璃温度计的最大刻度时，停止加热，让油自然冷却，在冷却过程中进行测量。

(5) 测量未知电动势。不要调动 R_{n1}、R_{n2} 和 R_{n3} 转盘（为什么?），将 K_2 指向“未知1”，依次调节测量转盘Ⅰ、Ⅱ、Ⅲ，使电位差计处于补偿状态（注意“粗”“细”按钮的使用次序）。从转盘Ⅰ、Ⅱ、Ⅲ读出温差电动势，同时记下热电偶热端B和冷端A的温度。

(6) 重复步骤 (3) (5)，测得 8～10 组数据。绘出温差电动势-温度差的关系图线，用图解法算出温度每升高 1℃温差电动势的增值，即算出常数 λ（单位为 μV/℃）。

【数据处理】

(1) 用线式电位差计测电池的电动势（表 3-8）

标准电池电动势 $E_S=$ 　　　$L_S=$

表 3-8　实验数据（四）

测量次数	1	2	3	4	5	平均
L_x/cm						

$$E_x=\frac{\overline{L_x}}{L_S}E_S$$

$$\frac{U_{E_x}}{E_x}=\frac{U_{L_x}}{L_x}+\frac{U_{L_s}}{L_s}+\frac{U_{E_s}}{E_s}$$

其中，$U_{L_x}=\frac{1}{5}\sum_{i=1}^{5}|L_{xi}-\overline{L_x}|=$

$U_{L_s}=$ 　　　　（按情况可取极限不确定度 2mm）

$U_{E_S}/E_S\approx 0.1\%$

故 $\frac{U_{E_x}}{E_x}=$

$U_{E_x}=$

$E_x\pm U_{E_x}$

(2) 用箱式电位差计测量热电偶温差电动势　由同学自己完成。

【思考题】

1. 按图 3-27 连接线路，接通 K_1，将 K_2 倒向 E_S 或 E_x 后，无论怎样调节活动端 C、D，检流计指针总向一边偏转，试问有哪些可能的原因?

2. 影响线式电位差计测量精度的主要因素是什么? 应如何改进?

3. 标准电池在测量电源电动势中起什么作用?

实验 15　灵敏电流计研究

灵敏电流计是用来测量微弱电流（$10^{-10}\sim10^{-6}$A）或微小电压（$10^{-6}\sim10^{-3}$V）的高灵敏度仪器，也常用于电位差计、电桥等仪器作为示零仪器。使用灵敏电流计时，为了能迅速而准确地测量，需要了解它的结构原理和一些必要的参数。

【实验目的】

1. 了解灵敏电流计的基本原理。

2. 通过测定灵敏电流计的电流常数、临界阻尼电阻及内阻等，学会使用灵敏电流计的基本方法。

【实验原理】

1. 基本结构及工作原理

灵敏电流计基本结构如图 3-30 所示，在两个内表面为半圆形的永久磁铁 N、S 极之间安置一个柱形软铁 F。磁极与柱形软铁缝隙间磁场呈均匀辐射状分布。一个用细导线绕制的匝数为 N、面积为 S 的矩形线圈悬挂于磁隙之间，并以悬丝为转轴，可以在磁场中灵活转动。悬丝是能导电的青铜薄带，具有良好的扭转弹性。上、下悬丝各与线圈的导线接通，另一端固定在悬点 A、B 上。一个质量很小的小反射镜 M 固定在线圈上。一束平行光线投射到小反射镜 M 上，在没有电流通过线圈时，小反射镜反射光的光标位于弧形标尺的“0”点上，见图 3-30。当线圈中通过电流 I_g 时，线圈受到电磁力矩

$$M_B = NBSI_g \tag{3-24}$$

的作用而发生偏转。线圈在偏转过程中悬丝同时产生弹性恢复力矩

$$M_\theta = -D\theta \tag{3-25}$$

式中，D 为悬丝的弹性扭转系数；负号表示力矩 M_θ 与线圈的偏转角 θ 的方向相反。当线圈受到的电磁力矩 M_B 和悬丝的反向弹性恢复力矩 M_θ 大小相等时，线圈最后静止下来。这时 $M_B + M_\theta = 0$，即：$NBSI_g = -D\theta$。从而得到

$$I_g = \frac{D}{NBS}\theta \tag{3-26}$$

此时光标将偏离“0”点一距离 d。

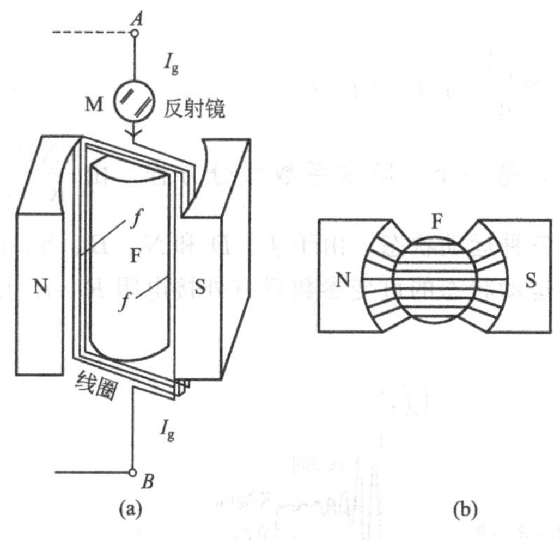

图 3-30　灵敏电流计的基本结构

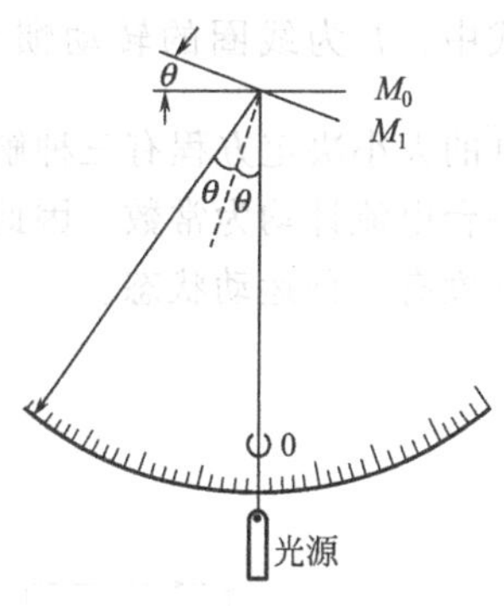

图 3-31　标尺读数系统

如图 3-31 所示，根据光的反射定律，标尺上的读数 d 与 θ 的关系为 $d = 2\theta L$ 或 $\theta = d/2L$。式中，L 为标尺与反射镜间的距离。把 θ 代入式(3-26) 得

$$I_g = \frac{D}{2LNBS}d \tag{3-27}$$

或写成

$$I_g = Kd \tag{3-28}$$

式(3-28) 中 $K = \dfrac{D}{2LNBS}$，称为灵敏电流计的电流常数。它由电流计本身的结构决定，表示

光标每偏转一个单位长度所对应的电流值，单位是 A/mm。

式(3-28) 表明通过灵敏电流计的电流与标尺读数 d 成正比，即通过观察（测量）d 就可测量电流 I_g。

2. 线圈运动的阻尼特性

当改变通过电流计的电流时，线圈将向新的平衡位置偏转。由于线圈具有转动惯量和转动动能，它不可能一下子就停止在平衡位置上，而是越过平衡位置并在其两侧来回摆动，直到把能量消耗尽光标才停止在新的平衡位置上。这样就使实际测量过程中既浪费时间，又不便于观察和读数。在实际测量过程中通常利用改变线圈运动的阻尼特性来控制线圈的运动状态。

研究灵敏电流计线圈运动的阻尼特性可参考图 3-32 加以说明。图 3-32(a) 中 R 是外接电阻。开关 K 由 P 转向 O 时，通过线圈的电流由零变为 I_g，线圈由原来的位置开始转动，此时线圈受三种力矩作用（忽略空气阻力），它们分别为：由式(3-24) 决定的电磁力矩、由式(3-25) 决定的悬丝抗扭力矩和由于线圈在磁场中运动所产生的感生电流 I_L 受磁场的作用引起的电磁阻力矩

$$M_L = NBSI_L = \frac{(NBS)^2}{R+R_g} \times \frac{d\theta}{dt} \tag{3-29}$$

其中 $I_L = \frac{NBS}{R+R_g} \times \frac{d\theta}{dt}$。由刚体转动定律得

$$J\frac{d^2\theta}{dt^2} = M_B + M_\theta + M_L \tag{3-30}$$

或

$$J\frac{d^2\theta}{dt^2} + \frac{(NBS)^2}{R+R_g} \times \frac{d\theta}{dt} + D\theta = NBSI_g \tag{3-31}$$

式中，J 为线圈的转动惯量。式(3-31) 是一个二阶常系数微分方程，由 $\frac{(NBS)^2}{R+R_g}$ 和 $2\sqrt{JD}$ 的大小决定方程有三种解，即线圈有三种运动状态。由于 J、D 和 N、B、S、R_g 对于同一台电流计均为常数。因此，决定线圈运动状态的可变参数只有外接电阻 R，R 大小不同使线圈有三种运动状态。

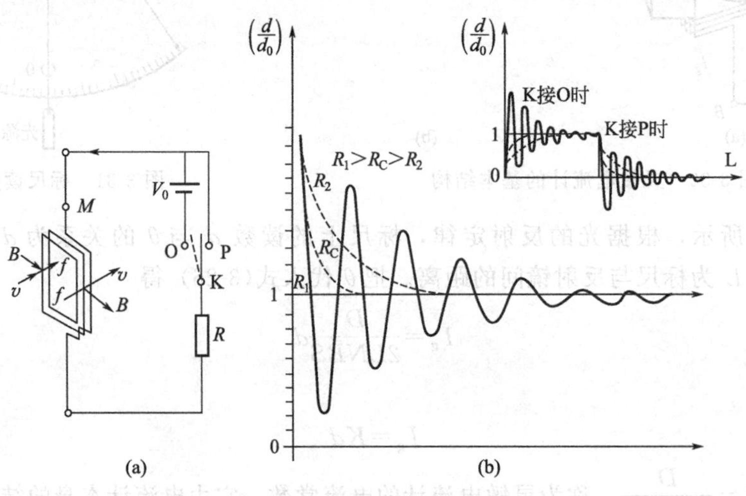

图 3-32　线圈的阻尼运动图

（1）当 R 大于某个确定值 R_C 时，线圈将受到阻尼作用而做衰减的周期振动，如图 3-32（b）曲线“R_1”所示，称为“欠阻尼”状态。

（2）当 $R<R_C$ 时（图中曲线“R_2”），电磁阻尼较强，线圈转动很慢，并做非周期运动，称为“过阻尼”状态。

（3）当 $R=R_C$ 时，电流计线圈正好处于由衰减的周期运动过渡到非周期运动之间的临界状态。这时线圈到达平衡位置十分迅速，而且光标不往返摆动，称为“临界阻尼”状态。上述 R_C 称为电流计的“外临界电阻”，它是电流计的重要参数之一。

上述三种运动状态不仅在有电流通过线圈时发生，而且在切断通过线圈的电流（开关 K 由 O 点接到 P 点时），线圈在“复零”过程中也同样存在［参看图 3-32(b) 右上角 K 接 P 时的振动曲线］。

一般来说，灵敏电流计临界阻尼状态是它最理想的工作状态。使用电流计测量时，光标从开始偏转到最终停在指示值位置上所需时间越短越好。因此，人们总是希望电流计在接近临界状态下工作，以便迅速取得读数。

过阻尼状态在有些场合也经常被利用。例如，使用冲击电流计测量磁场时，当光标在零点左右摆动不停时，只需利用按键使电流计短路一下（外电阻为零），光标就可以停下来，以便迅速转到下一步测量。这个按键通常称为阻尼开关。

3. 电流计常数 *K* 的测定

测量电路如图 3-33 所示，用二次分压法测量 K 值。

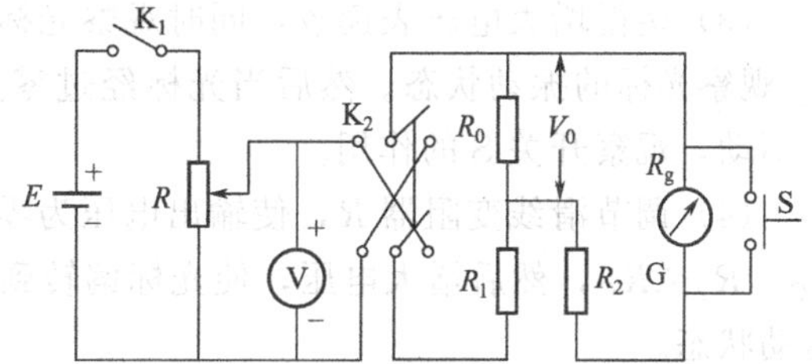

图 3-33　电流计常数 K 测量电路

E—直流低压电源；V—电压表；G—灵敏电流计；R—滑线变阻器；R_0，R_1，R_2—电阻箱；K_1—单极开关；K_2—双极转换开关；S—按钮开关

滑线变阻器 R 组成第一级可调分压器，分出电压 V 加到由 R_1 和 R_0 两个电阻组成的第二级固定分压器上。一般取 $R_1 \gg R_0$，以便在 R_0 上获得足够小的电压 V_0，将 V_0 加到电流计 G 上。与电流计 G 串联的电阻 R_2 用于调整电流计的阻尼状态。R_g 是电流计内阻。

因为 $R_g+R_2 \gg R_0$，所以电流计支路对第二级分压电路影响甚微，因此有

$$V_0=\frac{R_0}{R_1+R_0}V$$

通过电流计的电流

$$I_g=\frac{V_0}{R_2+R_g}=\frac{R_0}{(R_1+R_0)(R_2+R_g)}V \tag{3-32}$$

如果 R_1、R_2、R_0 取值已定，R_g 值已知，由电压表读得电压 V 值，则可由式(3-32) 计算出通过电流计 G 的电流 I_g。光标偏转量 d 由标尺读得，再用式(3-28) 即可求出电流常数 K。

4. 电流计内阻测定

本实验采用半偏法测电流计内阻。

参看实验电路图 3-33，当将图中 K_2 合向某一边，调节 R 的电压输出，使光标产生明显偏转，设此时流过电流计的电流为 I，显然有

$$V_0=I(R_g+R_2)$$

增大 R_2 值至 R_2'，使光标偏转到原偏转量一半的位置（应保持电压表的示值不变），此时流过电流计的电流变为 $I/2$。从而有

$$V_0=\frac{I}{2}(R_g+R'_2)$$

比较上面两式得

$$R_g=R'_2-2R_2 \tag{3-33}$$

在实验中记下 R_2 和 R'_2 的数值就可求得 R_g。

【实验仪器】

灵敏电流计、伏特表、电阻箱（3个）、滑线变阻器、甲电池、双刀双掷开关、单刀开关。

【实验内容】

1. 观察电流计线圈的运动状态并测定外临界电阻 R_C

(1) 按图 3-33 连接电路，开关 K_1、K_2 预先断开，经教师检查电路后再接通电源。电路中的 R_0 在 10Ω 以下，R_2 的阻值先取为外临界电阻 R_C（由仪器铭牌上读取）的 4～5 倍。R_1 及 R_0 由实验室给出参考值。

(2) 调整电流计为水平放置后，接通开关 K_1，调节滑线变阻器 R 使电压表读数为零，再接通开关 K_2。电流计面板上的分流器旋钮旋至“直接挡”，然后校正电流计零点使光标指零（如果零点不对正可用微调标尺来配合调零）。

(3) 缓慢增大电压表读数，同时观察光标的移动，直至大约偏转到满刻度的一半。断开 K_2 观察光标的振动状态。然后当光标经过零点时立即按一下开关 S，一按再按直至光标停止不动，观察开关 S 的作用。

(4) 调节滑线变阻器 R，使输出电压为零。改变 R_2 的阻值使其先后取 $R_2>R_C$、$R_2\approx R_C$、$R_2<R_C$，然后增大电压，使光标偏转到满刻度的一半处，观察比较不同条件下光标的运动状态。

当 R_2 值为电流计标牌上注明的临界阻尼电阻 R_C 附近某一阻值时光标刚好不发生摆动，光标很快地回到零点又恰好不能超过零点，此时为临界阻尼状态，记下此时的 R'_2 值。

2. 电流计内阻 R_g 的测量

(1) 调节滑线变阻器 R 使电压表读数至零，R_2 调到 $2/3R_C$，再调节滑线变阻器 R 让光标向某一边偏转 d_0 为满刻度的 2/3（或附近的一个整数）。

(2) 注意保持电压表示值 V 不变，调节 R_2（增大 R_2）使光标偏转到原偏转数的一半，即 $d_0/2$。记下此时的 R''_2 值。

※ (3) 将 K_2 反向，重复以上步骤进行同样的测量。如此反复三遍，分别记下每次的 R''_2 值。

3. 电流常数 K 的测定

(1) 将 R_2 调到外临界电阻 R_C 的数值，调大电压表的读数（必要时稍调 R_1），使电流计的光标偏转到满刻度的 2/3（或附近一个整数）。记下此时的电压表读数 V 和 R_1、R_0 以及光标的偏转格数 d_1。

(2) 为消除悬丝左右扭转时的不对称，需要将双极转换开关 K_2 反向，并重复步骤(1)，再读出光标在零点另一侧的偏转格数 d_2。

※ (3) 在保持电压 V 不变的前提下重复上述步骤测量三遍，并记下每次测量的 $d_{1\text{-}1}$、$d_{1\text{-}2}$、$d_{1\text{-}3}$，$d_{2\text{-}1}$、$d_{2\text{-}2}$、$d_{2\text{-}3}$。

【数据处理】

1. 外临界电阻

分压电阻 $R_0=$

电流计处于临界阻尼状态时 $R'_2=$

$R_C=R'_2+R_0=$

2. 电流计的内阻

光标偏转 d_0 时 $R_2=$

光标偏转 $d_0/2$ 时 $R'_2=$

$R_g=R'_2-2R_2=$

3. 电流计常数 K

电压表示值 $V=$

$R_2=R_C$

$R_1=$

$R_0=$

$$I_g=\frac{R_0}{(R_1+R_0)(R_2+R_g)}V=$$

光标偏转 $d_1=$

光标偏转 $d_2=$

平均偏转量 $\bar{d}=\frac{d_1+d_2}{2}=$

$K=\frac{I_g}{d}$ （单位：A/mm）

4. 用算术合成法估算测量值 R_g 不确定度

由式(3-33)知 $U_{R_g}=U_{R'_2}+2U_{R_2}$，其中 $U_{R'_2}$ 及 U_{R_2} 均为仪器误差与平均误差之和，仪器误差即电阻箱的误差，平均误差是左右偏转所求得的三个平均值所对应的平均误差。

用算术合成法推导 K 的不确定度公式，计算 $\frac{U_K}{K}$、U_K 并给出结果表示式 $K\pm U_K$。计算 U_d 时，应注意先求出每次左右偏转所对应的三个平均值，再求这三个平均值的平均绝对误差，以此作为 d 的不确定度。

【注意事项】

1. 电流计的线圈及悬丝很细，应注意保护，不许过重的振动和过分扭转。不要随意搬动电流计，非搬不可时，必须使电流计短路，轻拿轻放。发现光标不动或偏离正常零点过大时，应请教师指导解决。

2. 实验过程中，电路调节应仔细进行，不要使光标偏转超过标尺。

3. 搁置不用时，应将电流计短路。

【思考题】

1. 已知一个灵敏电流计的内阻 $R_g=1\text{k}\Omega$，外临界阻尼电阻 $R_C=1.3\text{k}\Omega$，量限为 I_{gm}，用来测量一个真空光电管 F 的微弱光照范围内的光电流 I，光电管的内阻很大，相对于 R_g 及 R_C 来说，可看作无限大。

图 3-34(a) 的测量电路里，电流计是否能工作于临界阻尼状态？

图 3-34(b) 的电路又如何？它能测量的最大光电流 $I_{m'}$ 是 I_{gm} 的几倍？如果要测定的光电流大于 $I_{m'}$ 怎么办？

图 3-34(c) 的电路里电流计能否工作于临界阻尼状态？量限是否比图 3-34(b) 扩大了？

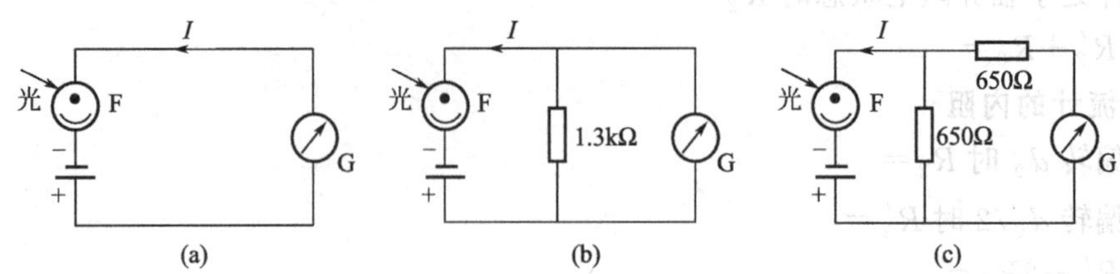

图 3-34 用电流计测微小光电流

2. 在实验电路中（参看实验电路图），要求二级分压后与 R_2 连线是接在电阻箱 R_0 的接线柱上，为什么不接到电阻箱 R_1 的接线柱上？它们有什么差别，为什么？

实验 16 冲击法测量直螺线管内部磁场

测量磁场的方法很多，有电磁感应法、霍尔效应法、核磁共振法等。用冲击电流计测量磁场是电磁感应法的一种。由于所用仪器结构简单，操作方便，并具有一定的精度，能满足一般的磁场测量要求，故它仍是目前测磁技术中的一种常用方法，通常用于对恒定磁场的测量。

【实验目的】

1. 了解冲击电流计的原理和应用。
2. 学会用冲击法测量直螺线管内部磁场。

【实验原理】

1. 长直螺线管轴线上的磁感应强度

根据毕奥-萨伐尔定律可以证明，螺线管轴线上某点 P 的磁感应强度为

$$B_x=\frac{\mu NI}{2L}\left\{\frac{\frac{L}{2}-x}{\left[\left(\frac{L}{2}-x\right)^2+r_0^2\right]^{1/2}}+\frac{\frac{L}{2}+x}{\left[\left(\frac{L}{2}+x\right)^2+r_0^2\right]^{1/2}}\right\} \tag{3-34}$$

式中，μ 为磁导率；N 为螺线管总匝数；L 为螺线管长；r_0 为螺线管半径；x 为 P 点到螺线管中心 O 点的距离。

令 $x=0$，得到螺线管中点 O 的磁感应强度

$$B_0=\frac{\mu NI}{(L^2+4r_0^2)^{1/2}} \tag{3-35}$$

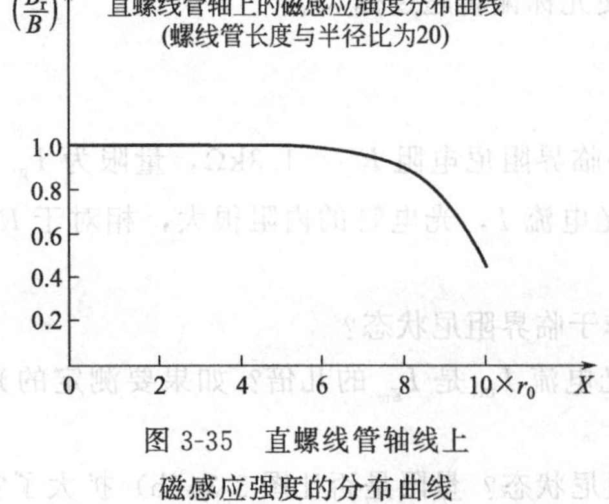

图 3-35 直螺线管轴线上磁感应强度的分布曲线

令 $x=\frac{L}{2}$，得到螺线管两端面中心点的磁感应强度

$$B_{\frac{L}{2}}=\frac{\mu NI}{2(L^2+r_0^2)^{1/2}} \tag{3-36}$$

当 $L\gg r_0$ 时，由式(3-35) 和式(3-36) 可知，$B_{\frac{L}{2}}\doteq B_0/2$。只要螺线管的比值 L/r_0 保持不变，磁感应强度沿螺线管轴线的分布曲线形式不会改变。图 3-35 是当 $L/r_0=20$ 时，按式(3-34) 计算得到的磁感应强度分布曲线。

2. 冲击法测量磁场的原理

用冲击法测量载流螺线管轴线上各点的磁感应强度，其基本原理是法拉第电磁感应定律。实验电路图如图 3-36 所示。

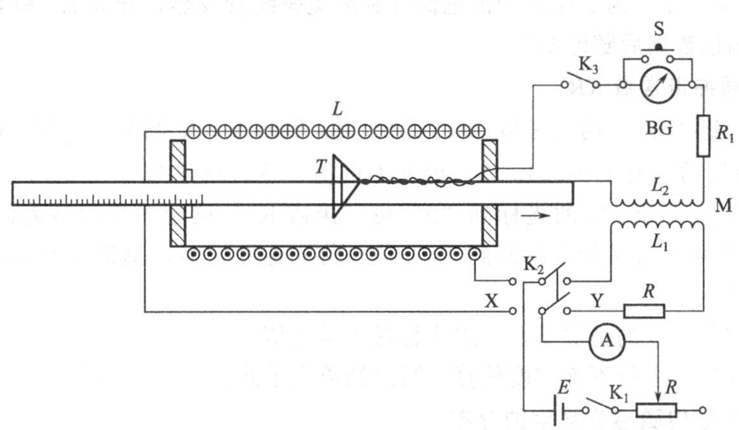

图 3-36　测量螺线管轴线上磁感应强度的电路图

把一个匝数为 n、截面积为 A 的小型探测线圈放在螺线管内部。当移动探测线圈时，保证它与螺线管同轴，则穿过探测线圈的磁通量为 $\Phi=nB_XA$。将开关 K_2 倒向 X，接通开关 K_1，有电流 I 通过螺线管，并使探测线圈中的磁通量在时间 τ 内由零迅速变为 Φ，则探测回路中产生的感应电动势 $\varepsilon=\mathrm{d}\Phi/\mathrm{d}t$，引起感应电流 $i=\varepsilon/R$（R 为探测回路的总电阻），通过冲击电流计的总电量

$$Q=\int_0^{\tau} i\,\mathrm{d}t=\int_0^{\Phi}\frac{\mathrm{d}\Phi}{R}=\frac{\Phi}{R}=\frac{rB_XA}{R} \tag{3-37}$$

按照冲击电流计理论，该电量的通过将引起它光标的偏移 d_m（参看附录 3）

$$Q=Kd_m \tag{3-38}$$

由式(3-37) 和式(3-38) 得到

$$B_X=\frac{KR}{nA}d_m \tag{3-39}$$

冲击电流计的磁通冲击常数 KR 可以通过标准互感器来测定。将 K_2 倒向 Y，接通 K_1，互感器原线圈 L_1 中电流由零突然变为 I'，由互感系数的定义可知，副线圈 L_2 中的磁通量变化为 $\Delta\Phi=MI'$。由式(3-37) 知，通过冲击电流计的总电量

$$Q'=\frac{\Delta\Phi}{R}=\frac{MI'}{R} \tag{3-40}$$

由式(3-38) 和式(3-40) 得

$$KR=\frac{MI'}{d'_m} \tag{3-41}$$

于是，式(3-39) 可以改写为

$$B_X=\frac{MI'}{nAd'_m}d_m \tag{3-42}$$

【实验仪器】

冲击电流计、直流稳压电源、电流表、标准互感器、长直螺线管、探测线圈、滑线变阻器、电阻箱、双刀双掷开关、单刀开关。

【实验步骤】

按图 3-36 连接电路。调整冲击电流计的镜尺读数系统，接通冲击电流计照明灯电源，经适当调节，使小镜反射的光点对准半透明标尺，并记下光点中央黑线在标尺上的位置，以此作为标尺的“0”点。为了保护冲击电流计和避免螺线管发热，开关 K_1 和 K_3 在观测时方能先后接通，测读数据后随即断开。

1. 测量磁通冲击常数 *KR*

(1) R_1 取实验室给出的参考值。K_3 断开，K_2 倒向 Y，R 调至最大值。接通 K_1，减小 R，使流过互感器的电流 $I'=0.400\text{A}$，记下 I'的值，然后断开 K_1。

(2) 接通 K_3，调节 BG 的光标到“0”位。接通 K_1，读记光标的最大偏转值 $d'_{左}$（从“0”点算起）。利用 S 开关使光标回到“0”位，待光标稳定后，迅速断开 K_1，读记光标反向最大偏转值 $d'_{右}$。

(3) 在 I'保持不变的情况下测三组光标最大偏转值。

(4) 计算 KR 并进行不确定度估算，写出结果表示式。

2. 测量螺线管内磁感应强度的分布

(1) 断开 K_3，K_2 倒向 X，接通 K_1，调节 R 使流过螺线管的电流 $I=0.400\text{A}$，再切断 K_1。

(2) 将探测线圈置于螺线管的中央零线位置。接通 K_3，调节 BG 光标到“0”位。接通开关 K_1，读记光标的最大偏转值 $d_{左}$。利用 S 开关使光标迅速回到“0”位，待光标稳定后切断 K_1，读记光标反向最大偏转值 $d_{右}$，取其平均值 $\overline{d}_{\text{m}}$ 作为光标的最大偏转值。

(3) 保持电流 I 不变，分别将探测线圈置于 4.00cm、8.00cm、10.00cm、12.00cm、13.00cm、13.50cm、14.00cm 处，重复步骤 (2)，测出相应的 $\overline{d}_{\text{m}}$。

(4) 计算各点的磁感应强度 B，其中 n、A、M 由实验卡片给出。以 $B(x)$ 为纵坐标，x 为横坐标，在坐标纸上绘 $B(x)\sim x$ 分布曲线。

(5) 按式(3-35) 计算出螺线管中点的磁感应强度 $B_0^{计}$，其中 μ、N、L、r_0 由实验卡片查出。将 $B_0^{计}$ 和 $B_0^{测}$ 进行百分差比较。

【数据处理】

1. 测量磁通冲击常数 *KR*（表 3-9）

$R_1=$ $I'=$ $M=$

$U_M=$ $U'_I=$

表 3-9 实验数据（五）

次 数	$d'_{左}$/cm	$d'_{右}$/cm	d'_{m}/cm
1			
2			
3			

$$KR=\frac{MI'}{d'_m}=$$

$$\frac{U_{KR}}{KR}=\frac{U_M}{M}+\frac{U_{I'}}{I'}+\frac{U_{d'_m}}{d'_m}$$

$U_{KR}=$

$KR \pm U_{KR}$

2. 测量螺线管内磁感应强度的分布(表 3-10)

$\mu=$　　　　$N=$　　　　$I=$

$L=$　　　$r_0=$　　　$n=$　　　$A=$

表 3-10　实验数据(六)

探测线圈位置	0.00cm	4.00cm	8.00cm	10.00cm	12.00cm	13.00cm	13.50cm	14.00cm
$d_{左}$/cm								
$d_{右}$/cm								
$\overline{d}_m$/cm								
$B(x)$/T								

$$B_0^{计}=\frac{\mu NI}{(L^2+4r_0^2)^{1/2}}=$$

$$\frac{|B_0^{测}-B_0^{计}|}{B_0^{计}}=$$

【思考题】

1. 式(3-37) 中的 R 应包括哪几部分?

2. 为什么在测磁感应强度时互感器的副线圈仍要接在回路中，而测 KR 时探测线圈也不能从回路中去掉?

3. 试分析将探测线圈放在螺线管内部和外部的优点与不足。

实验 17　霍尔效应的应用

实验 17-1　霍尔效应实验和霍尔法测量磁场

霍尔效应是导电材料中的电流与磁场相互作用而产生电动势的效应。1879 年美国霍普金斯大学研究生霍尔在研究金属导电机理时发现了这种电磁现象，故称霍尔效应。后来曾有人利用霍尔效应制成测量磁场的磁传感器，但因金属的霍尔效应太弱而未能得到实际应用。随着半导体材料和制造工艺的发展，人们又利用半导体材料制成霍尔元件，由于它的霍尔效应显著而得到实用和发展，现在广泛用于非电量的测量、电动控制、电磁测量和计算装置方面。在电流体中的霍尔效应也是目前正在研究中的“磁流体发电”的理论基础。近年来，霍尔效应实验不断有新发现。1980 年联邦德国物理学家冯·克利青研究二维电子气系统的输运特性，在低温和强磁场下发现了量子霍尔效应，这是凝聚态物理领域最重要的发现之一。目前对量子霍尔效应正在进行深入研究，并取得了重要应用，如用于确定电阻的自然基准，可以极为精确地测量光谱精细结构常数等。

在磁场、磁路等磁现象的研究和应用中，霍尔效应及其元件是不可缺少的，利用它观测磁场直观、干扰小、灵敏度高、效果明显。

【实验目的】

1. 霍尔效应原理及霍尔元件有关参数的含义和作用。

2. 测绘霍尔元件的 V_H-I_S、V_H-I_M 曲线，了解霍尔电势差 V_H 与霍尔元件工作电流 I_S、磁感应强度 B 及励磁电流 I_M 之间的关系。

3. 学习利用霍尔效应测量磁感应强度 B 及磁场分布。

4. 学习用“对称交换测量法”消除负效应产生的系统误差。

【实验原理】

霍尔效应从本质上讲，是运动的带电粒子在磁场中受洛仑兹力的作用而引起的偏转。当带电粒子（电子或空穴）被约束在固体材料中，这种偏转就导致在垂直电流和磁场的方向上产生正负电荷在不同侧的聚积，从而形成附加的横向电场。如图 3-37 所示，磁场 B 位于 Z 的正向，与之垂直的半导体薄片上沿 X 正向通以电流 I_S（称为工作电流），假设载流子为电子（N 型半导体材料），它沿着与电流 I_S 相反的 X 负向运动。

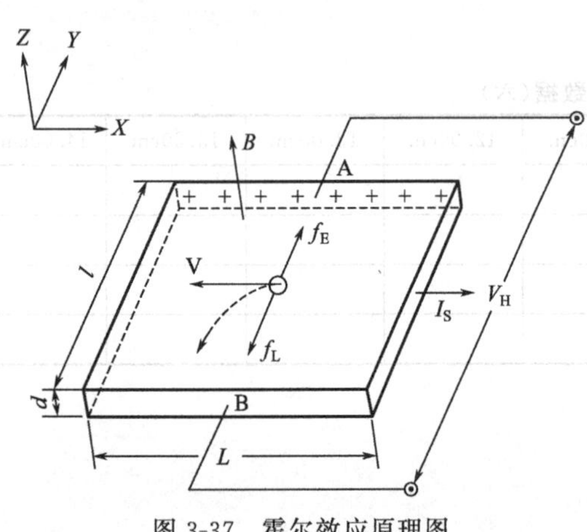

图 3-37 霍尔效应原理图

由于洛仑兹力 f_L 作用，电子即向图中虚线箭头所指的位于 Y 轴负方向的 B 侧偏转，并使 B 侧形成电子积累，而相对的 A 侧形成正电荷积累。与此同时，运动的电子还受到由于两种积累的异种电荷形成的反向电场力 f_E 的作用。随着电荷积累的增加，f_E 增大，当两力大小相等（方向相反）时，$f_L=-f_E$，则电子积累便达到动态平衡。这时在 A、B 两端面之间建立的电场称为霍尔电场 E_H，相应的电势差称为霍尔电势 V_H。

设电子按均一速度，向图示的 X 负方向运动，在磁场 B 的作用下，所受洛仑兹力为：

$$f_L=-e\bar{v}B$$

式中，e 为电子电量；$\bar{v}$ 为电子漂移平均速度；B 为磁感应强度。

同时，电场作用于电子的力为：

$$f_E=-eE_H=-eV_H/l$$

式中，E_H 为霍尔电场强度；V_H 为霍尔电势；l 为霍尔元件宽度。

当达到动态平衡时：

$$f_L=-f_E \quad \overline{V}B=V_H/l \tag{3-43}$$

设霍尔元件宽度为 l，厚度为 d，载流子浓度为 n，则霍尔元件的工作电流为

$$I_S=ne\overline{V}ld \tag{3-44}$$

由式(3-43)、式(3-44) 可得：

$$V_H=E_Hl=\frac{1}{ne}\times\frac{I_SB}{d}=R_H\frac{I_SB}{d} \tag{3-45}$$

即霍尔电压 V_H（A、B 间电压）与 I_S、B 的乘积成正比，与霍尔元件的厚度成反比，比例系数 $R_H=\frac{1}{ne}$，称为霍尔系数（严格来说，对于半导体材料，在弱磁场下应引入一个修正因子 $A=\frac{3\pi}{8}$，从而有 $R_H=\frac{3\pi}{8}\times\frac{1}{ne}$），它是反映材料霍尔效应强弱的重要参数，根据材料的电导率 $\sigma=ne\mu$ 的关系，还可以得到：

$$R_H=\mu/\sigma=\mu p \text{ 或 } \mu=|R_H|\sigma \tag{3-46}$$

式中，μ 为载流子的迁移率，即单位电场下载流子的运动速度，一般电子迁移率大于空穴迁移率，因此制作霍尔元件时大多采用 N 型半导体材料。

当霍尔元件的材料和厚度确定时，设：

$$K_H = R_H/d = 1/ned \quad \left(A=\frac{3\pi}{8}\right) \tag{3-47}$$

将式(3-47) 代入式(3-45) 中得：

$$V_H = K_H I_S B \tag{3-48}$$

式中，K_H 称为元件的灵敏度，它表示霍尔元件在单位磁感应强度和单位控制电流下的霍尔电势大小，其单位是 mV/(mA·T)，一般要求 K_H 愈大愈好。由于金属的电子浓度 (n) 很高，所以它的 R_H 或 K_H 都不大，因此不适宜作霍尔元件。此外，元件厚度 d 愈薄，K_H 愈高，所以制作时往往采用减少 d 的办法来增加灵敏度，但不能认为 d 愈薄愈好，因为此时元件的输入和输出电阻将会增加，这对霍尔元件是不希望的。本实验采用的双线圈霍尔片的厚度 d 为 0.2mm，宽度 l 为 2.5mm，长度 L 为 3.5mm。螺线管霍尔片的厚度 d 为 0.2mm，宽度 l 为 1.5mm，长度 L 为 1.5mm。

应当注意：当磁感应强度 B 和元件平面法线成一角度时（图 3-38），作用在元件上的有效磁场是其法线方向上的分量 $B\cos\theta$，此时：

$$V_H = K_H I_S B\cos\theta$$

所以，一般在使用时应调整元件两平面方位，使 V_H 达到最大，即：$\theta=0$，这时有：

$$V_H = K_H I_S B\cos\theta = K_H I_S B \tag{3-49}$$

由式(3-49) 可知，当工作电流 I_S 或磁感应强度 B 两者之一改变方向时，霍尔电势 V_H 方向随之改变；若两者方向同时改变，则霍尔电势 V_H 极性不变。

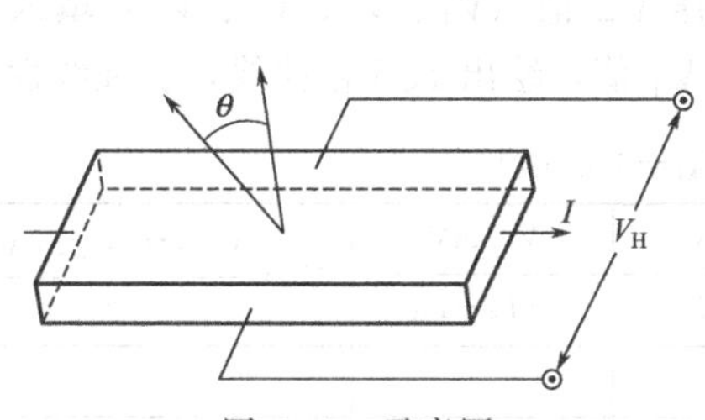

图 3-38　示意图

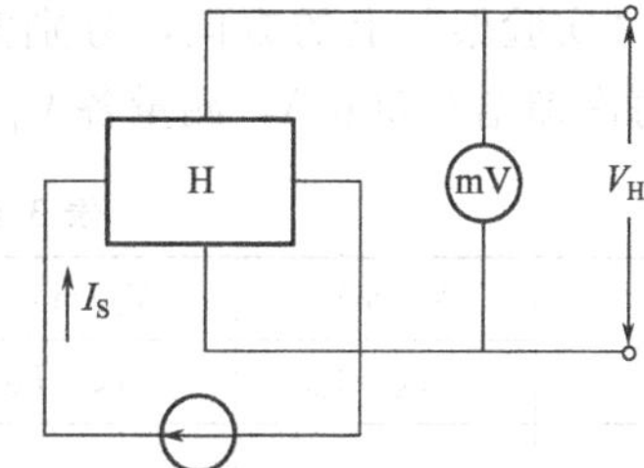

图 3-39　霍尔元件测量磁场的基本电路

霍尔元件测量磁场的基本电路见图 3-39，将霍尔元件置于待测磁场的相应位置，并使元件平面与磁感应强度 B 垂直，在其控制端输入恒定的工作电流 I_S，霍尔元件的霍尔电势输出端接毫伏表，测量霍尔电势 V_H 的值。

【实验项目】

1. 研究霍尔效应及霍尔元件特性

(1) 测量霍尔元件零位（不等位）电势 V_0 及不等位电阻 $R_0=V_0/I_S$。

(2) 研究 V_H 与励磁电流 I_M 和工作电流 I_S 之间的关系。

2. 测量通电圆线圈的磁感应强度 B

(1) 测量通电圆线圈中心的磁感应强度 B。

(2) 测量通电圆线圈中磁感应强度 B 的分布。

【实验方法与步骤】

1. 按仪器面板上的文字和符号提示将霍尔效应测试仪与霍尔效应实验架正确连接

(1) 将霍尔效应测试仪面板右下方的励磁电流 I_M 的直流恒流源输出端（0～0.5A），接霍尔效应实验架上的 I_M 磁场励磁电流的输入端（将红接线柱与红接线柱对应相连，黑接线柱与黑接线柱对应相连）。

（2）“测试仪”左下方供给霍尔元件工作电流 I_S 的直流恒流源（0～3mA）输出端，接“实验架”上 I_S 霍尔片工作电流输入端（将红接线柱与红接线柱对应相连，黑接线柱与黑接线柱对应相连）。

（3）“测试仪” V_H 霍尔电压输入端，接“实验架”中部的 V_H 霍尔电压输出端。

注意：以上三组线千万不能接错，以免烧坏元件。

（4）用一边是分开的接线插、一边是双芯插头的控制连接线与测试仪背部的插孔相连接（红色插头与红色插座相连，黑色插头与黑色插座相连）。

2. 研究霍尔效应与霍尔元件特性

（1）测量霍尔元件的零位（不等位）电势 V_0 和不等位电阻 R_0

① 用连接线将中间的霍尔电压输入端短接，调节调零旋钮使电压表显示 0.00mV。

② 将 I_M 电流调节到最小。

③ 调节霍尔工作电流 $I_S=3.00$mA，利用 I_S 换向开关改变霍尔工作电流输入方向，分别测出零位霍尔电压 V_{01}、V_{02}，并计算不等位电阻：

$$R_{01}=\frac{V_{01}}{I_S},\quad R_{02}=\frac{V_{02}}{I_S} \tag{3-50}$$

（2）测量霍尔电压 V_H 与工作电流 I_S 的关系

① 先将 I_S、I_M 都调零，调节中间的霍尔电压表，使其显示为 0mV。

② 将霍尔元件移至线圈中心，调节 $I_M=500$mA，调节 $I_S=0.5$mA，按表中 I_S、I_M 正负情况切换“实验架”上的方向，分别测量霍尔电压 V_H 值（V_1、V_2、V_3、V_4）填入表 3-11。以后 I_S 每次递增 0.50mA，测量各 V_1、V_2、V_3、V_4 值，绘出 I_S-V_H 曲线，验证线性关系。

表 3-11　V_H-I_S（$I_M=500$mA）

I_S/mA	V_1/mV	V_2/mV	V_3/mV	V_4/mV	$V_H=\frac{V_1-V_2+V_3-V_4}{4}$ (mV)
	$+I_S+I_M$	$+I_S+I_M$	$-I_S-I_M$	$-I_S-I_M$	
0.50					
1.00					
1.50					
2.00					
2.50					
3.00					

（3）测量霍尔电压 V_H 与励磁电流 I_M 的关系

① 先将 I_M、I 调零，调节 I_S 至 3.00mA。

② 调节 $I_M=100$mA，150mA，200mA，…，500mA（间隔为 50mA）时，分别测量霍尔电压 V_H 值并填入表 3-12 中。

③ 根据表 3-12 中所测得的数据，绘出 I_M-V_H 曲线，验证线性关系的范围，分析当 I_M 达到一定值以后，I_M-V_H 直线斜率变化的原因。

表 3-12　V_H-I_M（$I_S=3.00$mA）

I_S/mA	V_1/mV	V_2/mV	V_3/mV	V_4/mV	$V_H=\frac{V_1-V_2+V_3-V_4}{4}$(mV)
	$+I_S+I_M$	$+I_S+I_M$	$-I_S-I_M$	$-I_S-I_M$	
100					

续表

I_S/mA	V_1/mV	V_2/mV	V_3/mV	V_4/mV	$V_H=\frac{V_1-V_2+V_3-V_4}{4}$(mV)
	$+I_S+I_M$	$+I_S+I_M$	$-I_S-I_M$	$-I_S-I_M$	
150					
200					
…					
500					

(4) 计算霍尔元件的霍尔灵敏度　如果已知 B，根据公式 $V_H=K_H I_S B\cos\theta=K_H I_S B$ 可知

$$K_H=\frac{V_H}{I_S B} \tag{3-51}$$

本实验采用的双个圆线圈的励磁电流与总的磁感应强度对应表见表 3-13。

表 3-13　双个圆线圈的励磁电流与总的磁感应强度对应表

电流值/A	0.1	0.2	0.3	0.4	0.5
中心磁感应强度 B/mT	2.25	4.50	6.75	9.00	11.25

使用螺线管做霍尔效应实验，螺线管中心磁感应强度根据式(3-54) 计算。

(5) 测量样品的电导率 σ（图 3-40）

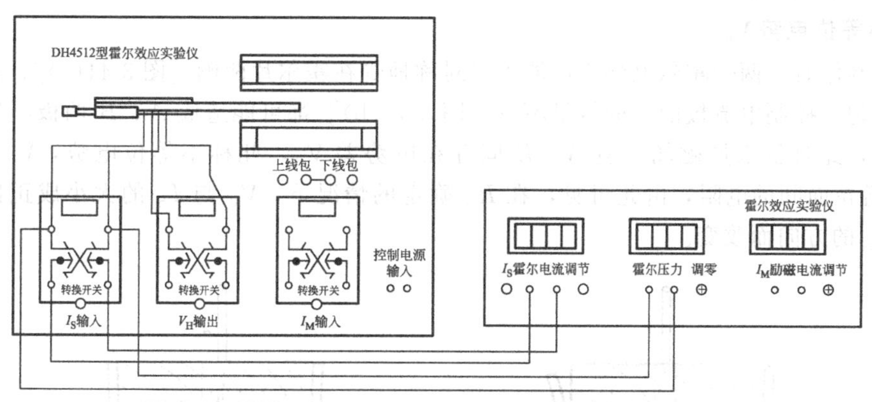

图 3-40　Vσ 测量连线示意图

样品的电导率 σ 为：

$$\sigma=\frac{I_S L}{V_\sigma l d} \tag{3-52}$$

式中，I_S 是流过霍尔片的电流，单位是 A；V_σ 是霍尔片长度 L 方向的电压降，单位是 V；长度 L、宽度 l 和厚度 d 的单位为 m，则 σ 的单位为 S（$1S=1\Omega^{-1}$）。

测量 V_σ 前，先对毫伏表调零。连线图如图 3-39 所示，其中 I_M 必须为 0，或者断开 I_M 连线。因为霍尔片的引线电阻相对于霍尔片的体电阻来说很小，因此可以忽略不计。

将工作电流从最小开始调节，用毫伏表测量 V_σ 值，由于毫伏表量程所限，这时的 I_S 较小。如需更大电压量程，也可用外接数字电压表测量。

3. 测量通电圆线圈中磁感应强度 *B* 的分布。

(1) 先将 I_M、I_S 调零，调节中间的霍尔电压表，使其显示为 0mV。

（2）将霍尔元件置于通电圆线圈中心，调节 $I_M=500\text{mA}$，调节 $I_S=3.00\text{mA}$，测量相应的 V_H。

（3）将霍尔元件从中心向边缘移动，每隔 5mm 选一个点测出相应的 V_H，填入表 3-14。

（4）由以下所测 V_H 值，由公式：

$$V_H=K_H I_S B \text{ 得到 } B=\frac{V_H}{K_H I_S}$$

计算出各点的磁感应强度，并绘 B-X 图，得出通电圆线圈内 B 的分布。

表 3-14　V_H-X（$I_S=3.00\text{mA}$，$I_M=500\text{mA}$）

X/mm	V_1/mV	V_2/mV	V_3/mV	V_4/mV	$V_H=\frac{V_1-V_2+V_3-V_4}{4}$(mV)
	$+I_S+I_M$	$+I_S+I_M$	$-I_S-I_M$	$-I_S-I_M$	
0					
10					
20					
30					
40					
50					

【实验系统误差及其消除】

测量霍尔电势 V_H 时，不可避免地会产生一些副效应，由此而产生的附加电势叠加在霍尔电势上，形成测量系统误差，这些副效应有以下几点。

1. 不等位电势 V_0

由于制作时，两个霍尔电势不可能绝对对称地焊在霍尔片两侧［图 3-41(a)］、霍尔片电阻率不均匀、控制电流极的端面接触不良［图 3-41(b)］都可能造成 A、B 两极不处在同一等位面上，此时虽未加磁场，但 A、B 间存在电势差 V_0，此称不等位电势，$V_0=I_S R_0$，R_0 是两等位面间的电阻，由此可见，在 R_0 确定的情况下，V_0 与 I_S 的大小成正比，且其正负随 I_S 的方向而改变。

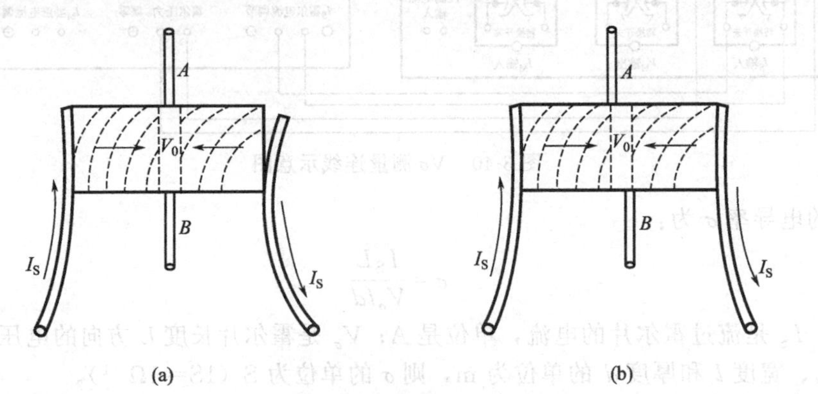

图 3-41　不等位电势产生的原因

2. 爱廷豪森效应

当元件 X 方向通以工作电流 I_S，Z 方向加磁场 B 时，由于霍尔片内的载流子速度服从统计分布，有快有慢。在到达动态平衡时，在磁场的作用下慢速、快速的载流子将在洛仑兹力和霍耳电场的共同作用下，沿 Y 轴分别向相反的两侧偏转，这些载流子的动能将转化为热能，使两侧的升温不同，因而造成 Y 方向上两侧的温差（T_A-T_B）。因为霍尔电极和元件两者材料不同，电极和元件之间形成温差电偶，这一温差在 A、B 间产生温差电动势 V_E，$V_E \propto IB$。这一效应称爱廷豪森效应，V_E 的大小和正负符号与 I、B 的大小和方向有关，跟 V_H 与 I、B 的关系相同，所以不能在测量中消除（图 3-42）。

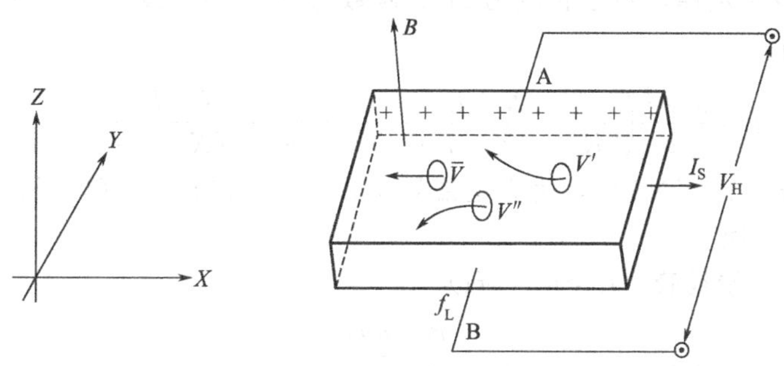

图 3-42　载流子运动平均速度分布示意图

3. 伦斯脱效应

由于控制电流的两个电极与霍尔元件的接触电阻不同，控制电流在两电极处将产生不同的焦耳热，引起两电极间的温差电动势，此电动热又产生温差电流（称为热电流）Q，热电流在磁场作用下将发生偏转，结果在 Y 方向上产生附加的电势差 V_H，且 $V_H \propto QB$，这一效应称为伦斯脱效应，由此可知 V_H 的符号只与 B 的方向有关。

4. 里纪-杜勒克效应

如伦斯脱效应所述霍尔元件在 X 方向有温度梯度 $\frac{dT}{dX}$，引起载流子沿梯度方向扩散而有热电流 Q 通过元件，在此过程中载流子受 Z 方向的磁场 B 作用下，在 Y 方向引起类似爱廷豪森效应的温差 T_A-T_B，由此产生的电势差 $V_H \propto QB$，其符号与 B 的方向有关，与 I_S 的方向无关。

为了减少和消除以上效应的附加电势差，利用这些附加电势差与霍尔元件工作电流 I_S、磁场 B（即相应的励磁电流 I_M）的关系，采用对称（交换）测量法进行测量。

当 $+I_S$，$+I_M$ 时，$V_{AB1}=+V_H+V_0+V_E+V_N+V_R$

当 $+I_S$，$-I_M$ 时，$V_{AB2}=-V_H+V_0-V_E+V_N+V_R$

当 $-I_S$，$-I_M$ 时，$V_{AB3}=+V_H-V_0+V_E-V_N-V_R$

当 $-I_S$，$+I_M$ 时，$V_{AB4}=-V_H-V_0-V_E-V_N-V_R$

对以上四式作如下运算则得：

$$\frac{1}{4}(V_{AB1}-V_{AB2}+V_{AB3}-V_{AB4})=V_H+V_E$$

可见，除爱廷豪森效应以外的其他副效应产生的电势差会全部消除，因爱廷豪森效应所产生的电势差 V_E 的符号和霍尔电势 V_H 的符号，与 I_s 及 B 的方向关系相同，故无法消除，但在非大电流、非强磁场下，$V_H \gg V_E$，因而 V_E 可以忽略不计，由此可得：

$$V_H \approx V_H+V_E=\frac{V_1-V_2+V_3-V_4}{4} \tag{3-53}$$

实验 17-2　霍尔效应法测量螺线管磁场

【实验目的】

1. 了解螺线管磁场产生原理。

2. 学习霍尔元件用于测量磁场的基本知识。

3. 学习用“对称测量法”消除副效应的影响，测量霍尔片的 V_H-I_S（霍尔电压与工作电流关系）曲线和 V_H-I_M（螺线管磁场分布）曲线。

【实验原理】

根据毕奥-萨伐尔定律，对于长度为 $2L$、匝数为 N_1、半径为 R 的螺线管离开中心点 X 处的磁感应强度为

$$B=\frac{\mu_0 nI}{2}\left(\frac{X+L}{[R^2+(X+L)^2]^{1/2}}-\frac{X-L}{[R^2+(X-L)^2]^{1/2}}\right) \tag{3-54}$$

式中，$\mu_0=4\pi\times10^{-7}\mathrm{N/A^2}$，为真空磁导率；$n=N_1/2L$，为单位长度的匝数，本实验的螺线管 $N_1=1800$ 匝。

对于“无限长”螺线管，$L\gg R$，所以

$$B=\mu nI$$

对于“半无限长”螺线管，在端点处有 $X=L$，且 $L\gg R$，所以

$$B=\mu nI/2$$

【实验方法】

1. 霍尔电压 V_H 与工作电流 I_S 关系的测量

从实验［16-1］中可知，霍尔电压不但与磁感应强度成正比，而且还与流过霍尔元件的电流成正比，为了得到较好的测量效果，在进行螺线管磁场分布测量前，应选取适合的工作电流。

2. 螺线管磁场的测量

选定霍尔片工作电流 3mA，螺线管线圈上施加 0.1A、0.2A、0.3A、0.4A、0.5A，测量从螺线管中心位置到螺线管外 20mm 之间的磁场分布。

【实验内容】

按附录 12 说明（说明书中的附图 12-4），连接好实验仪与测试仪之间的三组连线及一根控制线，确定 I_S 及 I_M 换向开关指示灯向下亮，表明 I_S 及 I_M 均为正值（当转换开关指示灯向上亮时表明 I_S 及 I_M 为负值）。

为了准确测量，应先对测试仪的 20mV 电压表进行调零。

调零时，用一根连接线将电压表的输入端短路，然后调节接线孔右边的调零电位器，使电压表显示值为 0.00mV。若经过一段时间后由于温度漂移的影响而使显示不为零，再按上述步骤重新调零。

1. 测绘 V_H-I_S 曲线

保持 I_M 值不变（取 $I_M=0.5$A），测绘 V_H-I_S 曲线（反复 3 次），记入表 3-15 中。

$I_M=0.5$A，I_S 取值：1.00～3.00mA。

表 3-15 实验数据（七）

I_S/mA	1.00	2.00	3.00
I_1/mV			
I_2/mV			
I_3/mV			

2. 测绘 V_H-L 曲线

实验仪及测试仪各开关位置见前面所述。

保持 I_S 不变（取 $I_S=3.00$mA），测绘 $I_M=0.1$A、0.2A、0.3A、0.4A、0.5A 条件下 V_H-L 曲线，记入表 3-16 中。

I_M 取值：$I_M=0.1\sim0.5$A　$I_S=3.00$mA。

表 3-16　实验数据（八）

移动距离 L/mm	V_1/mV	V_2/mV	V_3/mV	V_4/mV	V_5/mV
	$I_M=0.1$A	$I_M=0.2$A	$I_M=0.3$A	$I_M=0.4$A	$I_M=0.5$A
0.0					
1.0					
2.0					
…					

附：移动尺移动距离读数说明

移动尺，由左右移动和上下移动两部分组成。

相对移动距离的读数，是通过读取游标和固定标尺上的数值取得的。

对于左右移动部分，分为上层移动装置与下层移动装置。上、下两层移动装置的结构相同，移动尺移动距离的读数方法一致。现就以上层移动装置的读数为例作以下说明。

装在上方的标尺为可移动标尺（游标），上面为刻有尺寸的刻度线，每根刻度线之间的距离为 1mm，有效总长度为 110mm（上、下两层移动装置的总有效长度为 220mm）；装在下面的为固定标尺（定标），上面刻有 10 根刻度，每根刻度线之间的距离为 0.9mm，有效总长度为 9mm。

对于上下移动部分，装在左边的为游标，有效总长度为 9mm；装在右边的为固定标尺，有效总长度为 30mm。

当游标相对于固定标尺移动时，游标移动的距离值为两部分数值的相加值。

第一部分：整数部分的读取，即固定标尺的 0 位刻度线对应的移动标尺（游标）上的整数即为距离读数的整数值。

第二部分：小数部分的读取，即固定标尺的某根刻度线，它与游标上某根刻度线最相接近，固定标尺上这根刻度线的数值即为距离读数的小数值。

下面以左右移动为例，进行具体说明。

对于图 3-43 中第一个游标位置，第一部分读数为 0mm（整数部分），第二部分读数为 10（小数值部分），所以它的移动距离为 0.0mm。

对于图 3-43 中第二个游标位置，第一部分读数为 31mm（整数部分），第二部分读数为

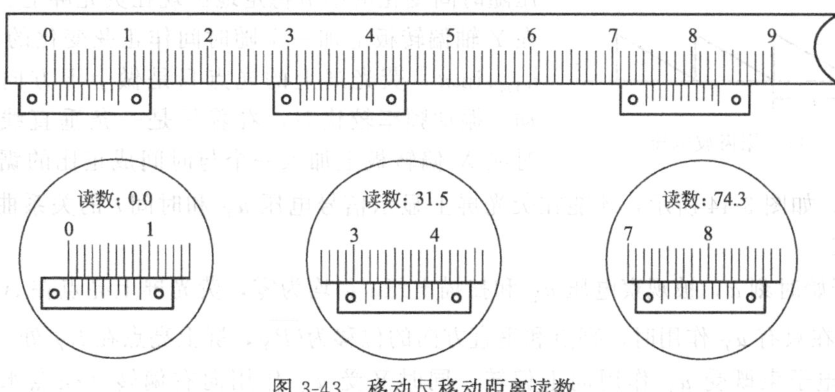

图 3-43　移动尺移动距离读数

5（小数值部分），所以它的移动距离为 31.5mm。

对于图 3-43 中第三个游标位置，第一部分读数为 74mm（整数部分），第二部分读数为 3（小数部分），所以它的移动距离为 74.3mm。

【预习思考题】

1. 列出计算螺线管磁感应强度公式。

2. 如已知存在一个干扰磁场，如何采用合理的测试方法，尽量减小干扰磁场对测量结果的影响。

实验 18　示波器的使用

阴极射线（即电子射线）示波器是由示波管及与其配合的电子线路组成的。

阴极射线示波器是一种用途广泛的电子仪器，可以用它直接测信号电压的大小和频率。因此，一切可转化为电压的电学量（如电流、电功率、阻抗等）、非电学量（如温度、位移、速度、压力、光强、磁场等），以及它们随时间而变化的过程都可以用示波器来观测。由于电子射线的惯性小，又能在荧光屏上显示出可见的图像，所以示波器的重要优点，就是特别适用于观测瞬时变化的过程。

示波器的具体电路较复杂，要具备一定的电子学基础知识方能掌握，所以本实验对示波器电路不作详细介绍，仅限于初步介绍示波器的使用方法。

【实验目的】

1. 了解示波器的主要组成部分及各部分间的联系与配合，熟悉示波器的调节和使用。

2. 学习用示波器观测不同频率的正弦波。

3. 通过观测李萨如图形，学会一种测量正弦振动频率的方法，并加深对互相垂直振动合成理论的理解。

【实验原理】

示波器有各种型号，其基本结构包括两部分：示波管和控制示波管的电路。

1. 示波管

示波管是示波器中重要的显示部件，其内部结构请参阅附录 4。示波管主要由安装在高真空玻璃管中的电子枪、偏转系统和荧光屏三部分组成。

2. 示波器显示波形的基本原理

（1）示波器的扫描　经常遇到的情况是，要从示波器上观测从 Y 轴输入的周期性信号电压的波形。即必须使一个（或几个）周期内的信号电压随时间变化的细节稳定地出现在荧光屏上。但如果仅在 Y 轴偏转板上加一个随时间作正弦变化的电压 $u_Y=u_{Ym}\sin\omega t$，荧光屏上的光点只是做上下方向的正弦振动，振动频率较快时，看着只是一条垂直线。只有同时在 X 偏转板上加入一个与时间成正比的锯齿波电压 $u_X=u_{Xm}t$，如图 3-44 所示，才能在荧光屏上显示信号电压 u_Y 和时间 t 的关系曲线，原理参阅图 3-45。

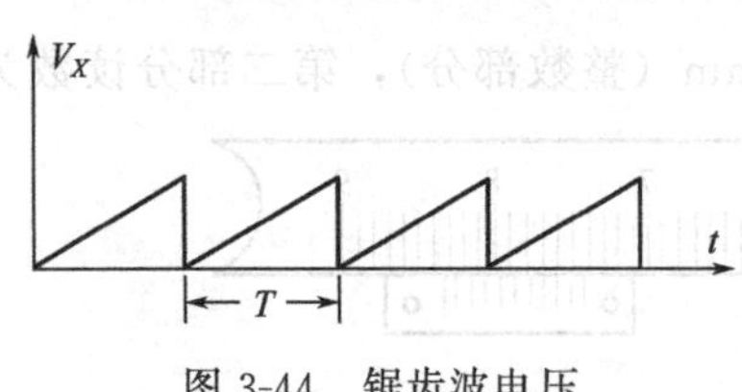

图 3-44　锯齿波电压

设在开始时刻 a，被观察电压 u_Y 和扫描电压 u_X 均为零，荧光屏上亮点在 A 处。时间由 a 到 b，在只有 u_Y 作用时，亮点和垂直方向的位移为$\overline{bB_Y}$，屏上亮点在 B_Y 处。由于同时加上 u_X，电子束既受 u_Y 作用向上偏转，同时又受 u_X 作用向右偏转（亮点水平位移为

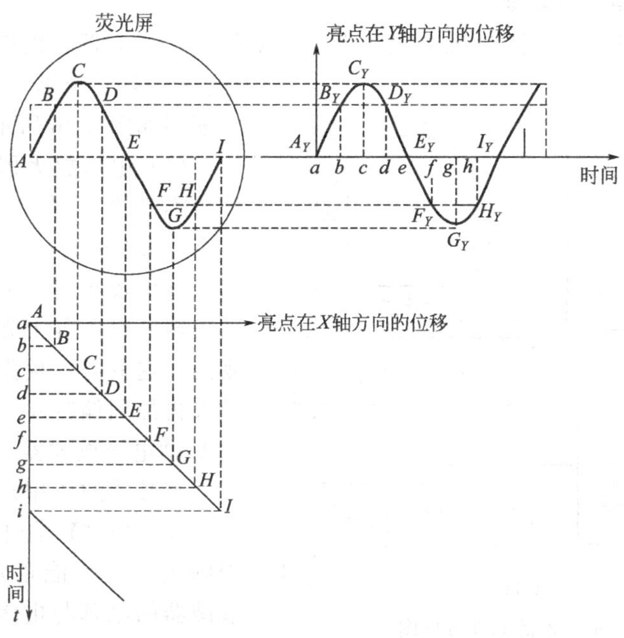

图 3-45　u_Y 和时间 t 的关系曲线原理图

$\overline{bB_X}$)，因而亮点不在 B_Y 处，而在 B 处。随着时间推移，以此类推，便可显示出正弦波形。所以，在荧光屏上看到的正弦曲线实际上是两个相互垂直的运动合成轨迹。

综上所述，要观察加在 Y 偏转板上的电压 u_Y 的变化规律，必须在 X 偏转板上加锯齿波电压，将 u_Y 产生的竖直亮线展开，这个展开过程称为“扫描”，锯齿波电压又称为扫描电压。

(2) 示波器的整步　由图 3-45 可见，当 u_Y 与扫描电压周期相同时，亮点描完一条正弦曲线后迅速返回原来开始的位置，又描出一条与前一条完全重合的正弦曲线，如此重复，荧光屏上显示出一条稳定的正弦曲线。如果周期不同，则第二、第三次……描出的曲线与第一次的不重合，荧光屏上显示的图形不是一条稳定的曲线，而是一条不断移动，甚至更为复杂的曲线。所以，只有当 u_Y 与 u_X 的周期严格相同，或后者是前者的整数倍时，图形才会完整而稳定。即对于连续的周期信号，如果要示波器显示出完整而稳定的波形，扫描电压的周期 T_X 必须为 Y 偏转板电压周期 T_Y 的整数倍。即：

$$T_X = nT_Y \quad (n=1,2,\cdots) \tag{3-55}$$

式中，n 为荧光屏上所显示的完整波形的数目。式(3-55) 亦可表示为：

$$f_Y = nf_X \quad (n=1,2,\cdots) \tag{3-56}$$

式中，f_Y 为加上 Y 偏转板电压的频率；f_X 为扫描电压的频率。

由于 u_X 与 u_Y 的信号来自不同的信号源，它们之间的频率比不会自然满足简单的整数倍，所以示波器中扫描电压的频率必须可调，调节扫描电压频率使其与输入信号的频率成整数倍的调整过程即为“整步”或“同步”过程。细心调节扫描电压的频率，可以大体满足上述关系。但要准确地满足此关系仅靠人工调节是不容易的，待测电压频率越高，调节越不容易。为解决此问题，示波器内部设有“整步”装置。在两频率基本满足整数倍的基础上，此装置将自动用信号电压的频率 f_Y 调节扫描电压的频率 f_X，使 f_X 准确地等于 f_Y 的 $1/n$ 倍，从而获得稳定的波形。

3. 示波器控制电路的功能

示波器控制电路主要包括Y轴电压放大器、X轴电压放大器、锯齿波电压发生器（扫描发生器）、整步电路等部分，其原理方框图如图3-46所示。

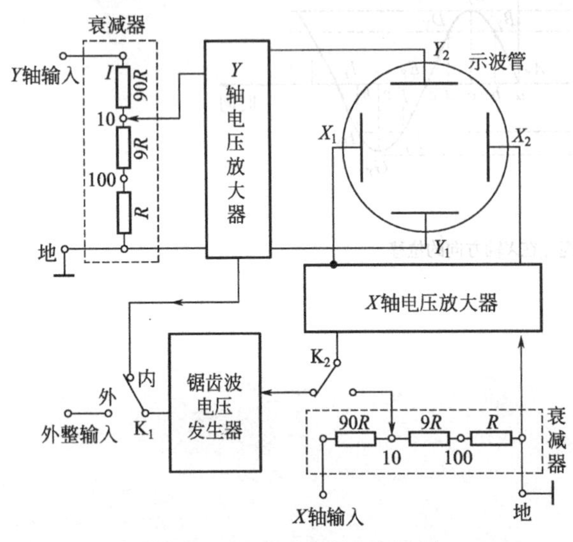

图3-46　示波器的原理方框图

（1）电压放大器和衰减器　由于示波器本身的X轴及Y轴偏转板的灵敏度不高（0.1～1mm/V），当加于偏转板的信号电压较小时，电子束不能发生足够的偏转，以致屏上光点位移过小，不便观测。这就需要预先把小信号电压加以放大再加到偏转板上。为此，设置X轴和Y轴电压放大器。

衰减器的作用是使过大的输入电压变小以适应"Y轴电压放大器"的要求，否则放大器不能正常工作，甚至受损。衰减器的原理与电阻分压器相同，通常分为三挡：1、1/10、1/100。习惯上在仪器面板上用其倒数1、10、100标出。

（2）锯齿波电压发生器与整步电路　锯齿波电压发生器产生频率可调，线性良好的锯齿波信号，作为波形显示的时间基线。X轴电压放大器将上述的锯齿波信号放大，输送到X偏转板，以保证扫描基线有足够的宽度。

整步电路直接从垂直放大电路中取一部分待测信号加到扫描发生器，当f_Y有微小变化，它将迫使f_X追踪其变化，保证波形的完整稳定，这称为"内整步"。如果从外部电路取一信号，加于扫描电路，迫使f_X改变以达到波形完整稳定的目的，则称"外整步"。如果整步信号从电源变压器获得，则称为"电源整步"。

【实验仪器】

有SB-10示波器、XFD-6低频信号发生器、多种波形发生器。

实验前应认真阅读附录4～附录6。认真了解示波器、低频信号发生器等仪器的使用方法。

1. 熟悉示波器的使用，观察示波器的机内试验信号和低频信号发生器输出信号的波形

（1）开机前示波器各控制机件所处位置见表3-17。

表3-17　开机前示波器各控制机件所处位置

控制机件	作用位置	控制机件	作用位置
X轴移位	中间	Y轴移位	中间
辉度	最小(逆时针旋)	聚焦	最小(逆时针旋)
X轴衰减	扫描	Y轴衰减	10
X轴增幅	较小	Y轴增幅	最小
扫描微调	最小	扫描范围	10～100
整步增幅	最小	整步选择	内$^+$或内$^-$

（2）接通电源，预热约3min，顺时针方向旋"辉度"旋钮，直至屏上出现一条亮线（扫描线）。调节"聚焦""X轴增幅""X轴移位"等旋钮，使亮线最细，位置居中，长短稍小于屏的直径，亮度适中，能看得清楚，但不可过亮。

(3) Y 轴输入接示波器机内“试验信号”，X 轴输入锯齿波扫描。调节“Y 轴增幅”到适当位置，使荧光屏上的波形不超出荧光屏。调节“扫描微调”观察波形变化情况，使屏上出现 1 个、2 个、3 个……周期稳定的波形，绘下波形图。

(4) 弄清低频信号发生器面板上各旋钮和接线柱的作用。接通电源，取低频信号发生的频率约 50Hz，输出电压调到大约 10V。将信号发生器输出与示波“Y 轴输入”相连，示波器 X 轴仍输入锯齿波扫描。选用 Y 轴输入 f_Y 分别为 $f_Y = nf_X$ ($n=1, 2, 3\cdots$) 时，此时调节“扫描微调”与“扫描范围”相配合，再稍调一下“整步增幅”旋钮。利用这三个旋钮配合调节，使荧光屏上出现 1 个、2 个、3 个周期稳定的波形。绘下所观察到的波形图，用式(17-2) 计算出对应的扫描频率。

2. 用比较法测量交流电压

示波器能够把待测的信号电压显示在屏幕上，所显示的图形幅度代表的电压大小，可以用比较法来测量：用一个标准信号（或已知信号）输入示波器，记下图形大小，保持示波器增幅不变，再输入待测信号，观察比较图形大小，就可以求得待测信号的大小。

(1) 定标 用 XFD-6 型低频信号发生器作为已知电压输入示波器 Y 轴。开机后，调节低频信号发生器“输出调节”旋钮，使输出电压为 V_0V（这时频率任意），观察示波器屏幕上波形大小。用“Y 轴增幅”和“Y 轴衰减”调节波形，使大小合适。从屏幕上读出波形峰峰值 $U_{P\text{-}P}$（即从波形最高点到最低点的幅值）相应的格数，并计算出每格相应的电压。其有效值为 $U=U_{P\text{-}P}/2\sqrt{2}$。

(2) 测量 将被测交流电压接入，调节有关旋钮得一位置适中而稳定的波形（注意：“Y 轴增幅”和“Y 轴衰减”旋钮不能变动!），读出波形峰峰值 $U_{P\text{-}P}$ 相应的格数，再乘以上面所得的每格伏数，再除以 $2\sqrt{2}$ 即得电压有效值（为便于测定，可将“X 轴增幅”旋零，使振动波形缩成一条竖线，再将它“移位”至屏幕中央)。

3. 李萨如图形测频率

示波管内的电子束受 X 偏转板上正磁电压的作用时，屏上亮点做水平方向的谐振动；受 Y 偏转板上正弦电压作用时，亮点做垂直方向的谐振动。如图 3-47 所示，X 与 Y 偏转板同时加上正弦电压时，亮点的运动是两个相互垂直振动的合成。X 方向振动频率 f_X 与 Y 方向振动频率 f_Y 相同时，亮点合成运动的轨迹是一个椭圆。一般，如果频率值 $f_X : f_Y$ 为整数比，合成运动的轨迹是一个封闭的图形，称为李萨如图形，见表 3-18。

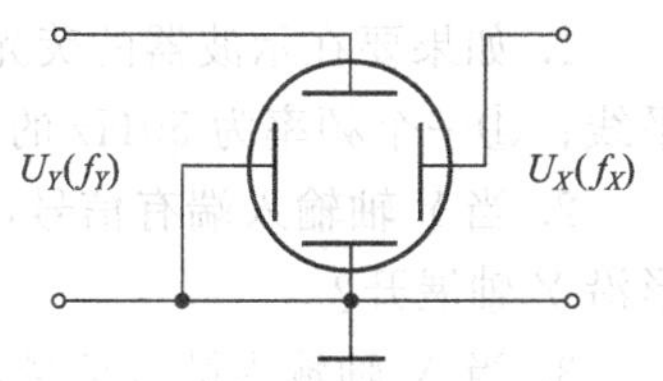

图 3-47 光点垂直振动的合成

表 3-18 李萨如图形举例表

$f_Y : f_X$	1:1	1:2	1:3	2:3	3:2	3:4	2:1
李萨如图形							
N_X	1	1	1	2	3	3	2
N_Y	1	2	3	4	3	4	1
f_Y/Hz	100	100	100	100	100	100	100
f_X/Hz	100	200	300	150	$66\frac{2}{3}$	$133\frac{1}{3}$	50

李萨如图形与振动频率之间有如下的关系：

$$\frac{X\text{ 方向切线对图形的切点数 }N_X}{Y\text{ 方向切线对图形的切点数 }N_Y}=\frac{f_X}{f_Y} \tag{3-57}$$

如果上式中 f_Y 为已知（即标准频率），设 N_X、N_Y 分别为李萨如图线与假想水平线及假想垂直线的切点数目，根据式(3-57) 就可计算出未知频率 f_X。表 3-18 中列举了比值 f_Y ∶ f_X 等于不同整数比时的李萨如图形及有关数字。

(1) 将示波器扫描范围旋钮置于“关”，“X 轴衰减”置于“1”的位置，此时 X 轴锯齿波扫描不再加入（“扫描微调”“整步增幅”及“整步选择”已不起作用）。

(2) 将示波器 Y 轴输入机内 50Hz 的试验信号电压，同时将低频信号发生器（频率可调）的电压从“X 轴输入”和“接地”接线柱输入。调节低频信号发生器的输出频率分别至 50Hz、75Hz、100Hz、150Hz，观察在示波器屏幕上出现的稳定图形即李萨如图形。实际上操作时 f_Y ∶ f_X 不可能调成准确的简单整数比，因此两个振动的相位差将发生缓慢改变，图形难以完全稳定，调到图形变化最缓慢时即可。

(3) 描绘出观察到的李萨如图形，并根据式(3-57) 计算出 f_X。

【注意事项】

1. 实验前必须认真阅读实验讲义及附录，弄清示波器、信号发生器面板上各旋钮的功能及作用方可开始实验。

2. 为了保护荧光屏不被灼伤，光点亮度不能太强，也不能让光点长时间停在荧光屏的一点上。实验中，短时间不使用示波器，可将“辉度”旋钮逆时针方向旋至尽头，截止电子束的发射，使光点消失。

3. 示波器上所有开关与旋钮都有一定强度与调节角度，使用时应轻轻地缓慢旋转，不能用力过猛或随意乱旋。

【思考题】

1. 如果要在示波器的荧光屏上得到以下图形：①一个光点；②一条垂直线；③一条水平线；④一个频率为 50Hz 的稳定波形，应调节哪些旋钮？为什么？

2. 当 Y 轴输入端有信号，但屏上只有一条水平直线，是什么原因？如何调节才能使波形沿 Y 轴展开？

3. 当 X 轴输入端有信号，但屏上只有一条垂线，是什么原因？如何调节才能使波形沿 X 轴展开？

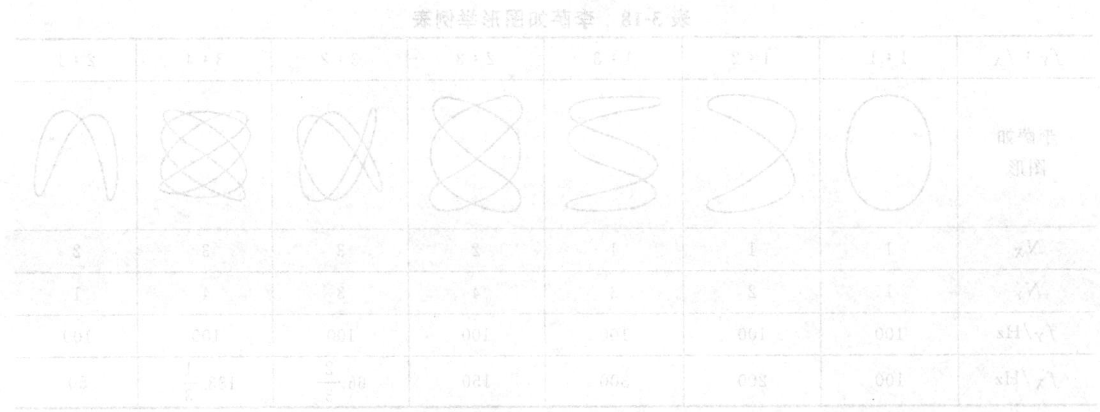

第四章 光学实验

第一节 光学实验的一般操作原则和实验室常用光源

光学实验是物理实验的一个重要组成部分。在做光学实验时，除了要用到前面实验所学到的知识和技能、技巧外，还要注意到光学实验自己的特点。光学实验中出现的各种现象，操作中的许多步骤都需要理论的指导。如果不经过周密的思考，盲目操作只能是事倍功半。另外，课堂讲解的内容也只有通过实地观察测量才能有较透彻的理解。故做光学实验时更要提倡尊重事实，勤于思考。

光学仪器的应用十分广泛。例如，它可将像放大、缩小或记录贮存；可以实现不接触的高精度测量；利用光谱仪器可研究原子、分子和固体的结构，测量各种物质的成分和含量等。

光学仪器的核心部件是它的光学元件，如各种透镜、棱镜、反射镜、分划板、光栅等。对它们的光学性能（如表面光洁度、平行度、透过率等）都有一定的要求。为了有利于实验的进行，必须遵守光学实验的一般操作原则和了解实验室常用光源。

一、光学实验的一般操作原则

① 必须了解仪器的使用和操作要求后才能使用仪器。

② 仪器应轻拿轻放，勿受震动。

③ 不准用手触摸仪器的光学表面。如必须用手拿某些光学元件（如透镜、棱镜等）时，只能接触非光学表面部分，即磨砂面，如透镜的边缘、棱镜的上下底面等。

④ 光学表面若有轻微的污痕或指印，可用特制的镜头纸或清洁的麂皮将其轻轻地拂去，不能加压力擦拭，更不准用手、手帕、衣服或其他纸片擦拭。使用的镜头纸应保持清洁（尤其不能粘有尘土）。若表面有较严重的污痕、指印等，应由实验室管理人员用乙醚、丙酮或酒精等清洗（镀膜面不宜清洗）。

⑤ 光学表面如有灰尘，可用实验室专备的干燥脱脂软毛笔将其轻轻地掸去，或用橡皮球将灰尘吹去，切不可用其他任何物品揩拭。

⑥ 除实验规定外，不允许任何溶液接触光学表面。

⑦ 在暗室中应先熟悉各种仪器用具安放的位置。在黑暗环境下摸索仪器时，手应贴着

桌面，动作要轻缓，以免碰倒或带落仪器。

⑧ 仪器用毕，应放回箱内或加罩，防止沾污尘土。

⑨ 仪器箱内应放置干燥剂，以防仪器受潮和玻璃表面发霉。

⑩ 光学仪器装配很精密，拆卸后很难复原，因此严禁私自拆卸仪器。

二、实验室常用光源

1. 白炽灯

白炽灯是以钨丝为发光物体的光源，其光谱是连续的，分布于近红外到可见光范围，其光谱曲线与钨丝加热的温度有关。在光学实验中主要用作各类仪器灯泡。

(1) 小电珠　有 6.3V、6～8V 等，作白光光源用，一般通过灯丝变压器点燃。

(2) 金属卤素灯　它是一种新型的钨丝灯泡，在玻璃泡内充有溴气，这样可以提高发光强度。它是一种高亮度的白光点光源，常用的规格有 6V/40W、12V/100W、24V/300W、30V/500W 等。使用时要通过控制变压器或行灯变压器点亮。

2. 钠灯和水银灯

钠灯和水银灯是实验室常用的光源，它们是分别充有钠蒸气或水银蒸气的气体放电光源。

钠灯在实验中用作单色光源。它发出黄光，其光谱线是由两条波长非常接近的光谱线组成。它们的波长分别是 5889.96Å（$1Å=10^{-10}m$）和 5895.93Å。在一般实验条件下，两条光谱线不易分开，故取它们的平均值 5893Å 作为钠灯的单色波长。

水银灯有低压水银灯、高压水银灯和超高压水银灯等，主要区别在于灯泡内工作气压的高低。低压水银灯是供各种光学仪器（如干涉仪、分光光度计、单色仪等）用来产生基准波长，而高压水银灯还适用于作光刻机及光学仪器等的光源。

3. 气体放电灯

上面介绍的钠灯、水银灯也是气体放电灯。它们只要串接一只扼流圈，用 200V 电源就可以点亮。这里介绍的是氢、氦、氖放电灯。这类放电灯的结构原理基本上相同，一般可用图 4-1 所示的示意图来说明。其中 B 是灯泡的壳，通常是由透明的玻璃或石英根据各类放电光源所需要的形状，经吹制加工而成。A 是阳极，C 是发射阴极，G 是指在灯泡壳中所充的气体，如氦气、氖气或氢气等。

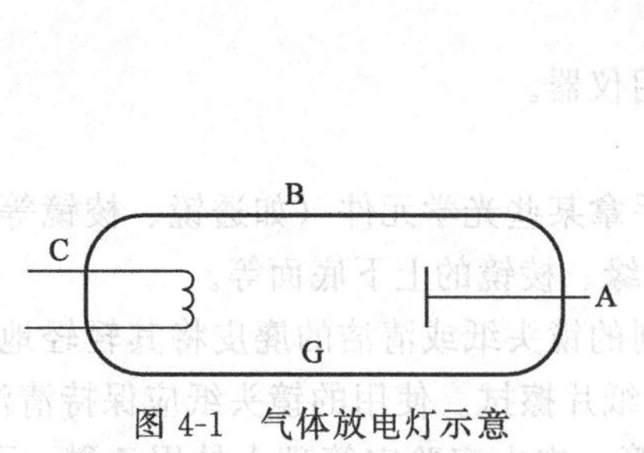

图 4-1　气体放电灯示意

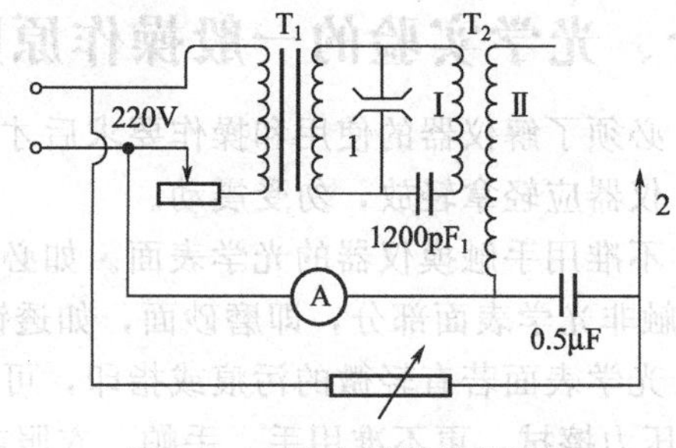

图 4-2　交流电弧简单线路图

4. 交流电弧

低压交流电弧光源是光谱分析常用的一种通用光源。其分析灵敏度较高，分析准确度则高于直流电弧。然而由于交流电随时间做周期变化，当电压过零点时电弧立即熄灭，不像直流电弧那样一次点火后就可连续燃弧。因此，需与高频点火装置配合使用。其最简单线路图如图 4-2 所示。升压变压器 T_1 将 220V 交流电压升高到 2.5～3kV 可调火花隙 1 击穿。火花隙一经击穿后回路Ⅰ中1200pF电容和高频变压器 T_1 初级的电感组成高频振荡回路发生振荡。振荡产生的高频高压经高频升压变压器 T_2 升为12kV左右，使分析电极2击穿后引起低频放电。低频放电的电流大小可用与电源串接的变阻器调节。线路图中Ⅱ部分是低频供电部分。线路图中Ⅰ是低能高频部分保证点火，以免在电源电压过零时电弧熄灭。

5. He-Ne激光器

He-Ne激光器是光学实验中常用的激光光源。它发射的激光是波长为6328Å的橙红色光。它与其他光源发出的光相比具有单色性好、亮度高、方向性强等优点。

一台He-Ne激光器是由激光电源和He-Ne激光管两部分组成。激光电源和激光管通常有分开与组合两种。

激光管在正常工作的情况下，它除了有激光输出外，还可以作气体放电灯，在毛细管的垂直方向可以得到氦氖自发辐射的放电光谱。它们主要光谱线的波长和氦灯、氖灯的光谱线相同。

激光器使用注意事项如下。

(1) 激光束能量集中，切勿使激光束射入眼中或迎着激光束直接观察激光，否则会造成视网膜永久损伤。

(2) 直流激光管的钨棒端为正极，铝端为负极，它和电源输出端之正端、负端切勿接错。

(3) 本电源为输出直流高压，电源输出端未接激光管时不能开启，更不能按动触发电钮，否则会触电或发生机件被高压击穿事故。

(4) 严格控制工作电流范围。点燃后应立即调节选择最佳工作电流（即激光输出较强、较稳定且工作电流尽可能小）。

(5) 激光管两端加有高压，严禁触及；实验完毕后须两极相碰放电后方能取下。

第二节　光学实验

实验19　分光仪的调整和三棱镜折射率的测定

光线在传播过程中，遇到不同媒质的分界面时，就要发生反射和折射，光线将改变传播的方向，这样在入射光和反射光或折射光之间就有一定的夹角，遵循反射定律与折射定律。一些光学量，如折射率、波长等可通过测量角度来测定，因而测量角度在光学中尤为重要。分光仪是测量角度的仪器，故本实验可用此仪器。

【实验目的】

1. 了解分光仪构造的原理，学习它的调整方法。

2. 观察色散现象，测定三棱镜对各色光的折射率。

【实验原理】

1. 反射法测三棱镜顶角

在图4-3中，三角形 ABC 表示三棱镜主截面。AB 和 AC 为光学表面，其夹角 A 为三棱镜顶角，BC 为底面（毛玻璃面），设一束平行光入射，反射光线的夹角为 θ，由反射定律可以证明：

$$A=\frac{\theta}{2} \tag{4-1}$$

用分光仪测出 θ 角就可以计算出顶角。

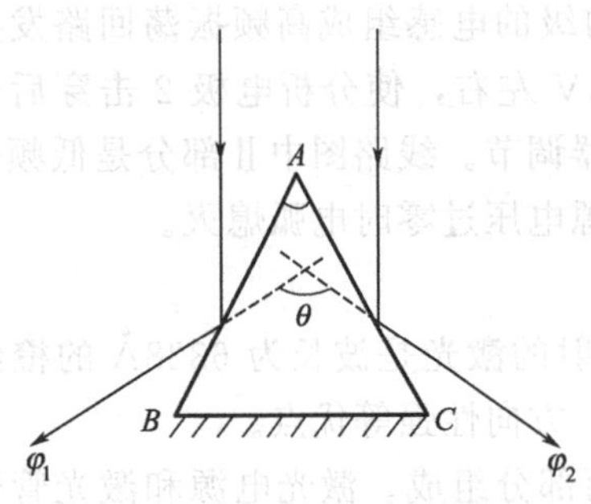

图 4-3　反射法测三棱镜顶角光路图

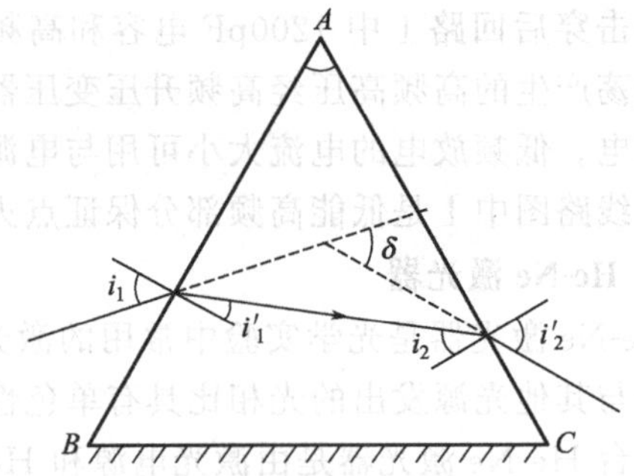

图 4-4　最小偏向角法测三棱镜折射率光路图

2. 最小偏向角法测三棱镜折射率

如图 4-4 所示，设有一束波长 λ 的单色平行光入射到 AB 面上，经过两次折射从 AC 面射出，则入射光线与出射光线的夹角 δ 称为偏向角。δ 随入射角而变化。当入射角等于出射角时，即 $i_1=i_2$，偏向角最小，称最小偏向角（$\delta_{\min}$）。可以证明，棱镜的折射率与最小偏向角的关系为

$$n=\frac{\sin[(A+\delta_{\min})/2]}{\sin(A/2)} \tag{4-2}$$

只要测出最小偏向角，就可以计算出折射率。

【实验器材】

所需仪器有分光仪、低压汞灯、三棱镜、平行平面反射镜。

现介绍分光仪的结构。

分光仪的结构如图 4-5 所示，它主要由平行光管、望远镜、载物台和读数装置四部分构成。分光仪的下部是一个三角底座，其中央固定一竖直转轴称中心轴。刻度盘、游标盘、望

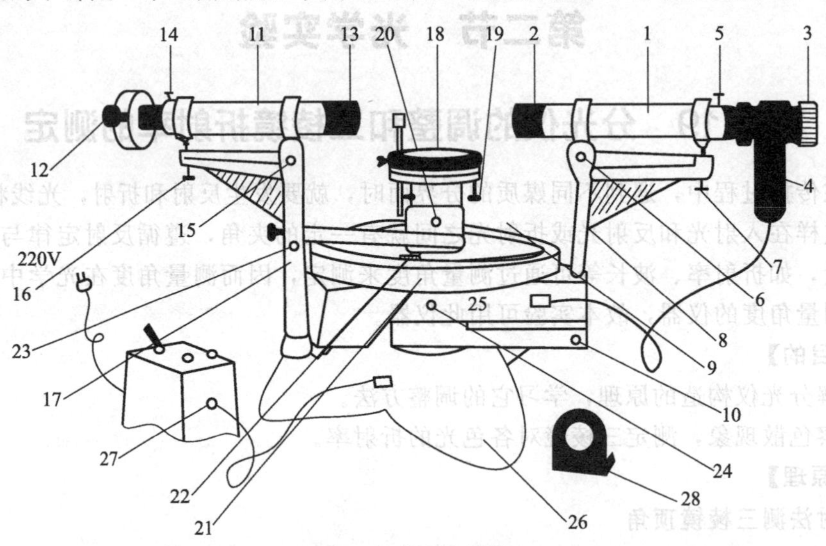

图 4-5　分光仪结构

1—望远镜筒；2—物镜；3—目镜调节手轮；4—自准直目镜照明灯；5—目镜锁紧螺钉；6—望远镜光轴左右调节螺钉；7—望远镜光轴水平调节螺钉；8—望远镜支臂；9—望远镜支臂止动螺钉；10—望远镜微调螺钉；11—平行光管；12—缝宽调节手轮；13—凸透镜；14—狭缝装置锁紧螺钉；15—平行光管光轴左右调节螺钉；16—平行光管光轴水平调节螺钉；17—平行光管支柱；18—载物台；19—载物台调平螺钉；20—载物台锁紧螺钉；21—度盘；22—游标盘；23—游标盘微调螺钉；24—度盘止动螺钉；25—转座；26—底座；27—变压器；28—半透半反镜

远镜和载物台都可绕中心轴转动。

(1) 平行光管　它是产生平行光的装置，由物镜和狭缝组成，图 4-6 中的物镜是一组消色差正透镜，装在圆筒 C 的一端，另一端装有可以伸缩的套筒 D，套筒末端装有狭缝。光源照明狭缝，当调节套筒 D 位置使狭缝位于物镜的焦平面上时，则从平行光管出射平行光。缝宽可用手轮调节，平行光管水平方向可用调节螺钉调节。

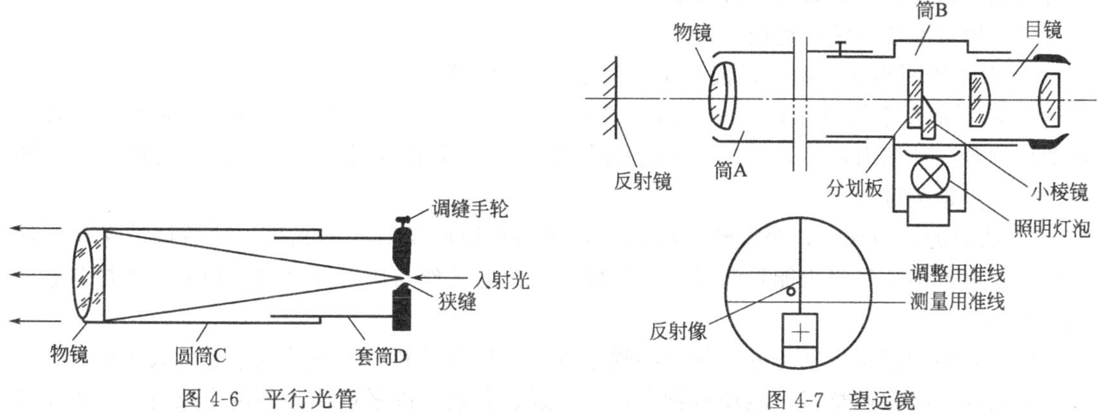

图 4-6　平行光管　　图 4-7　望远镜

(2) 望远镜　它是用来观察和确定平行光束方向的，由物镜和目镜组成，如图 4-7 所示，物镜是消色差复合正透镜，装在筒 A 的一端，目镜也为复合透镜，装在目镜筒内，目镜筒套在筒 B 的另一端。筒 B 的前端固定一块分划板，刻有一个双十字形准线，上面的称为调整用准线，下面的称为测量用准线，转动目镜可改变目镜到准线的距离，筒 B 可沿筒 A 滑动以改变目镜与准线整体到物镜的距离。

常用目镜有高斯目镜和阿贝目镜两种，本分光计是阿贝目镜。它是在分划板和目镜之间紧贴竖直准线下方装有一个 45°全反射小棱镜，在靠准线的一面镀有挡光膜，其上刻有一绿色透光的小十字窗，十字窗交点到测量用准线交点的距离等于调节用准线交点到测量用准线交点的距离。

参看图 4-5，望远镜光轴的水平偏向分别用螺钉 6、7 调节，9 为止动螺钉，拧紧时可把望远镜固定。此时可微调 10 使望远镜绕中心轴作微小转动。

(3) 载物台　放置待测元件，它套在游标的轴上，能绕中心轴转动，平台下有三个螺钉，可以调节平台水平。

(4) 读数装置　用来确定望远镜的角位置，由与望远镜支架固定连接的刻度盘和相差为 180°的装在内侧的两个固定游标组成，这可以消除偏心差。测量时，必须同时读取两个游标读数，由两次测量所得角位置之差得到两个角度后再取平均值。

图 4-8 中的读数应为 116°12′。

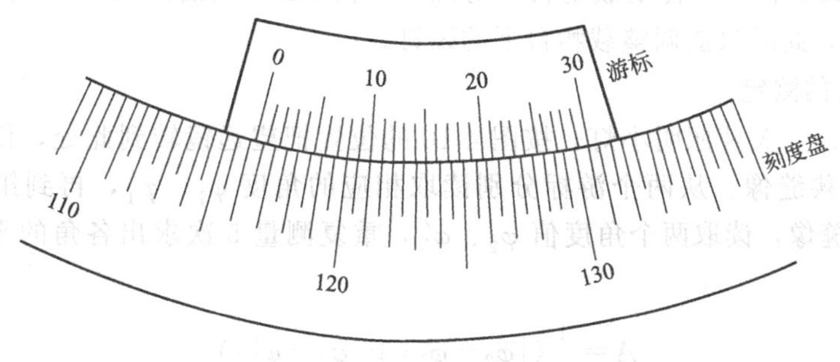

图 4-8　分光计的游标盘

【实验内容】

1. 调整分光仪

(1) 熟悉结构　对照分光仪的结构图和实物，熟悉各部分的具体结构及其调整使用方法。

(2) 目测粗调　为了便于调节望远镜光轴和平行光管光轴与分光仪中心轴严格垂直，可先目测进行粗调，使其大致符合要求。

(3) 用自准法调整望远镜

① 点亮照明小灯，调节目镜与叉丝间距离，看清楚叉丝。

② 将平面反射镜（平玻璃片）放在载物台上，使其反射表面与望远镜大致垂直，慢慢转动载物台，从侧面观察，使得从望远镜射出的光被反射回望远镜中。以后的调节是否顺利，这一步是关键。

③ 从望远镜中观察，缓慢转动载物台，找到从镜面反射回的光斑，然后调节叉丝与物镜间的距离，使从目镜中能看清叉丝反射像，并注意叉丝与反射像之间无视差（怎样观察有无视差?）。

(4) 调整望远镜光轴与分光仪中心轴垂直　平行光管和望远镜的光轴是代表入射光与出射光方向的，必须调整好。转动载物台，使望远镜分别对准平玻璃片的两个反射面。如果望远镜光轴与分光仪光轴相垂直，反射面又与中心轴平行，那么从两个反射面观察到反射回来的叉丝像与叉丝完全重合。否则不重合，或不会同时重合，甚至只能看到一个。这时需认真分析，确定调节方向，不可盲目乱调。方法是：假如叉丝与反射回来的像不重合，竖直方向上相差一段距离，则调节望远镜的倾斜度，使差距减为一半（不可全部消除），再调节载物台下的螺钉，消除另一半距离，达到重合要求。再将载物台旋转 180°，使望远镜对准玻璃片的另一个反射面，用同样的方法调节。而后再转 180°重调，如此反复，直至从玻璃片的两个反射面反射回来的像与叉丝都重合为止。

(5) 调整平行光管　用前面已调整好的望远镜来调节平行光管。如果平行光管出射平行光，则狭缝成像在望远镜物镜的焦平面上，在望远镜中能清楚地看到狭缝像，并与叉丝无视差。

① 用目视法把平行光管大致调节到与望远镜光轴相一致。

② 打开狭缝，在望远镜中观察，同时调节狭缝与透镜间的距离，直到看清狭缝像为止，调节缝宽大约 1mm。

③ 调节平行光管的倾斜度，使狭缝中点与叉丝交点相重合。此时望远镜与平行光管都已调整好，以后绝不能再调整。

(6) 待测件的调整　待测件三棱镜的两个反射面的法线应与分光仪中心轴垂直。将三棱镜按图 4-9 放于载物台上，转动载物台，对准反射面 AB，而后对准 AC，两个反射面都能达到自准。注意，此时只能调整载物台下的螺钉。

2. 棱镜顶角的测定

三棱镜调好后，关掉照明小灯，按图 4-10 的位置把望远镜转到此处，使竖直准线对准由 AB 面反射的狭缝像。从两个游标分别读取相应的角度 φ_1、φ_1'，再到第二位置处观察 AC 面反射的狭缝像，读取两个角度值 φ_2、φ_2'，重复测量 5 次求出各角的平均值，按下式计算顶角：

$$A=\frac{1}{4}(|\overline{\varphi}_2-\overline{\varphi}_1|+|\overline{\varphi}_2'-\overline{\varphi}_1'|) \tag{4-3}$$

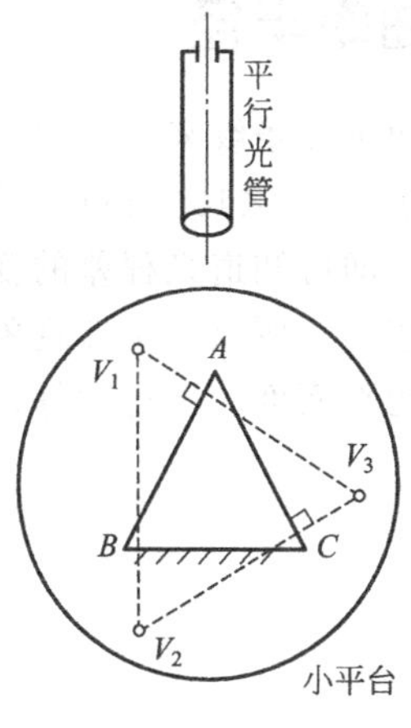

图 4-9　调整三棱镜

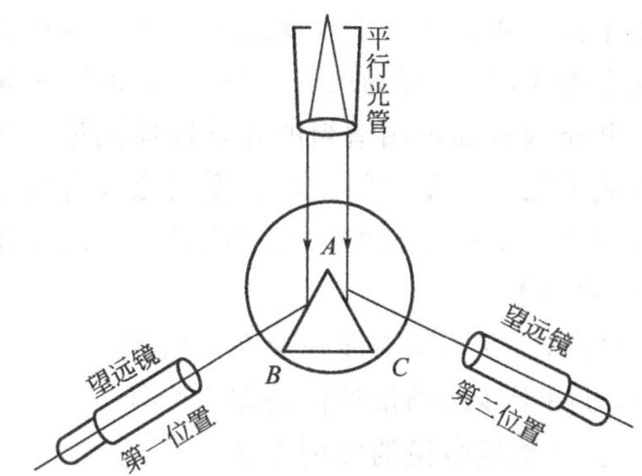

图 4-10　棱镜顶角的测定

3. 测量最小偏向角

(1) 转动载物台，使反射面 AC 与平行光管轴线夹角大致呈 30°。

(2) 观察偏向角的变化。把望远镜转到出射光线的方向，缓慢移动，可看到几条平行的彩色谱线。轻轻转动载物台，观察谱线的移动，观察偏向角的变化。选择偏向角减小的方向，缓慢转动载物台，使偏向角逐渐减小，继续沿此方向转动，可看到谱线移动到某一位置后反向移动，谱线移动方向逆转时的偏向角就是最小偏向角。

(3) 用望远镜观察谱线。在转动载物台时，使望远镜一直跟踪谱线，在谱线逆转移动前，固定载物台，用微动螺钉精细调整到最小偏向角位置。

(4) 固定望远镜，用微调使叉丝对准谱线。从两个游标上读数 θ 与 θ'，重复步骤 (3)、(4)，分别测出黄、绿、蓝、紫四条谱线，重复 3 次。

(5) 移去三棱镜，将望远镜对准平行光管，在两个游标上读数 θ_0、θ'_0。

(6) 计算出最小偏向角

$$\delta_{\min}=\frac{1}{2}(|\theta-\theta_0|+|\theta'-\theta'_0|) \tag{4-4}$$

由前述公式计算出三棱镜的折射率（各色光）。

误差计算：

$$U_A=\frac{1}{4}(U_\theta+U_{\theta_0}+U_{\theta'}+U_{\theta'_0})$$

$$U_\theta=\Delta_{仪}+\Delta\bar{\theta}=$$

……

故 $A\pm U_A=$

($\Delta_{仪}=2'$)

【思考题】

(1) 用自准法可测三棱镜顶角，导出公式。

(2) 试证明，三棱镜相对平行光管轴线即使不严格对称，只要从 AB、AC 面反射的光线能被望远镜接收，就不影响测量结果的准确性。

(3) 折射率的计算公式是怎样导出的？

实验 20 用牛顿环测量透镜的曲率半径

光的干涉是重要的光学现象之一。在干涉现象中，对相邻两干涉条纹来说，两光束光程差的变化量等于相干光的波长。可见，光的波长虽很小（$4\times10^{-7}\sim8\times10^{-7}$m），但干涉条纹的间距和条纹数却可用适当的光学仪器测量。通过这一测量，即可知道光程差的变化，从而推出以光波波长为单位的微小长度变化或者微小的折射率差值等。所以，干涉现象应用很广，可以用来测量微小长度、角度或者它们的变化，检验表面的平面度、平行度等。

【实验目的】

1. 观察和研究等厚干涉现象及其特点。
2. 练习用干涉法测量透镜的曲率半径。
3. 学会读数显微镜的使用方法。

【实验原理】

利用透明薄膜上下两表面对入射光的依次反射，入射光的振幅将分解成有一定光程差的几个部分。若两束反射光在相遇时的光程差取决于产生反射光的薄膜厚度，则同一干涉条纹所对应的薄膜厚度相同，即所谓等厚干涉。

参见图 4-11，将一块曲率半径 R 较大的平凸透镜的凸面置于一光学平玻璃板上，在透镜凸面与平玻璃板之间就形成一层空气薄膜，其厚度从中心接触点到边缘逐渐增加。当平行单色光垂直入射时，入射光在此薄膜的上下两表面反射，产生具有一定光程差的两束相干光。显然它们的干涉图样是以接触点为中心的一系列明暗交替的同心圆环——牛顿环（图 4-12），本装置也称牛顿环。

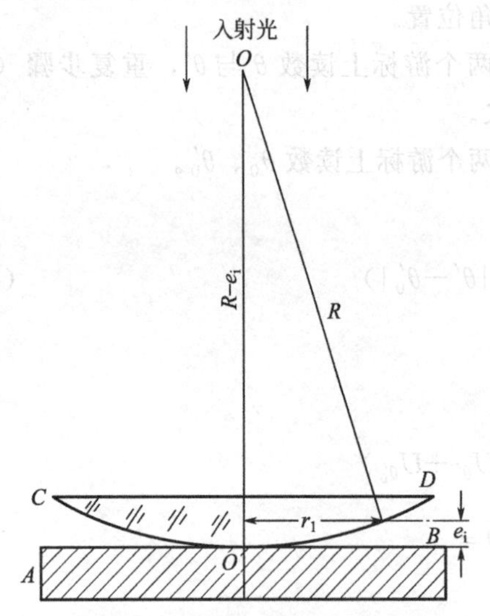

图 4-11 用牛顿环测量透镜曲率半径原理图

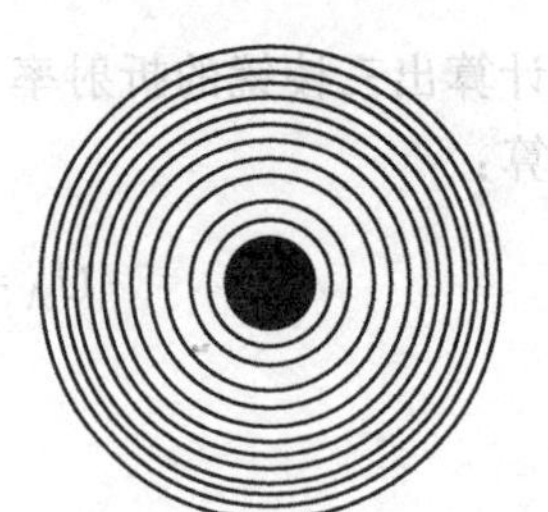

图 4-12 用牛顿环测量透镜曲率半径干涉图

以光路分析可知，与第 K 级条纹对应的两束相干光的光程差为：

$$\delta_K=2e_K+\frac{\lambda}{2} \tag{4-5}$$

由图 4-11 可知 $R^2=r^2+(R-e)^2$

即 $r^2=2eR-e^2$

由于 $e\ll R$，可以略去二级小量 e^2，所以

$$e=\frac{r^2}{2R} \tag{4-6}$$

将 e 代入式(4-5) 得

$$\delta_K=\frac{r^2}{R}+\frac{\lambda}{2} \tag{4-7}$$

由干涉条件 $\delta_K=(2K+1)\frac{\lambda}{2}$时，干涉条纹为暗条纹，于是得：

$$r_K^2=KR\lambda \quad (K=0,1,2,\cdots) \tag{4-8}$$

如果已知入射光波长 λ，并测得第 K 级暗环的半径 r_K，则可由式(4-8) 计算出透镜曲率半径 R。

观察干涉条纹时将会发现，牛顿环中心并不是一点，而是一个不甚清楚的暗或亮的圆斑，其原因是透镜和平玻璃板接触时，由于接触压力引起形变，使接触处不再是一点，而是一个圆面；另外，镜面上可能有微小灰尘等存在，从而引起附加的光程差。这都会给测量带来较大的系统误差。

可以取两个暗条纹半径的平方差值来消除附加的光程差。设附加厚度为 a，则

$$\delta=2(e\pm a)+\frac{\lambda}{2}=(2K+1)\frac{\lambda}{2} \tag{4-9}$$

即

$$e=K\frac{\lambda}{2}\pm a$$

将上式与式(4-6) 联立

得：

$$r^2=KR\lambda\pm 2Ra \tag{4-10}$$

取第 m、n 级暗条纹，对应的暗环半径分别为：

$$r_m^2=mR\lambda\pm 2Ra$$

$$r_n^2=nR\lambda\pm 2Ra \qquad r_m^2-r_n^2=(m-n)R\lambda$$

由于上式与 a 无关，且圆环中心不易确定，以直径替换半径得

$$D_m^2-D_n^2=4(m-n)R\lambda \tag{4-11}$$

所以：

$$R=\frac{D_m^2-D_n^2}{4(m-n)\lambda} \tag{4-12}$$

【实验仪器】

钠灯、牛顿环、读数显微镜。

【实验内容】

1. 调整测量装置

将实验装置按图 4-13 放好，由于干涉条纹间隔很小，故需用读数显微镜。

① 调节 45°玻璃片，使显微镜视场中最亮，这时基本上满足入射光垂直于透镜的要求。

② 放上牛顿环，干涉条纹中心大致对准镜筒，从镜筒外观察，把镜筒缓慢落下，即将接触牛顿环。

③ 在镜筒中观察，同时缓慢提升镜筒，

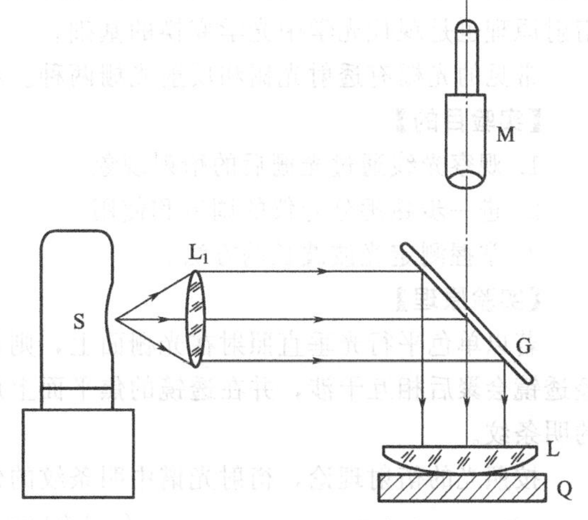

图 4-13 用牛顿环测量透镜曲率半径实验装置

直到看到清楚的干涉条纹。

④ 旋转目镜筒，使十字准线中的横线与镜筒外面的毫米刻度主尺平行，纵线与之垂直。

2. 测量牛顿环的直径

(1) 观察牛顿环的分布特征　转动鼓轮，使镜筒左右移动，观察一下牛顿环的分布特征。

(2) 转动鼓轮，使十字准线中的纵线分别与牛顿环条纹相切，从中心依次往外数，一直数到 38 级。

(3) 反向转动鼓轮，使纵线与第 35 级条纹相切，并记下位置读数。

(4) 按实验室要求的级数分别记录下读数，特别需要指出的是，在此过程中，显微镜筒或鼓轮只允许向一个方向移动和转动，中途不准有倒转现象，以避免回程误差，否则重来。

(5) 十字准线竖线过牛顿环中心后（指干涉条纹中心）继续向前移动，记录相应的读数。

(6) 计算　用逐差法处理数据，求出直径平方差的平均值$\overline{D_m^2-D_n^2}$，代入式(4-7) 求出曲率半径 R。

(7) 计算不确定度 U_R

$$R \pm U_R =$$

$$\lambda = 5893\text{Å},\ U_{m-n} = 0.2$$

$$\Delta_{仪} = 0.015\text{mm}$$

$$\frac{U_R}{R} = \frac{U_{\overline{D_m^2-D_n^2}}}{\overline{D_m^2-D_n^2}} + \frac{U_{m-n}}{m-n}$$

【思考题】

1. 透射光的牛顿环怎样观察？

2. 为什么说读数显微镜测量的是牛顿环的直径，而不是显微镜内牛顿环的放大像的直径？如果改变显微镜的放大倍数，是否会影响测量结果？

实验 21　用光栅测量光波的波长

光栅是由一系列等宽、等间距的平行狭缝组成的光学元件。它具有很高的分辨本领，许多色谱仪和单色仪都用它作色散元件。因此光栅广泛用于光谱分析和分光光度测量中，光栅衍射原理也是现代光学中光学变换的基础。

常见的光栅有透射光栅和反射光栅两种。本实验使用的是透射光栅。

【实验目的】

1. 观察光线通过光栅后的衍射现象。

2. 进一步熟悉分光仪的调节和使用。

3. 掌握测定光波波长的方法。

【实验原理】

若以单色平行光垂直照射在光栅面上，则透过各狭缝的光线因衍射将向各个方向传播。经透镜会聚后相互干涉，并在透镜的焦平面上形成一系列被相当宽的暗区隔开的、间距不同的明条纹。

按照光的衍射理论，衍射光谱中明条纹的位置由下式决定：

$$(a+b)\sin\varphi_k = \pm k\lambda$$

或 $$d\sin\varphi_k=\pm k\lambda \quad (k=0,1,2,\cdots) \tag{4-13}$$

式中，$d=a+b$，称为光栅常数；λ 为入射光的波长；k 为明条纹的级数；φ_k 是 k 级明条纹的衍射角，如图 4-14，如果入射光不是单色光，则由式(4-13) 可以看出，对应不同的波长，其衍射角也不同，于是透射光将被分解，而在中央 $k=0$、$\varphi_k=0$ 处，光仍重叠在一起，组成中央明条纹。在中央明条纹的两侧对称地分布着 $k=1$，2，3，…级条纹，各级光谱按波长大小顺序依次排列成一组彩色条纹，这样就把复色光分解为单色光，如图 4-14 所示的情形。

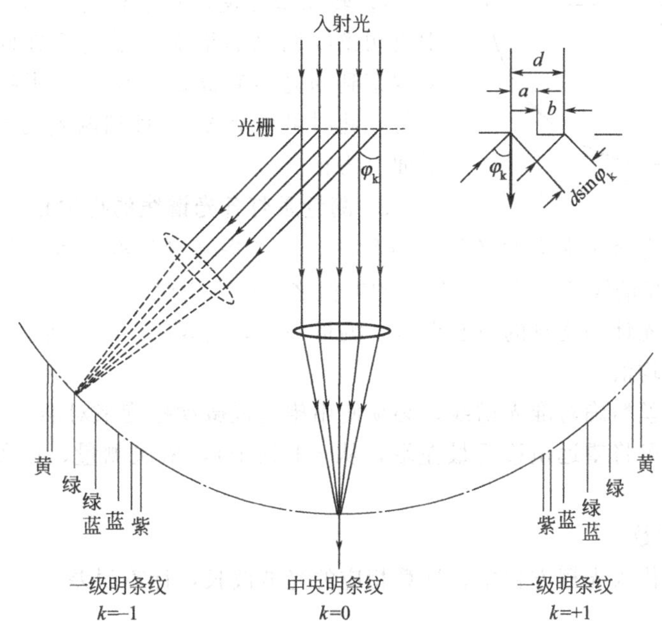

图 4-14 光线经过光栅后衍射现象

如果已知光栅常数 d，用分光计测出 k 级光谱中某一明条纹的衍射角 φ_k，按式(4-13) 光栅方程即可计算出该谱线所对应的单色光的波长 λ。

【实验仪器】

分光计、透射光栅、汞灯。

【实验内容】

1. 调整分光计

具体的调整方法见分光计的调整实验。本实验中的调整要求如下。

① 使望远镜对准无穷远。

② 望远镜轴线与分光计中心轴线相垂直。

③ 平行光管出射平行光。

狭缝宽度调至约 1mm，并使狭缝与叉丝竖线平行，叉丝交点恰好在狭缝像中点，并注意消除视差；调好后把望远镜固定。

2. 安置光栅

安置光栅要求达到以下几点。

① 入射光垂直照射光栅表面，否则光栅方程不能适用。

② 平行光管狭缝与光栅刻痕相平行。

具体步骤如下。

① 将光栅按图 4-15 所示，放在载物台上。先用目视法使光栅平面和平行光管轴线大致垂直，然后以光栅面作为反射面，用自准法调节光栅面与望远镜轴线相垂直。注意：望远镜已调好，不能再调，只能调节载物台下的两个螺钉 V_1 与 V_2，使得从光栅面反射回来的叉丝像与原叉丝相重合。随后固定载物台。

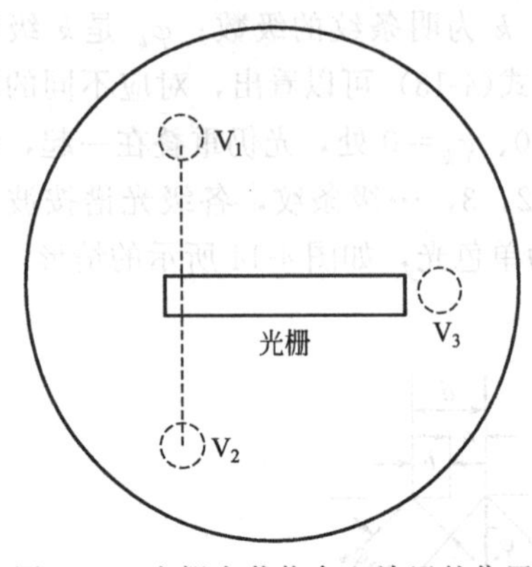

图 4-15　光栅在载物台上放置的位置

② 转动望远镜，观察衍射光谱的分布情况，注意中央明条纹两侧的衍射光谱是否在同一水平面内。如果观察到的光谱有高低变化，说明狭缝与光栅刻痕不平行，此时可调节 V_3，直到两侧的光谱基本在同一水平面上为止。

3. 测量汞灯各光谱线的衍射角

(1) 由于衍射光谱对中央明条纹是对称的，为了提高测量准确度，测量第 k 级的光谱时，应测出 $\pm k$ 级光谱线的位置，两位置的差值之半即为衍射角 φ_k。

(2) 为消除分光计刻度盘的偏心误差，测量每一条谱线时，在刻度盘上的两个游标都要读数，然后取其平均值。

(3) 为了使叉丝精确对准光谱线，必须使用望远镜微动螺旋来对准。

(4) 测量时，可将望远镜移至最左端，从-1到$+1$，依次测量，以免漏测数据。测量次数按要求做。

4. 记录光栅常数

将测得的数据代入光栅方程中，计算相应的光波波长，计算误差。

$$\varphi_k=\frac{1}{4}(\overline{\varphi}_{左}+\overline{\varphi}_{右}+\overline{\varphi}_{-左}+\overline{\varphi}_{-右})$$

$$\lambda=d\sin\varphi_k$$

d 为光栅常数

$$U_\lambda=d\cos\varphi U_\varphi$$

$$U_\varphi=\Delta_{仪}+\Delta\overline{\varphi}$$

$$\Delta_{仪}=2'$$

$$\lambda\pm U_\lambda=$$

【注意事项】

1. 光栅是精密光学元件，严禁用手触摸刻痕，实际上光栅是照相法复制的光栅。

2. 汞灯与限流器串联，不能直接把汞灯接到 220V 电源上，不要直视汞灯。

【思考题】

1. 光栅光谱和棱镜光谱有哪些不同之处？

2. 利用实验装置怎样测定光栅常数？

3. 当狭缝太宽、太窄时将会出现什么现象？为什么？

实验 22　照相技术

实验 22-1　黑白照相

照相能够真实、迅速地把物体的形象记录下来，是一种重要的实验手段。它常被用来记录实物形象、实验过程或某些瞬变过程的图象，以供日后分析研究或作为资料保存。因此，在很多的领域都有广泛应用。本实验只对拍摄、冲洗和印相的基本原理和方法作一般的介绍。

在实验中，使用照相机前，应弄清每一机件的性能和操作方法。操作要轻缓，不可用力过猛，否则极易损坏照相机。冲洗和印相应严格遵守暗室操作规则。

【实验目的】

1. 了解拍摄、冲洗和印相的基本原理。
2. 学会拍摄、冲洗和印相的操作方法。

【实验原理】

1. 底片

常用的底片是在片基上均匀涂上一薄层卤化银微粒乳胶而制成的。在光照作用下，卤化银微粒还原出少量金属银原子而形成潜像。经显影后潜像就成为黑色的图像。底片上某点的黑度 D 与该点吸收的光能有关。当显影条件相同时，黑度仅取决于吸收的光能。底片吸收的光能用曝光量 H 表示，它与照度 E 和曝光时间 t 有关，即 $H \propto Et$。底片黑度 D 与曝光量 H 的对数 $\lg H$ 之间的关系见图 4-16。这一图线称乳胶感光特性曲线。ab 段表示黑度几乎不变，这时底片虽已曝光，但光太弱或时间太短，底片的黑度与未曝光时比较，变化不大；bc 段接近于一条直线，D 与 $\lg H$ 近似成正比，恰好能适应人眼对不同亮度的视觉特性，此段为正常曝光区域；cd 段的黑度也几乎不变，这是因为曝光量过大，底片全黑了。

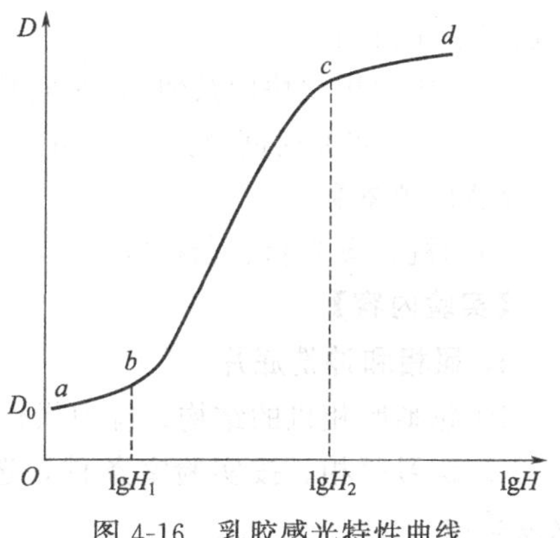

图 4-16　乳胶感光特性曲线

在拍摄和印相时，曝光量应选择在正常曝光区域 bc 段。bc 的斜率称反差系数 γ。γ 的大小表示底片在不同曝光量时黑白对比和层次分明的程度。

2. 照相过程

(1) 拍摄　根据底片的感光特性及当时的照明条件，选择恰当的曝光量将底片曝光，使其在底片中形成潜像。

(2) 显影　显影的作用是使有潜像的底片在显影液的化学作用下，以潜像上已析出的银原子为显影中心，将附近卤化银微粒的银原子还原出来。感光的部分具有较多的显影中心，析出的银就多，感光弱的部分显影中心少，析出的银就少；没有感光的部分，没有显影中心，就没有银析出。显影一定时间后，发黑程度不同的一幅黑白图像就会显现出来。

(3) 定影　显影后的图像不稳定，需经过定影处理。定影的作用是将底片上未起光化作用的卤化银微粒从片基上溶去，以防止它们继续感光变黑，将所拍摄的图像掩盖掉。操作时，只需将显影好的底片投入定影液中，经过一定的时间即可。

(4) 水洗　用水冲去留在底片上的定影液，否则，时间久后将使底片变色。水洗后将底片晾干，就得到一张黑白层次与实物相反的底片，欲要得到与实物亮暗相同的照片，再经过一个黑白层次的反转过程，通称为印相。

3. 照相机的基本结构

(1) 机身　机身的式样较多，有折合式、暗箱式、拉管式等。基本结构是镜头和底片之间形成一段遮暗了的空间，常称暗箱，其间的长短刚好等于像距。

(2) 镜头　镜头是一个会聚透镜。为了校正像差，并具有较高的分辨能力，镜头常由多片透镜组成。它的焦距标在外边。

光圈：光圈由一组金属薄片组成。它安装在镜头和底片之间，其通光孔可以连续增大或缩小。用它来控制到达感光底片上的光强 I_0。光强 I_0 与光圈直径 d 和镜头焦距 f 之间的关系为：

$$I_0 \propto \left(\frac{d}{f}\right)^2$$

式中，$\frac{d}{f}$为相对孔径。一般用$\frac{f}{d}$表示光圈的大小，称为光圈数，如 3.5、4、5.6、8、11 等。

光圈的另一个作用是调节景深。景深是指底片上能够获得清晰像的最远和最近物体之间的距离。光圈小，景深小；光圈大，景深大。

(3) 快门　快门是用来控制底片曝光时间长短的机构，常用快门有两种：①中心快门；②焦点平面快门。

开启快门用“快门按钮”，时间长短由当时的光线情况确定。如 1/2，1/4，…，1/125，1/300 等。若曝光时间超过 1s，可用 B 门，时间由手控制。

【实验仪器】

照相机、曝光箱、药槽等。

【实验内容】

1. 照相和冲洗底片

① 熟悉照相机的结构，练习操作方法。

② 练习照相。按实验室条件，选择适当的光圈和快门速度，调节像距，使成像清晰，反复练习。

③ 装底片（上胶卷）。

④ 照相。记录拍摄的光圈数和曝光时间和底片的 DIN 数。

⑤ 冲洗底片。记下显影和定影的时间。

⑥ 对拍摄的底片进行分析。

2. 印相

① 根据底片的反差程度选择相纸。

② 印相时注意使相纸的药膜面朝上。

③ 显影时可开红灯，观察显影情况。在红灯下观察时，影调要偏深一些，这样在白光下方才正常。

④ 试验确定曝光时间。参考实验室给定的数据，用小块相纸实验。当室温 18～20℃时，0.5min 左右显出影像，表示基本正常。

印好一张照片后，与实验室陈列照片比较，进行分析，再进行实验，以确定最佳曝光时间。

⑤ 用确定的最佳曝光时间印相。

【思考题】

1. 印好一张照片的关键是什么？

2. 正确使用照相机应注意哪些问题？

实验 22-2　彩色照片的扩印

目前，彩色摄影已广泛应用于科学技术和日常生活的各个领域。一个工程技术人员了解和掌握一些彩色摄影和洗印的知识与技术是很有必要的。

【实验目的】

1. 了解彩色摄影的原理和彩色感光材料的基本结构。

2. 了解彩色照片的扩印方法。

【实验原理】

1. 彩色摄影的基本知识

我们知道，白光是由红、绿、蓝三种光等量混合而成的。因此，称红、绿、蓝为三原色。但白光也可以由两种色光混合而成，如红光与青光、绿光与品红光、蓝光与黄光等。这两种能组成白光的色光互为补色。每种补色光可以由两种原色光组成；每种原色光又可用两种补色光组成。三原色与三补色的叠加结果如图 4-17 所示。

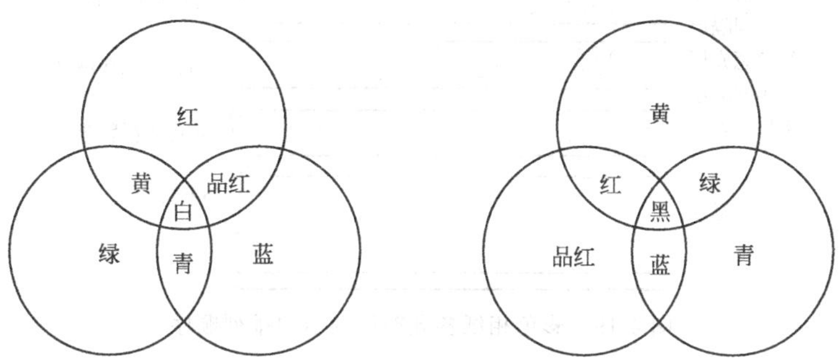

图 4-17　三原色与三补色的叠加结果

彩色摄影就是根据三原色原理，通过色的分解和色的合成两个阶段，使被摄景物的颜色在照片上还原。运用照相机的镜头把被摄景物的颜色分解为三原色并按其强弱分别记录在照片上的过程，叫做色的分解。将三原色综合起来，使景物的颜色得以再现的过程，叫做色的综合。色的综合可以用色光相加的原理，以三原色相加得到，也可以从三补色中减去蓝、绿、红而获得。近代彩色感光材料，大部分是根据减色法原理制造的。

2. 彩色感光材料的基本结构

彩色感光材料有摄影用的负片、用于幻灯的反转片、拷贝用的正片、相纸等，这里只介绍负片及相纸的基本结构。

(1) 负片　彩色负片的片基上涂有感蓝、绿、红三种色光的三层乳剂，如图 4-18 所示。除蓝色感光层外，绿色感光层与红色感光层中都加入一定量相适应的光学增感染料，它是不产生颜色的，因此在三层乳剂中要加入成色剂，在蓝色感光层里加黄成色剂，在绿色感光层里加品红成色剂，在红色感光层里加青成色剂。成色剂是一种能生成染料的化学药品。在显

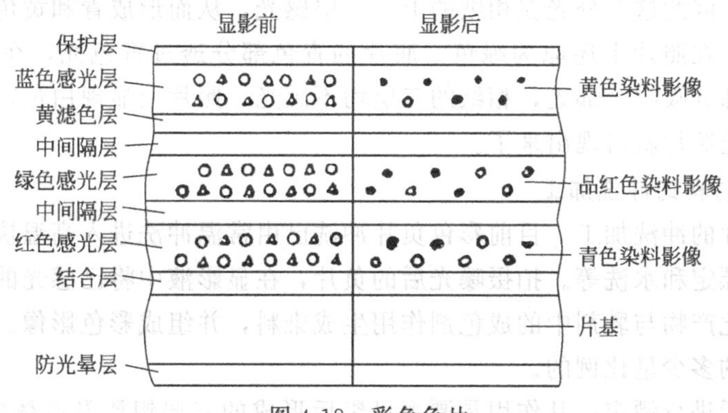

图 4-18　彩色负片

影过程中，成色剂与彩色显影剂里的氧化物发生反应后，在银盐还原的同时生成染料影像，从而获得彩色影像。

彩色负片的蓝色感光层下涂有黄滤色层，其作用是吸收蓝光，使下面的两层乳剂不受蓝光干扰。

(2) 彩色相纸　彩色相纸的感光剂涂在树脂纸基上，各乳剂层的结构排列顺序与负片相反，如图 4-19 所示。经显影后，红色感光层生成青色染料影像；绿色感光层生成品红染料影像；蓝色感光层生成黄色染料影像。

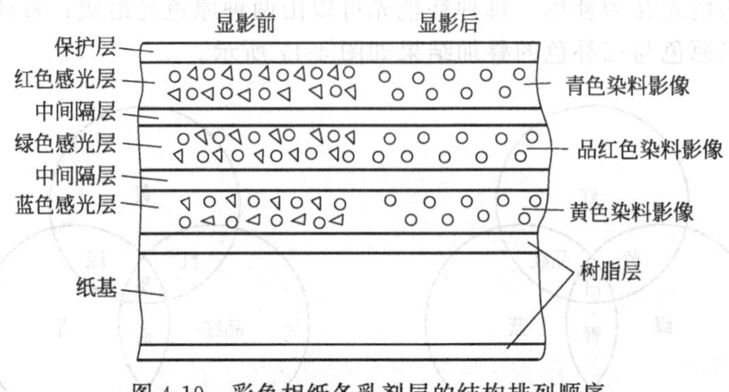

图 4-19　彩色相纸各乳剂层的结构排列顺序

由于其结构特点，如彩色片的三层乳剂感光性能平衡时，经过拍摄冲洗后就能正确再现原景物的色彩，达到色彩平衡。如果某一乳剂感光快了，就会偏某一种颜色而失去色彩平衡，所以，拍摄彩色片，对光源的色温、拍摄的位置、周围的环境及背景都比黑白片要求严格，特别对曝光的准确性要求更严。曝光量过大或过小，随着景物亮度的增减，颜色的饱和度都会大大降低。拍摄时光线反差也不易过大，否则暗的地方因颜色过暗而改变颜色，而最亮的地方则色彩淡薄或失去颜色。

3. 颜色的再现

彩色负片和彩色相纸都涂有三层感光剂，它们含有不同性能的成色剂，分别感受不同的色光，形成不同的彩色影像。原景物被负片以补色记录，再用相纸从负片印出与原景物色彩相同的照片。扩印彩色照片时，底片白色部分透过蓝、绿、红光使相纸的三层乳剂都感光，显影后分别出现黄、品红、青三补色叠合，照片上出现黑色。底片上的黄色部分只透过黄光，因黄光是绿光与红光的混合光，因此，黄光在彩色相纸上中层感光，显影后形成青和品红染料，这两种颜色在照片上叠合成蓝色。底片上的品红部分只透过品红光，品红光是蓝、红色光的混合光，因此这部分光在相纸的上、下层感光，从而形成青和黄色染料，这两种颜色的叠合为绿色，在照片上还原为绿色。底片的青色部分透过青色光，在照片上还原为红色，底片的黑色部分吸收全部光，相纸的三层均不感光，照片上显现白色，一幅与原景物色彩基本相同的彩色照片就再现出来了。

4. 彩色感光材料的冲洗加工

(1) 彩色负片的冲洗加工　目前彩色负片冲洗已由常温冲洗进入高温快速冲洗。冲洗过程主要有显影、漂定和水洗等。拍摄曝光后的负片，在显影液中将已感光的卤化银还原成银粒，同时它的氧化产物与乳剂中的成色剂作用生成染料，并组成彩色影像。染料生成的多少是与产生金属银的多少呈比例的。

彩显及水洗后进行漂定，其作用是漂去显影后形成的三层银影及胶体银、黄色滤色层，只留下由染料构成的彩色显影。同时定影剂将负片上没有感光的卤化银及被漂白剂氧化生成的亚铁氰化银都溶解在漂定液中，然后进行水洗、干燥。各程序的温度及时间都需严格控制。

(2) 彩色相纸的冲洗加工　冲洗过程有显影、水洗、漂定和干燥。显影液使被感光层还原成黑白银像的同时，显影剂的氧化产物在银影的部位与成色剂化合生成染料，上层感光层生成青色染料，中层生成品红染料，下层生成黄色染料。显影后水洗进行漂白定影，漂白剂使黑白银影转化成可溶性的银化合物，而定影剂则溶解这些化合物和仍在乳剂中未被感光的乳化银，当银影被全部漂定掉后，剩下的就是这些染料组成的彩色影像照片了。

冲洗的温度和时间也要严格控制。

5. 校色

校正偏色是用减色法进行的，用青、品红、黄三补色的滤色片校色。一般每种颜色的滤色片按其密度不同分为十一张，校色时用这三种滤色片不同密度的多种组合来完成。本实验所用设备附有彩色分析仪和旋转式混色头，混色头可以进行三种颜色的连续调节。

减色法校色的原则是：照片上偏某一补色，就增加该色的片值；偏某一原色，就减少其补色的片值，见表 4-1。

表 4-1　减色法校色

彩色偏差	滤色片的补偿	作用
偏黄	加黄片值	减黄色，增蓝色
偏品红	加品红片值	减品红色，增绿色
偏青	减黄、品红片值	减青色、增红色
偏蓝	减黄色片值	增黄色、减蓝色
偏绿	减品红片值	增红色、减绿色
偏红	加品红、黄片值	增青色、减红色

【实验仪器】

彩色扩印机、彩显恒温箱等。

【实验内容】

1. 准备工作

① 将恒温冲洗箱调到实验室给定的温度，通电加热，将显示屏挡住，显影架放在适当位置，三药槽自左至右，依次为显影液、水、漂定液，实验前要更换水槽中的水。

② 彩色分析仪的 220V 输出插头接到扩印机电源；扩印机电源的 12V 输出端接到混色头。

③ 接好彩色分析仪探头，并将彩色分析仪接电，预热 5min，混色头青色旋钮调到零。

④ 关闭室内灯，将彩色分析仪 FOCUS 开关向下拨，扩印机灯泡亮，检查扩印机是否漏光，检查后上拨 FOCUS 开关，关扩印机灯。

2. 校色

① 取一张密度适中，人物、景物各种颜色均有且在画面上分布较均匀的底片。

② 将底片药面向下夹在底片夹中，四周不能露白边，推入扩印机正面间隙处，旋下镜头，换上彩色分析仪探头，并使其引线向外。

③ 将彩色分析仪 FOCUS 开关向下拨，扩印机灯亮则调节聚焦旋钮，改变皮腔长度，

直到彩色分析仪上红、绿指示灯都亮。

如底片太厚，则绿灯不亮，把皮腔缩到最短；底片太薄，红灯不亮，把皮腔伸到最长处验光，但这两种情况测出的偏色值都不准确。

④ 根据实验室给出的各种胶卷的档次，按下“1”到“4”的相应按键，再按 M 键。

⑤ 调节混色头上 M（品红）旋钮，使彩色分析仪显示“50”。

⑥ 按下彩色分析仪 Y（黄）键，调节混色头黄旋钮，使彩色分析仪显示“50”。

⑦ 重复④、⑤、⑥，使显示数精确。

⑧ 向上拨 FOCUS 开关，灯泡灭，取下探头，换上镜头，注意勿扭伤镜头丝扣！

3. 确定曝光时间

① 将镜头光圈调至最大，下拨 FOCUS 开关，扩印机灯亮，关暗室灯，升降机头高度以调节放大率；调节皮腔调好焦距。

② 将探头小孔放在人物的脸部，按下彩色分析仪 D 键，显示曝光时间（显示值除以 20 为曝光时间），上拨 FOCUS 开关，开暗室孔。

③ 旋彩色分析仪 SECONDS 钮（每挡为 1s）、FINE 钮（每挡 0.1s），调好时间。

④ 关暗室灯，下拨 FOCOS 开关，再细调焦距，移动尺板，取好景。

⑤ 上拨 FOCUS 开关，遮挡所有光线，取出相板，药面向上放在尺板上，抚平。

⑥ 按下彩色分析仪 TIME 曝光按钮，自动曝光后，取下相纸，藏好，准备冲洗。

4. 冲洗

待全部相纸曝光后集中冲洗，每次可冲洗 16 张。

① 将相纸向药品折弯，两张一起背靠背依次整齐地放入显影架，同时向上拨计时开关。摇动显影架，每分钟摇动 10s。

② 显影 3.25min 后，将显影架提入水槽，5min 后提入漂定槽，计时，1.25min 就可以结束。

③ 开室内灯，把照片提至水盆冲洗 3min，取出晾干或吹干。

④ 将药槽盖好，把显影架擦干备用。

【注意事项】

1. 冲洗机温度计指示温度与药水温度略有差异，需将温度提高 1.8℃。

2. 冲洗机在通电加热前一定要在水箱中加适量水，水面与药液面基本一致，并浸没电加热管，温度计的两根导线接牢，否则开机后水箱总处于加热状态。

3. 实验前必须仔细检查各个插头，必须正确连接，勿使 220V 插头直接接灯泡。

4. 实验中尽量缩短调节时间，及时上拨 FOCUS 开关，勿使灯泡长时间点燃，造成灯泡及滤光片烧毁。

5. 彩色分析仪的四个通道按钮及 M、Y、D 三个按键，切勿同时按下，否则造成开关全部锁定，不能使用。

6. 保持扩印机清洁，避免手指及硬物触及镜头。

7. 冲洗时勿使漂定液落入显影液，以免造成显影液失效。

第五章　近代物理及综合性实验

实验 23　声速的测定

声波是在弹性媒质中传播的一种机械波，振动频率在 20～20000Hz 的声波称为可闻声波，频率超过 20000Hz 的声波为超声波。对于声波特性的测量（如频率、波长、波速，声压衰减和位相等）是声学的重要内容，如波速（声速）的测量在声波定位、探伤、测距中有着广泛的应用。

本实验集力、热、声、电诸学科，是一项综合性实验项目。

【实验目的】

1. 学习用共振干涉法和相位比较法测量超声波在空气中的传播速度。
2. 加深对驻波和振动合成等理论知识的理解。
3. 了解压电换能器的功能和培养综合使用仪器的能力。

【实验原理】

由于超声波具有波长短、易于定向发射等优点，所以在超声波段进行声速测量是比较方便的。超声波的发射和接收一般通过电磁振动与机械振动的相互转换来实现，最常见的是利用压电效应和磁致伸缩效应。

声速 v、声源振动频率 f 和波长 λ 之间的关系为：

$$v = f\lambda \tag{5-1}$$

由上式可知，测得声波的频率 f 和波长 λ，就可求得声速 v，其中声波频率 f 可通过频率计测得，本实验的主要任务是测出声波波长 λ。常用的方法有共振干涉法（驻波法）和相位比较法。

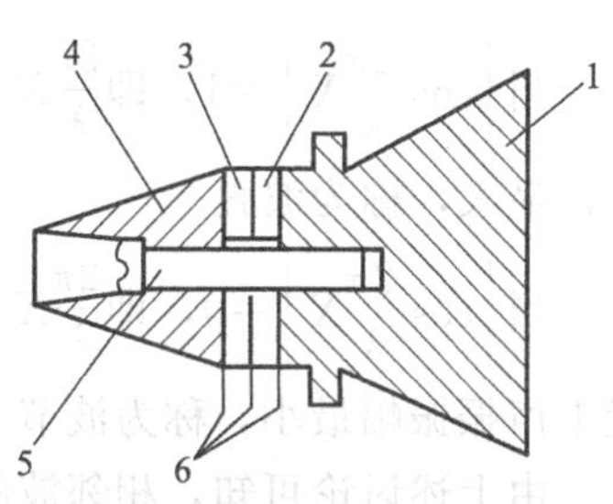

图 5-1　压电陶瓷超声换能器

1—铝关；2，3—压电陶瓷圆环；4—黄铜尾部；5—螺钉；6—磷铜片引出头

1. 超声波的获得——压电换能器

本实验采用压电陶瓷换能器来实现声压和电压的转换，其结构如图 5-1 所示，主要由压电陶瓷环片和轻、重两种金属组成。压电陶瓷片由一种多晶结构的压电材料（如钛酸钡、锆钛酸铅）制成。在压电陶瓷片的两个底面加上正弦交

变电压，它就会按正弦规律发生纵向伸缩，即厚度按正弦规律产生形变，从而发出超声波；同样压电陶瓷片也可以使声压转化为电压，用来接收信号。

压电换能器产生的波具有平面性、单色性及方向性强等优点，同时可以控制频率在超声波范围内，使一般的音频对它没有干扰。当频率提高时，其波长就变短，这样能在不长的距离内测到许多个波长，用逐差法取其平均值，测定波长比较准确，这些都可以提高测量的精度。

2. 共振干涉（驻波）法测声速

实验装置如图 5-2 所示，图中 S_1 和 S_2 为压电陶瓷超声换能器。S_1 作为超声源（发射头），低频信号发生器输出的正弦交变电压信号接到换能器 S_1 上，使 S_1 发出一平面波。S_2 作为超声波接收头，把接收到的声压转换成交变的正弦电压信号后输入示波器观察。S_2 在接收超声波的同时还反射一部分超声波。这样，由 S_1 发出的超声波和由 S_2 发射的超声波在 S_1 和 S_2 之间的区域干涉，而形成驻波。

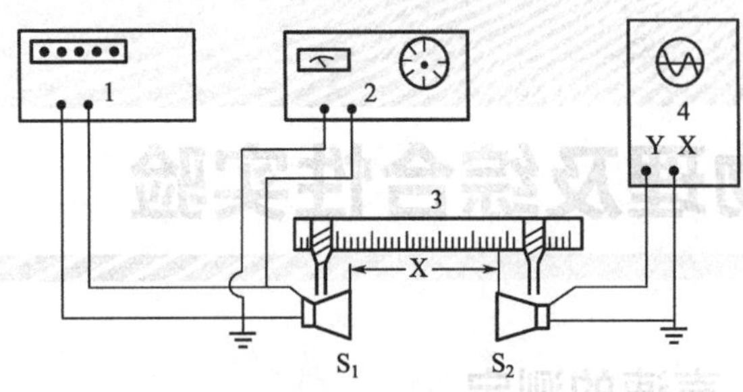

图 5-2　共振干涉法实验装置图

1—频率仪；2—低频信号发生器；3—声速测量仪；4—示波器；S_1，S_2—压电陶瓷超声换能器

波动理论指出，声源发出的声波（频率为 f），经介质到反射面，若反射面与发射面平行，入射波在反射面上就垂直反射。当声场中同时存在频率相同的两列波时，叠加结果讨论如下。

设沿 X 方向的入射波方程为：

$$Y_1 = A_1\cos\left(\omega t - \frac{2\pi}{\lambda}X\right)$$

反射波方程为：

$$Y_2 = A_2\cos\left(\omega t + \frac{2\pi}{\lambda}X\right)$$

式中，A 为声源振幅；ω 为角频率；$2\pi X/\lambda$ 为初位相。

当 $A_1 = A_2 = A$ 时，则介质中某一位置的合振动方程为：

$$Y = Y_1 + Y_2 = \left(2A\cos\frac{2\pi}{\lambda}X\right)\cos\omega t \tag{5-2}$$

上式即为驻波方程。

当 $\left|\cos\frac{2\pi}{\lambda}X\right| = 1$，即 $\frac{2\pi}{\lambda}X = k\pi$ 时，在 $X = k\frac{\lambda}{2}$（$k = 0$，1，2，…）的位置上，声振动振幅最大，称为波腹。

当 $\left|\cos\frac{2\pi}{\lambda}X\right| = 0$，即 $\frac{2\pi}{\lambda}X = (2k+1)\frac{\pi}{2}$ 时，在 $X = (2k+1)\frac{\lambda}{4}$（$k = 0$，1，2，…）的位置上声振振幅最小，称为波节。

由上述讨论可知，相邻波腹（或波节）的距离为 $\lambda/2$。

一个振动系统，当激励频率接近系统固有频率（本实验中压电陶瓷的固有频率）时，系统的振幅达到最大，通常称为共振。驻波场可看做一个振动系统，当信号发生器的激励频率等于驻波系统固有频率时，产生驻波共振，声波波腹处的振幅达到相对最大值。当驻波系统偏离共振状态时，驻波的形状不稳定，且声波波腹的振幅比最大值小得多。

在图 5-2 装置条件下，S_2 为自由端，当 S_1 和 S_2 之间的距离 L 恰好等于半波长的整数倍时，即

$$L=n\frac{\lambda}{2}\quad (n=1,2,\cdots) \tag{5-3}$$

示波器上观察到信号的幅度较大。不满足式(5-3)条件时，信号的幅度较小。在幅度较大时，仔细调节信号发生器频率，可找到信号幅度相对最大状态，即驻波共振态。对某一特定波长，可以有一系列的 L 值满足式(5-3)，所以在移动 S_2 的过程中，驻波系统也相继经历了一系列的共振态。由式(5-3)可知，任意两个相邻的共振态之间，即 S_2 所移动的距离为：

$$\Delta L=L_{n+1}-L_n=(n+1)\frac{\lambda}{2}-n\frac{\lambda}{2}=\frac{\lambda}{2}$$

所以当 S_1 和 S_2 之间的距离 L 连续改变时，示波器上的信号幅度每一次周期变化，相当于 S_1 和 S_2 之间距离改变了 $\lambda/2$。此距离 $\lambda/2$ 可由声速测量仪读数系统测得，频率 f 由数字频率计读得。根据式(5-1)可求得声速。

3. 位相比较法测声速

实验装置如图 5-3 所示，S_1 接低频信号发生器、数字频率计后接示波器的 X 轴，S_2 接示波器的 Y 轴，当 S_1 发出的平面超声波通过媒质到达接收器 S_2，在发射波和接收波之间产生相位差：

$$\Delta\varphi=\varphi_2-\varphi_1=2\pi\frac{L}{\lambda} \tag{5-4}$$

因此可以通过测量 $\Delta\varphi$ 来求得声速。

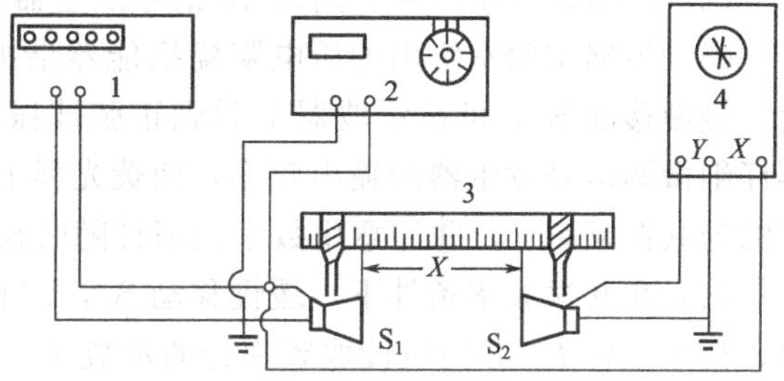

图 5-3　位相比较法实验装置图

1—频率仪；2—低频信号发生器；3—声速测量仪；4—示波器；S_1，S_2—压电陶瓷超声换能器

$\Delta\varphi$ 的测定用相互垂直振动合成的李萨如图形来进行。设输入 X 轴的入射波振动方程为：

$$X=A_1\cos(\omega t+\varphi_1)$$

输入 Y 轴而由 S_2 接收到的波动，其振动方程为：

$$Y=A_2\cos(\omega t+\varphi_2)$$

上两式中，A_1 和 A_2 分别为 X、Y 方向振动的振幅；ω 为角频率；φ_1、φ_2 分别为 X、Y 方向振动的初位相。则合成振动方程为：

$$\frac{X^2}{A_1^2}+\frac{Y^2}{A_2^2}-\frac{2XY}{A_1A_2}\cos(\varphi_2-\varphi_1)=\sin^2(\varphi_2-\varphi_1) \tag{5-5}$$

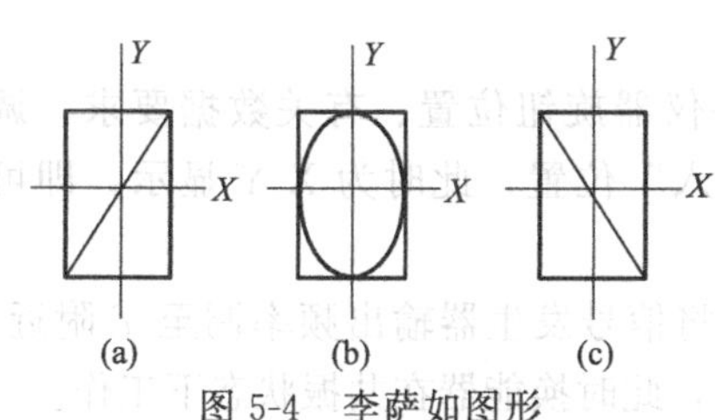

图 5-4　李萨如图形

此方程轨迹为椭圆，椭圆长短轴和方位由相位差 $\Delta\varphi=\varphi_2-\varphi_1$ 决定。当 $\varphi_2-\varphi_1=2k\pi$ 时，由式(5-5)得 $Y=\frac{A_2}{A_1}X$，即轨迹为处于第一和第三象限的一条直线［参看图 5-4(a)］。当 $\varphi_2-\varphi_1=(2k+1)\frac{\pi}{2}$ 时，得 $\frac{X^2}{A_1^2}+\frac{Y^2}{A_2^2}=1$，

则轨迹为以坐标轴为主轴的椭圆［参看图 5-4(b)］。当 $\varphi_2-\varphi_1=(2k+1)\pi$ 时，得 $Y=-\frac{A_2}{A_1}X$，则轨迹为处于第二和第四象限的一条直线［参看图 5-4(c)］。改变 S_2 和 S_1 之间的距离 L，相当于改变了发射波和接收波之间的位相差，荧光屏上的图形也随 L 不断变化，显然，每改变半个波长的距离 $\Delta L=\lambda/2$，则 $\varphi_2-\varphi_1=\pi$。随着振动的位相差从 $0\sim\pi$ 的变化，李萨如图形从斜率为正的直线变为椭圆，再变到斜率为负的直线。因此，每移到半个波长，就会重复出现斜率符号相反的直线。测得了波长 λ 和频率 f，根据式(5-1) 即可计算出室温下声音在媒质中传播的速度。

【实验仪器】

声速测量装置、低频信号发生器、数字频率计、示波器等（仪器使用方法参见附录 9～附录 11）。

【实验步骤】

1. 共振干涉法测声速

(1) 按图 5-2 连接好电路，使 S_1 和 S_2 靠拢并留有适当的间隙，且两端面平行而又与声速测量仪螺杆主轴垂直。

(2) 按附录 9 示波器、附录 10 信号发生器、附录 11 频率计，调节好每个仪器。

(3) 根据实验室给出的压电陶瓷换能器谐振频率 f，将信号发声器输出频率调至 f 附近。缓慢移动 S_2，可在示波器上看到正弦波振幅的变化，移到首次振幅较大处，固定 S_2，再仔细微调信号发生器的输出频率，使荧光屏上图形振幅达到最大。此时在数字频率计上读出的为共振频率 f，并注意用数字频率计随时校核频率变化的情况。

(4) 在共振频率条件下，缓慢移动 S_2，使其逐渐远离 S_1，当示波器上出现振幅极大值时，记下位置 L_0 并同时读取频率计的示数 f_0。

(5) 改变接收器 S_2 位置，由近而远，逐个记下各振幅极大时的 L_1，L_2，…，L_{11}，加上 L。共 12 个，并读取对应的 f_1，f_2，…，f_{11} 值。由于声波在空气中衰减较大，其振幅随 S_2 远离而显著变小，可将示波器的对应通道衰减器开关（VOLT/DIV）调大，使实验能继续下去。

(6) 记下实验时的室温 t。

(7) 用逐差法处理数据，算出波长 $\overline{\lambda}$ 以及 U_λ，计算共振频率的平均值 $\overline{f}$ 及 U_f，然后由式(5-1) 算出声速 v 及 U_v。列测量结果表示式 $v\pm U_v$。

(8) 按理论公式 $v_s=v_0\sqrt{T/T_0}$，算出 v_s。上式中，v_0 为 $T_0=273.15\text{K}$ 时的声速；$v_0=331.45\text{m/s}$，$T=t+273.15K$。

(9) 将 v 与 v_s 相比较，用百分误差表示。

2. 相位比较法测声速

(1) 按图 5-3 连接好电路，使 S_1 和 S_2 靠拢并留有适当的间隙，且两端面平行而又与声速测量仪精密螺杆垂直。

(2) 按附录 9 示波器、附录 10 信号发生器给出的各仪器旋钮位置、有关数据要求，调节好每个仪器。使 YB-4320 双踪示波器 X-Y 键置于“按入”位置，此时为 X-Y 显示，即可利用李萨如图形观察发射波与接收波的相位差。

(3) 根据实验室给出的压电陶瓷换能器谐振频率 f，将信号发生器输出频率调至 f 附近，缓慢移动 S_2，在示波器上看到椭圆或斜直线的李萨如图形，此时换能器在共振状态下工作。

(4) 在共振频率条件下，将 S_2 移至接近 S_1 处（不要相接触），再缓慢移动 S_2，当示波器上出现 45°斜线时，使图形稳定，记下 S_2 的位置 L_0，并同时读取频率计的示数 f_0。

(5) 改变接收器 S_2 的位置，由近而远，逐个记下示波器上直线由图 5-4(a) 变为 (c) 和由 (c) 变为 (a) 的声速测量仪上的读数 L_1，L_2，…，L_{11}，加上 L。共 12 个，并读取对应的 f_1，f_2，…，f_{11}。由于声波在空气中衰减较大，其振幅随 S_2 远离 S_1 而显著变小，可将示波器的对应通道衰减器开关（VOLT/DIV）调大，使实验能继续下去。

(6) 记下实验时的室温 t。

(7) 用逐差法处理数据，算出波长 $\overline{\lambda}$ 以及 U_λ，计算共振频率的平均值 $\overline{f}$ 及 U_f，然后由式(5-1) 算出声速 v 及 U_v。列测量结果表示式 $v \pm U_v$。

(8) 按理论公式 $v_s = v_0\sqrt{T/T_0}$，算出 v_s。上式中，v_0 为 $T_0 = 273.15K$ 时的声速，$v_0 = 331.45\text{m/s}$，$T = t + 273.15K$。

(9) 将 v 与 v_s 相比较用百分误差表示。

【注意事项】

1. 实验前应先了解压电换能器的频率 f。
2. 在实验过程中要保持激振电压值不变。
3. 在实验过程中用数字频率计监视信号发生器输出频率，每次读取 L_i 值时均应记下对应的 f_i 值。最后计算时，可取 f_i 的平均值。

【思考题】

1. 测声速用什么方法？具体测量哪些物理量？
2. 如何调节与判断测量系统是否处于共振状态？
3. 为什么要在换能器共振状态下测定声速？
4. 实验装置中，发射器 S_1 能否用扬声器，接收器能否用话筒来代替？

实验 24　迈克尔逊干涉仪

迈克尔逊干涉仪是一种在近代物理和近代计量技术中有着重要影响的光学仪器，迈克尔逊（Michelson）和他的合作者曾经利用这种干涉仪完成了著名的迈克尔逊-莫雷“以太”漂移实验、标定米尺及推断光谱线精细结构等重要工作，为物理学发展做出了重要贡献。

迈克尔逊干涉仪的基本结构和设计思想，给科学工作以重要启迪，并为后人创立多种其他形式的干涉仪打下了基础。

【实验目的】

1. 了解迈克尔逊干涉仪的构造原理和调节方法。
2. 观察等倾干涉、等厚干涉条纹的特点和形成条件。
3. 用迈克尔逊干涉仪测量氦-氖激光的波长。
4. 观察钠双线的波长差。

【实验原理】

迈克尔逊干涉仪的光路如图 5-5 所示。从光源 S 发出的光束，被分光板 G_1 后表面的半反半透膜分成强度近似相等的两束光：反射光 1 和透射光 2。M_1 与 M_2 为平面反射镜，镜面与 G_1 呈 45°，反射光 1、透射光 2 两束光经 M_1、M_2 反射后在 O 区相遇，发生干涉。

G_2 为补偿板，它的材料、厚度均与分光板相同，并且与 G_1 平行。因此，两束光的光程差与玻璃中的光程差无关。平面镜 M_1、M_2 的左右俯仰，可以通过调节它们背面的调节

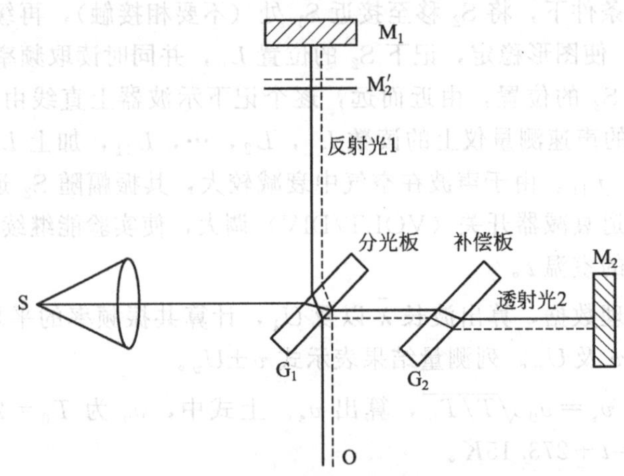

图 5-5　迈克尔逊干涉仪光路图

螺钉来调节（图 5-6 中的 5、8）。M_2 的更精细调节还可以通过调节其下面一对方向相互垂直的拉簧螺钉（图 5-6 中的 11、15）来实现。

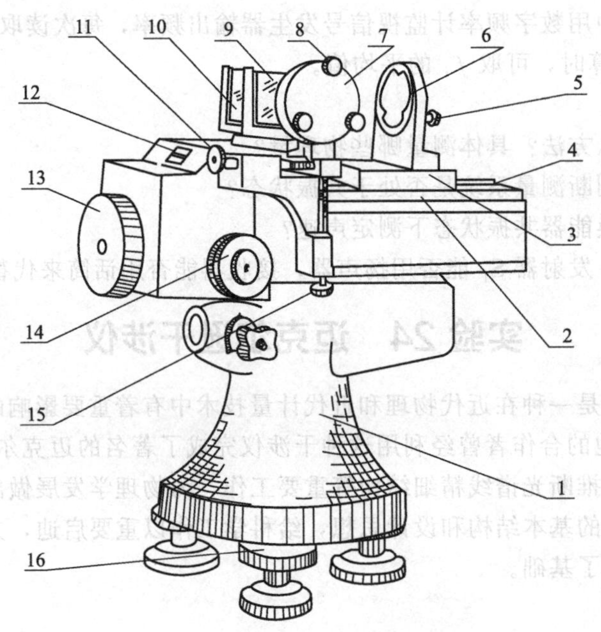

图 5-6　迈克尔逊干涉仪结构图

1—底座；2—导轨；3—拖板；4—精密丝杠；5，8—调节螺钉；6—可移动反射镜 M_1；7—固定反射镜 M_2；9—补偿板 G_2；10—分光板 G_1；11—水平拉簧螺钉；12—读数窗口；13—粗调手轮；14—微调鼓轮；15—垂直拉簧螺钉；16—水平调节螺钉

M_2 的位置是固定的，而 M_1 可以在精密导轨 2 上前后移动以改变两束光之间的光程差。它的位置及移动的距离，可以从干涉仪的毫米标尺读数窗口 12 及微调鼓轮 14 读出。粗调手轮 13 每旋转一周，动镜 M_1 移动 1mm，其数值可由读数窗口读出，它共分 100 个格，每一小格为 1/100mm。微调鼓轮每旋转一周，M_1 移动 1/100mm。它又分为 100 个小格，因此干涉仪的分度值为 10^{-4}mm/格。

图 5-5 中，M_2'是平面镜 M_2 由 G_1 半反射膜形成的虚像。观察者从 O 处观察，透射光 2

好像从 M_2' 射来的。因此干涉仪所产生的干涉条纹，和由平面 M_1 与 M_2' 之间的空气层所产生的干涉条纹是完全一样的。下面讨论的各种干涉条纹的形成，都是这样考虑的。

1. 等倾干涉

调节 M_1 与 M_2 相互垂直，即 M_1 和 M_2' 相平行，这时以倾角 i 入射的光线，经 M_1、M_2' 反射后成为 1、2 两平行光，如图 5-7 所示，它们的光程差

$$\Delta L = AB + BC - AD = 2d\cos i \tag{5-6}$$

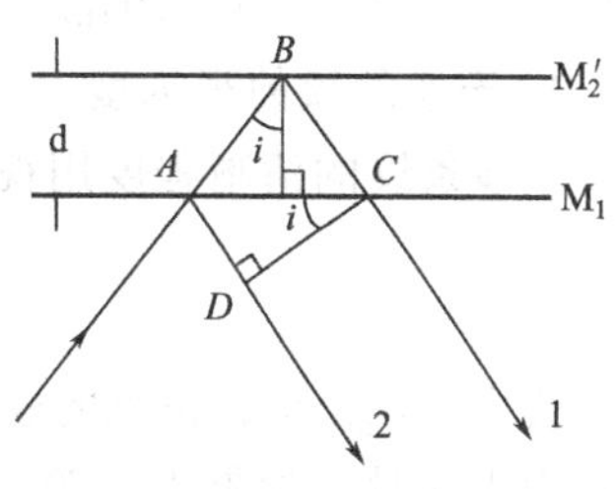

图 5-7　等倾干涉

式中，d 为 M_1 与 M_2' 之间的距离；i 为入射角。

由式(5-6) 可见，当 d 一定时，光程差只随入射角改变。即具有相同入射角的光线，将有相等的光程差。它们在无穷远处形成干涉条纹。若用透镜会聚光束，则在透镜焦平面上形成干涉条纹。由于同一干涉条纹的入射角 i 相同，称这种干涉为等倾干涉，所产生的干涉条纹为同心圆，其第 K 级亮纹形成条件为

$$2d\cos i = K\lambda \quad (K = 0, \pm 1, \pm 2) \tag{5-7}$$

式中，λ 为所用单色光的波长。由式(5-7) 可得出以下结论。

(1) 当 d 一定时，i 角越小，则 $\cos i$ 越大，因此光程差越大，形成的干涉条纹的级次越高，圆环的直径越小。当 i 角由零开始增大时，K 值由最大值起变小，各级条纹由粗而清晰变为细而模糊，间距由大变小。

(2) 对于干涉图像中某一级条纹，随着 d 变大，i 也随之变大，条纹向外扩张；反之，向中心收缩。因此随 d 的增大或减小，条纹从中心"冒出"或向中心"缩入"。当 d 增大或减小半个波长时，光程差 ΔL 就增大或减小一个波长，对应的就有一条条纹从中心"冒出"或"缩入"中心。当条纹"冒出"或"缩入" N 个条纹，则 d 的变化为

$$\Delta d = N\frac{\lambda}{2} \tag{5-8}$$

根据这个原理，如果已知入射光的波长 λ，并数出"冒出"或"缩入"圆环数 N，则 M_1、M_2' 之间的距离变化 Δd 可以由式(5-8) 求得。这就是利用干涉仪精密测量长度的原理。反之，通过干涉仪的精密螺杆机构，可以由 Δd 及 N 测出未知单色光的波长。

2. 等厚干涉

当 M_1 与 M_2' 有一个很小的交角 θ 时，它们之间形成楔形空气层，就会出现等厚干涉条纹，如图 5-8 所示。因为 θ 角很小，光束 1、2 之间的光程差仍可近似为

$$\Delta L = 2d\cos i \tag{5-9}$$

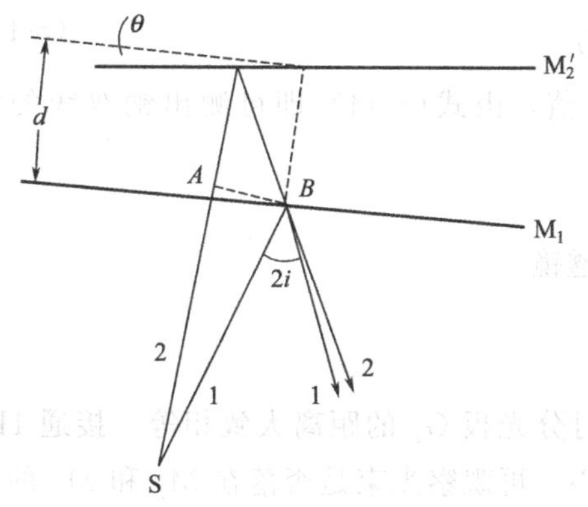

图 5-8　等厚干涉

式中，d 为观察点 B 处空气层的厚度；i 为入射角。在 M_1 与 M_2' 相交处，$d=0$，出现直线条纹，称为中央条纹。在中央条纹附近，因为 i 很小，式(5-9) 中 $\cos i$ 可以展开为幂级数形式

$$\Delta L = 2d\left(1 - \frac{i^2}{2!} + \frac{i^4}{4!} - \frac{i^6}{6!} + \cdots\right) \approx 2d \tag{5-10}$$

所以干涉条纹是大体上平行于中央条纹，并等距分布的直线条纹。离中央条纹较远处，由于 i 角增大，式(5-10) 中的 $i^2/2!$ 或更高项的作用不可忽视，因此条纹发生弯曲，弯曲的方向

凸向中央条纹。

实际观察到的情况是：当 M_1 与 M_2' 夹角甚小，且两平面离得很近时（近于重合），方能看到直线条纹，在其两侧随 d 的增加，条纹逐渐变得弯曲，而且弯曲方向正相反。

3. 干涉条纹的视见度

干涉条纹的清晰程度用视见度表述，其定义为

$$V=\frac{I_{\max}-I_{\min}}{I_{\max}+I_{\min}} \tag{5-11}$$

式中，$I_{\max}$ 是亮条纹的极大光强；$I_{\min}$ 是暗条纹的极小光强。当光强相等的两单色相干光产生干涉时，如果 $I_{\max}$ 等于入射光的光强，$I_{\min}$ 等于零，则 $V=1$，此时干涉条纹最清晰。如果 $I_{\max}=I_{\min}$，则 $V=0$，看不见干涉条纹。

由于实际单色光不可能是纯单色的，总有一定的波长范围（波宽），实际单色光经过干涉仪产生干涉时，随着两光束光程差的增加，各波长相应的干涉条纹要逐渐错开，条纹的视见度要降低。当 d 足够大时，视见度将等于零，条纹将全部消失。

在实验中常用的钠光灯，含有的两条强谱线的波长为 $\lambda_1=5889.95\text{Å}$ 和 $\lambda_2=5895.92\text{Å}$。用钠光灯作干涉仪的光源。移动 M_1，当光程差满足

$$\Delta L=2d=K_1\lambda_2=\left(K_2+\frac{1}{2}\right)\lambda_1 \tag{5-12}$$

时，在 λ_2 光形成的明条纹处，λ_1 光形成暗条纹。两种条纹的明暗交错，造成干涉图样的视见度降低。如果两种光波的强度相等，则 $V=0$。继续移动 M_1，干涉图样逐渐变清，视见度增加。当

$$\Delta L'=2d'=(K_1+K)\lambda_2=\left[K_2+(K+1)+\frac{1}{2}\right]\lambda_1 \tag{5-13}$$

时，条纹视见度 V 再次变为零。由式(5-13) 减去式(5-12)，得

$$2(d'-d)=K_2\lambda_2=(K+1)\lambda_1$$

令 $d'-d=\Delta d$ 则

$$\lambda_2-\lambda_1=\frac{\lambda_1\lambda_2}{2\Delta d}$$

由于 λ_1 与 λ_2 的值很接近，

$$\sqrt{\lambda_1\lambda_2}\approx(\lambda_1+\lambda_2)/2=\bar{\lambda}$$

$\bar{\lambda}$ 为两种光的平均波长，所以 $\lambda_2-\lambda_1$ 可写成

$$\lambda_2-\lambda_1=\frac{\bar{\lambda}^2}{2\Delta d} \tag{5-14}$$

测出 M_1 移动时，出现相邻两次视见度为零的 Δd 值，由式(5-14) 即可测出钠双线的波长差。

【实验仪器】

迈克尔逊干涉仪、He-Ne 激光光源、钠光灯、透镜。

【实验内容】

1. 调节迈克尔逊干涉仪

(1) 转动干涉仪的粗调手轮，使 M_1 和 M_2 相对分光板 G_1 的距离大致相等。接通 He-Ne 激光器，使激光束大致垂直于 M_2 射向 G_1 的中心，再观察光束是否落在 M_1 和 M_2 的中心，并通过改变激光器的高低和方向来调节。这时在图 5-5 的 O 处放置的磨砂玻璃屏上，可

以观到两排亮点，它们分别为 M_1 和 M_2 反射的光束。

（2）用小黑纸片分别遮挡光路 1 和 2，找出它们各自的光点，调节平面反射镜 M_1 和 M_2 后面的三个螺钉，使两排光点中最亮的两光点重合。

（3）在激光器和分光板 G_1 之间，放一扩束透镜，使激光束扩大为发散的扩展光源，照射在 G_1 的中间。这时在放置于 O 处的磨砂玻璃屏上就可以看到干涉条纹（何种干涉?）。

（4）调节 M_2 的两个微调螺钉，使 M_1 与 M_2 垂直时，干涉图样成为同心圆环，并将圆心调到光屏中央，就得到等倾干涉条纹。

2. 测量 He-Ne 激光的波长

如前所述，调节出同心圆干涉条纹后，按相同方向转动微调鼓轮，观察干涉条纹的“冒出”或“缩入”现象。

记录动镜 M_1 的初始位置及干涉条纹每“冒出”或“缩入”100 次时，动镜 M_1 的位置，测量“冒出”或“缩入”11 个 100 次的数据。

用逐差法算出干涉条纹“冒出”或“缩入”100 次动镜 M_1 位置的变化量 Δd，计算 He-Ne 激光波长

$$\lambda=\frac{2\Delta d}{100}$$

※计算测量值的相对误差和绝对误差，并将测量结果与公认值（6328Å）比较，计算其相对误差。

3. 测量钠的 D 双线的波长差

在仪器调节出现圆条纹的基础上，将光源换成钠光灯。在钠光灯前放置磨砂玻璃，使之成为扩展面光源。在 O 处直接向 G_1 方向观察，缓慢调节 M_2 的两个微调螺钉，先使圆条纹各部分都清楚，然后使眼睛上下左右移动，直到圆的直径大小不变，仅仅是圆心随着眼睛移动，调节才算完成。

转动微调手轮，找到某一个视见度为零的位置。因为视见度为零的位置有一段区域，为了测量准确。采用测其左右极限位置的方法。中心几个环将消失时为左极限 d_1'，将出现时为右极限 d_1''。反复测量 3 次，取各自的平均值 $\overline{d_1'}$ 和 $\overline{d_1''}$，则此时视见度为零的位置为

$$d_1=\frac{1}{2}(\overline{d_1'}+\overline{d_1''})$$

由于干涉仪的传动机构有一定的空程差，重复测量每一极限位置时，应使微调手轮倒转若干圈，再时行测量。测量时，转动微调手轮的方向前后必须一致。然后，继续按前述方法转动微调手轮，找到视见度再次出现为零的位置。仿照上述步骤测出

$$d_2=\frac{1}{2}(\overline{d_2'}+\overline{d_2''})$$

测得钠光灯的 D 双线波长差

$$\Delta\lambda=\frac{\overline{\lambda^2}}{2(d_2-d_1)}$$

式中，λ_1 和 λ_2 的平均值 $\overline{\lambda}=5892.94$Å，$\Delta\lambda$ 的公认值为 5.97Å，将测量值与其比较并计算出相对误差。

【注意事项】

1. 迈克尔逊干涉仪是精密光学仪器，实验中要严格执行操作规程，并注意避免污损仪器的光学元件。

2. 激光束的能量十分集中，不可沿光束方向直视，以免灼伤视网膜。激光电源输出为直流高压，应注意人身安全。

3. He-Ne 激光器的筒状电极是负极，应接电源的负极；柱状电极为正极，接电源正极，不可接错，否则激光器将被毁坏。

【思考题】

1. 由于仪器误差，M_1 实际移动的长度往往与实测长度不一致，如果以 He-Ne 激光 6328Å 波长值为准，请你设计一个修正鼓轮读数的测量方法，写出修正后鼓轮读数的表达式。

2. 用白光光源确定 M_1 处于零程差的位置准确，这是为什么？

实验 25　全息照相技术

1948 年，丹尼斯・伽柏提出全息原理，并进行了全息照相研究工作。由于当时缺乏相干性好的光源，工作进展缓慢。随着激光器的出现，全息技术的研究进入了一个新阶段，并开辟了全息应用的许多新领域，发展十分迅速，在计量、无损检验、遥感技术等许多部门获得广泛应用。

【实验目的】

1. 了解全息照相的基本原理和实验装置。
2. 初步掌握全息照相的方法。
3. 学习全息片的再现观察方法，了解全息照相的特点。

【实验原理】

普通照相用透镜将物体成像在感光底片平面上，曝光冲洗后记录了物体表面光强（振幅的平方）的分布，却无法记录光振动的位相。因此，它得到的只能是物体的平面像。全息照相却将光波的全部信息——振幅和位相，全部记录下来，并能完全再现被摄物光的全部信息，从而再现物体的立体像。

1. 全息图的记录

全息照相是利用光的干涉原理，记录光波。全息照相的光路如图 5-9 所示：激光器输出的光束用半透射半反射的分束器（镜）分为两束，反射的一束经全反镜 6 和扩束镜 7 反射到全息底片 5 上作为参考光；透过分束器的光束经全反镜 2 和扩束镜 3 反射到物体上，再经物体表面漫反射，作为物光射到全息底片上，参考光和物光相干涉，在这种干涉场中的全息底片经曝光、显影处理以后，就将物光波的全部信息，以干涉条纹的形式记录下来，这就是波前记录过程。

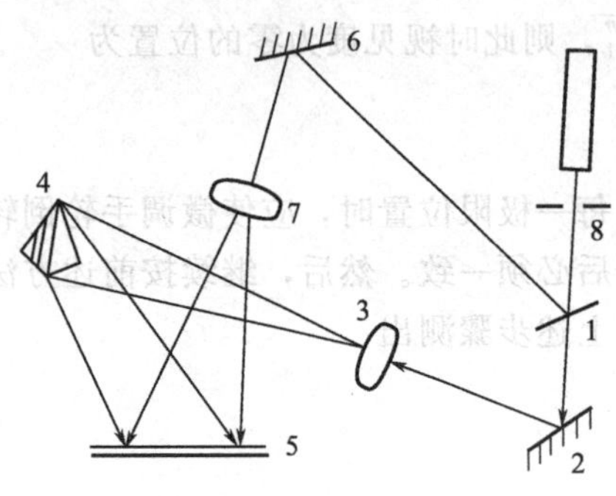

图 5-9　全息照相的光路

1—分束器；2,6—全反镜；3,7—扩束镜；4—被摄物；5—底片；8—光开关

拍摄全息相要在防震性能良好的全息台上进行。实验所用的全息台，是将一厚钢板放在充气胶囊上构成的。激光器、光开关、光学元件、底片夹及载物台等均置在全息台上。

2. 全息图的再现

拍摄好的全息底片放回原光路中，拿掉被摄物体，用参考光照射全息片时，经过底片衍射后的零级衍射光波，从底片透射而出（图 5-10）；另外，在两侧有正一级和负一级衍射光波。

人的眼睛迎着一级衍射光看去，会在原先放置被摄物体位置上看到一个与原物体完全一样的虚像。在负一级位置上，可用接收屏收到一个实像，称为共轭像。

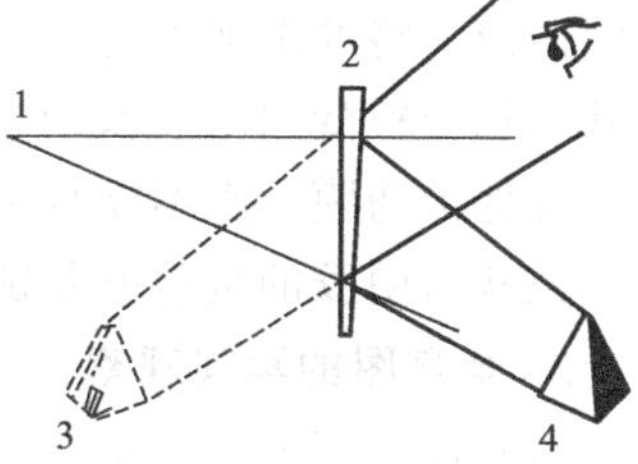

图 5-10　全息图的再现

1—参考光；2—底片；3—虚像；4—实像

3. 全息图的特点

全息照相有以下几个特点。

(1) 因为记录的是光波的全部信息，所以能再现出被摄物体的立体像，当移动眼睛从不同角度观察时，可看到不同的侧面。

(2) 全息照片可以分割，打碎的全息照片的任何一块都能再现出原被摄物体的全部形象。这是因为全息片上任何一部分记录的都是物体上所有漫反射来的物光与参考光所形成的干涉条纹。

(3) 全息图的亮度随入射光的强弱而变化，再现光愈强，像的亮度愈大；反之就暗。

(4) 一张全息片可以多次曝光，可以转动底片角度拍摄多次，再现时作同样转动，不同角度会出现不同图像。也可不转动底片而改变被摄物体的状态进行多次曝光，再现时可观察到状态的变化情况。

【实验仪器】

He-Ne 激光器、防震全息台、反射镜两块、短焦距扩束镜两块、分束器（95%透射率）、I 型国产全息干板、曝光定时器、灵敏电流计、硅光电池、照相冲洗设备。

【实验内容】

1. 拍摄漫反射全息图

(1) 调整光路　按图 5-9 布置光学元件，分束器为透射率为 95%的平板，以满足物光与参考光的光强比为（1～10）：1，具体调节分为以下两步。

① 调节光学元件的螺钉，使光束基本上等高。调节扩束镜 3 的位置，使扩束后的光均匀照亮被摄物体，但光斑不能太大，以免浪费能量。在底片夹上放一张白板，调节底片夹位置，使白板上出现物体漫反射的最强光。挡住物光，调节全反镜 6，使反射光与物光中心反射到白板上，两光束之间的夹角为 30°～50°，并经扩束镜 7 后，最强的光均匀地照亮底片夹上的白板。

② 调节光程差等于零或近似等于零。调节参考光的全反镜 6，尽量使参考光的光程与物光的光程相等。可用线绳从分速器起逐一测量，并适当移动、调整光学元件，注意使底片与被摄物的距离不宜太远，且使物光与底片夹垂直。

(2) 曝光　打开曝光定时器，参考实验室给出的曝光时间，选择曝光时间，将定时器拨到定时位置，关闭光开关，取下底片夹上的白板，装上全息干板，使其药膜面向被摄物体。停止室内走动，待全息台稳定数分钟后，将定时器拨向曝光，开启光开关，待光开关自动关闭后，取下干板冲洗。

(3) 冲洗干板　冲洗分为振幅型和位相型两种方法，本实验采用振幅型显影处理。

显影液用 D-19 配方，按普通胶片冲洗方法操作，20℃左右时，显影 0.5～2min。在暗绿色安全灯下观察，当干板曝光部分呈现黑色斑纹时即可取出。在停显液中停显 20～30s 后，用 F-5 定影液定影。5min 后取出，在流水中冲洗 10min，放在阴凉处晾干，即得到拍好的全息片。

一般采用上述振幅型处理的全息片，如果全息图很黑（银颗粒大），光几乎不能通过，可以通过漂白处理，使其成为位相型全息片。漂白处理使用的漂白液种类很多，通常用硫酸铜漂白液。将冲洗加工过的全息片用清水浸湿，用夹子夹住未曝光部位放在漂白液中漂洗，看到黑色银粒变白时，及时取出。在水中冲洗 30min 以上，把剩余物洗掉，然后晾干。冲洗时要保护药膜，水不能直接冲到药膜上。漂白处理后，其上银颗粒变成透明的银化合物，这些银盐与明胶的折射率差别较大，产生位相衍射，所以亮度增加。

2. 全息图的再现观察

(1) 虚像观察　将全息片药膜面向激光放回底片夹，取去被摄物体，在扩束后的参考光照射下，向原物体放置方向观察，可看到物体的虚像。

改变视线方向，体会再现像的立体性，比较虚像大小、位置与原物情况。

用有孔的黑纸片遮住全息片的不同位置，可以得出什么结论？

(2) 实像观察　把全息片前后翻转 180°，即药膜面向观察者，相当于照明光逆转照射。眼睛向原物体方向看去，这时看到一个失真的虚像。转动底片，在这个像的对称位置，把屏放在人眼位置，可以得到一个亮点。将屏后移，在屏上可看到实像，但光强很弱，要仔细才能看清。如果拍摄不理想，则不易看到。

【注意事项】

1. 未扩束的激光能量集中，不准沿激光方向直视，以免灼伤眼睛。

2. 激光电源输出为高压，实验在暗室中操作时，要注意安全。

3. 拍摄及冲洗时，要暗室操作，房间内不能有杂散光线。拍摄时不要走动、谈话。冲洗定影前，只能用暗绿灯观察。

实验 26　电子自旋共振

电子自旋共振（ESR）亦称电子顺磁共振（EPR）。对于含有未成对电子的物质（过渡金属离子、自由基等），电子自旋磁矩不为零，原子的总磁矩亦不为零，具有顺磁性。在外磁场中它的能级发生分裂，两相邻能级的间隔，可由顺磁共振方法测出。顺磁共振技术是测量物质分子中未成对电子的一种直接方法。通过对朗德因子 g 的测量，还可以了解原子和分子中的电荷分布、化学性质、能级结构等有关知识。因此，电子自旋共振已成为化学、物理学、生物学等领域的重要研究方法之一。随着电子学技术的发展，还应用射频范围的电子自旋共振方法测量非均匀磁场、弱均匀磁场以及交变磁场的瞬时值，从而提供一种简便而正确的测量方法。

【实验目的】

1. 了解并观察电子自旋共振现象。

2. 测量 DPPH 自由基中电子的 g 因子。

【实验原理】

1. 原子的磁矩

我们知道，原子中的电子做轨道运动和自旋运动，因此电子有轨道磁矩和自旋磁矩。同样原子核也存在磁矩（自旋磁矩），但原子核的磁矩比电子的磁矩要小三个数量级，故原子的总磁矩近似为原子中电子的轨道磁矩和自旋磁矩的合成。

对单电子原子来说，总磁矩 $\vec{\mu}_j$ 与总角动量 $\vec{P}_j$ 之间有

$$\vec{\mu}_j = -g\,\frac{e}{2m_e}\vec{P}_j \tag{5-15}$$

其中朗德因子

$$g=1+\frac{j(j+1)-l(l+1)+s(s+1)}{2j(j+1)} \tag{5-16}$$

式中，s、l、j 分别为电子自旋量子数、轨道角动量量子数和总角动量量子数，并且有

$$j=l+s$$

对于具有两个或两个以上电子的原子，可以证明其磁矩

$$\vec{\mu}_j=-g\frac{\mathrm{e}}{2m_{\mathrm{e}}}\vec{P}_j \tag{5-17}$$

同式(5-15) 相似，这里 $\vec{P}_j$ 是原子的总角动量，但 g 因子却随耦合类型而有不同的值。对于自由电子 $g=2.0023$，对于单电子原子或未成对电子在无轨道磁矩的情况下，$g=2$。若考虑到轨道磁矩，则 $g=2/3$。由此可见，g 因子与原子中电子的组态有关，它可反应电子自旋与轨道的相互作用程度。通过测量 g 值，可以了解原子能级结构的秘密。

2. 外磁场对原子的作用

原子既有总磁矩，处在外磁场中就要受到磁场的作用（见图 5-11)。原子总磁矩 μ_j 在外磁场 $\vec{B}$ 中受到力矩 $\vec{L}=\vec{\mu}_j\times\vec{B}$ 的作用，使总角动量 $\vec{P}_j$，也就是总磁矩 $\vec{\mu}_j$ 发生旋进。旋进引起附加的能量为

$$\Delta E=-\mu_j B\cos\alpha=g\frac{\mathrm{e}}{2m}P_j B\cos\beta \tag{5-18}$$

由于 $\vec{\mu}_j$ 或 $\vec{P}_j$ 在磁场中的取向是量子化的，它只能取如下数值：

$$P_j\cos\beta=M\frac{h}{2\pi} \tag{5-19}$$

式中，M 称为磁量子数，$M=j$，$(j-1)$，…，$-j$，共有 $2j+1$ 个值。将式(5-19) 代入式(5-18) 得

$$\Delta E=Mg\frac{\mathrm{e}h}{4\pi m}B=Mg\mu_B B \tag{5-20}$$

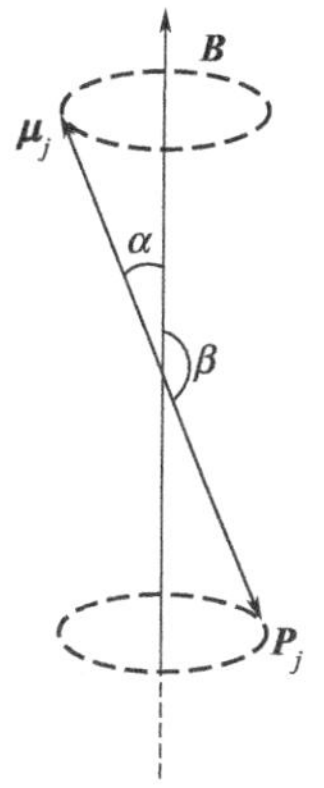

图 5-11　外磁场对原子的作用

式中，$\mu_B=\mathrm{e}h/4\pi m$，为玻尔磁子。式(5-20) 说明在稳定磁场作用下，附加能量可有 $2j+1$ 个可能值，也就是说由于磁场的作用，使原来的一个能级分裂成 $2j+1$ 个能级，而能级间隔为 $g\mu_B B$。每个子能级附加的能量与外磁场的磁感应强度 B、朗德因子 g 成正比。

3. 顺磁共振

如上所述，当磁矩不为零的原子处于磁场中时，它的能级发生分裂，它同原来能级的差值为

$$\Delta E=Mg\mu_B B$$

如果在原子所在的稳定磁场区域又叠加一个同稳定磁场垂直的交变磁场（射频场），而它的频率 ν 又调整到使一个量子的能量等于原子在磁场中的两相邻能级之间的能量差，即

$$h\nu=g\mu_B B \tag{5-21}$$

时，原子就会从交变场中吸收能量，并在相邻的磁能级之间发生共振跃迁。

实验中如果检测出共振吸收信号并测定出共振射频场的频率及外磁场磁感强度 B 便可以计算出朗德因子

$$g=\frac{h\nu}{\mu_B B}$$

多数有机分子及生物分子都含有偶数个电子，且它们在化学键中都是配对的。根据泡利原理，配对的电子其自旋是相反的。因此，自旋磁矩也相反。可见配对电子的自旋磁矩是互相抵消的。所以大多数有机分子都不具有净磁矩。如果称具有奇数个电子的分子为自由基，显然自由基有一个未被抵消的电子自旋磁矩。也就是说，自由基有净电子自旋磁矩。本实验中所测定的样品是二苯基苦肼基（DPPH），它是带有不成对电子的有机自由基。自由基的朗德因子非常接近自由电子的朗德因子，约等于 2.0023。原因是它的磁矩 99%以上是由电子的自旋贡献的，可以忽略轨道磁矩的影响。

从原理上讲，只要交变场的频率 ν 和外磁场的磁感应强度 B 满足式(5-21)，就能产生共振吸收。但是，采用较高的频率和较强的磁场对提高仪器的灵敏度和分辨率有利。满足共振条件的方法有两个：一是固定频率，改变磁场来达到共振的方法，叫扫场法；二是固定磁场，改变频率来达到共振的方法，叫扫频法。由于技术上的原因，现代波谱仪多采用扫场法。

【实验仪器】

本实验使用的仪器为教学用顺磁共振波谱仪。该仪器由五部分组成，如图 5-12 所示。

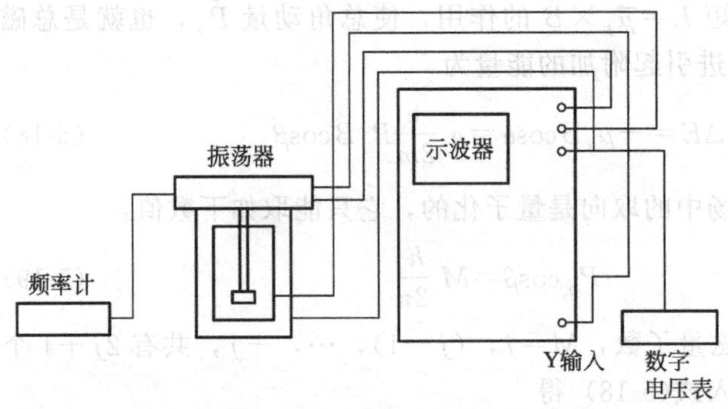

图 5-12　顺磁共振波谱仪

1. 直流磁场线圈和交流扫场线圈

直流磁场线圈，当接通直流电时，线圈中产生稳定的磁场 B。磁感应强度可调范围为：6.8～13.5Gs（1T＝10kGs）。

交流扫场线圈，由 50Hz、0～6V 的交流电供电，用于产生扫场用的交变磁场。

直流磁场线圈和交流扫场线圈同轴地装在底座上，因而处于线圈中心的样品将受到两个磁场的作用，即在直流磁场 B 上又叠加了一个交变磁场。

2. 射频边缘振荡器

用于产生几十兆赫兹的电磁波，顺磁共振波谱仪的工作频率为 26～29MHz。振荡器工作在边缘状态。当共振吸收时振幅有所减弱，这一振幅变化即为共振信号。

3. 显示器

显示器包括观察共振信号的示波器，以及为产生直流磁场和交流磁场的电源两部分组成。通过调节上面的旋钮来调节磁场的大小。

4. 数字频率计

用来显示射频振荡器输出信号的频率。

5. 数字电压表

测定直流磁场线圈两端的电压，用于计算出直流磁场强度。

【实验内容】

1. 连接各仪器间的连线，确认连线无误后，选好数字电压表和频率计的量限，示波器输入置 1∶1 的位置，水平锯齿波扫描置 1ms/cm 处，开启各仪器的电源预热几分钟。

2. 调节边缘振荡器上的频率旋钮，使频率在 25～30MHz 的范围内。

3. 加上直流磁场和交变扫场后，荧光屏上出现在水平方向游动的吸收图形。调节扫描微调旋钮使其稳定，并使图形保持 3 个或 4 个吸收峰。

4. 逐渐调节直流磁场的大小（扫场法），直到吸收峰的间隔相等。此时的磁场值即为满足共振条件的磁场 B。

5. 为消除磁场的影响，改变直流磁场的方向，即将直流磁场线圈的电源换向，再测一次，求其平均值。

$$B=\frac{1}{2}(B_1+B_2)$$

6. 取不同频率，重复以上步骤求出几组数据。

【数据处理】

1. 恒定磁场的计算

$$B=4\pi nI\times10^{-7}\times\cos\beta=4\pi n\frac{V}{R}\times10^{-7}\times\cos\beta$$

式中，V 为直流磁场线圈两端的电压（伏特）；R 为直流磁场线圈的电阻（欧姆），其值可用惠斯登电桥测量；$\cos\beta=0.8024$；n 为线圈单位长度的匝数，单位：匝/m，其总匝数已标在线圈上，线圈的长度可用米尺测量。

2. 郎德因子（g）的计算

$$g=\frac{h\nu}{\mu_B B}$$

式中，普朗克常数 $h=6.6260\times10^{-34}\text{J}\cdot\text{s}$；玻尔磁子 $\mu_B=9.273\times10^{-24}\text{J/T}$。

【思考题】

1. 什么叫扫场法？什么叫扫频法？为什么要用扫场法来寻找共振吸收信号？

2. 怎样才算找到了共振吸收信号？

3. 地磁场垂直分量的影响是怎样消除的？

4. 既然自旋磁矩是空间量子化的，该磁矩与外磁场互相作用能是怎样分布的？两相邻能级间的能量差是多少？满足吸收跃迁的公式是什么？

附录1 气垫导轨简介

气垫导轨是一种力学实验仪器，它利用从导轨表面的小孔喷出的压缩空气，使导轨表面与滑块之间形成一层薄的“气垫”，将滑块浮起。这样，滑块在导轨表面运动时，就不存在接触摩擦力，仅仅只有小得多的空气黏滞力和周围空气阻力，滑块的运动几乎可以看成是“无摩擦”的。

利用气垫导轨不仅可以进行许多力学实验，如速度、加速度的测定，牛顿运动定律和守恒定律的验证，碰撞和简谐振动的研究等，而且提高了这些实验的准确度。

一、气垫导轨的结构

气垫导轨的结构如附图1-1所示，可分为三部分：导轨、滑块和光电转换装置。

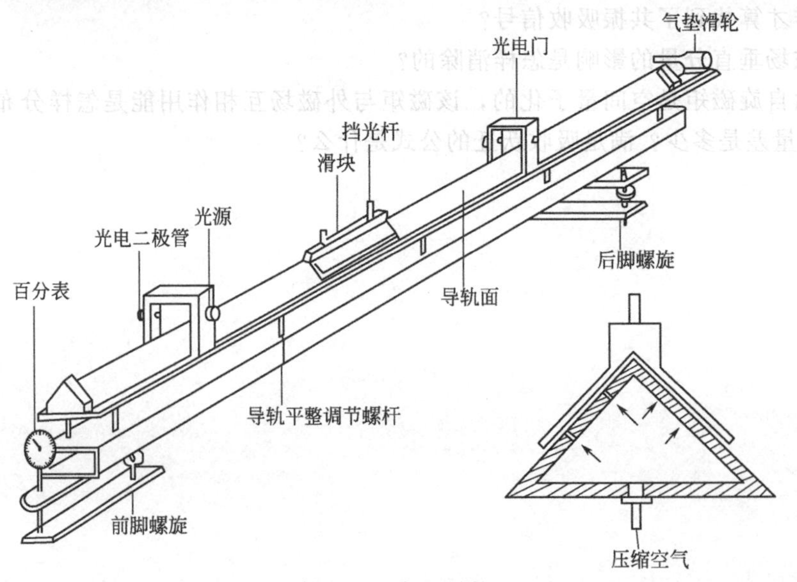

附图1-1 气垫导轨

1. 导轨

导轨是用角铝合金做成的，为了加强刚性使其不易变形，把它固定在工字钢上。导轨一般长 1.5m，轨面宽约 40mm，面上均匀分布着很小的气孔。导轨一端封死，另一端装进气嘴，当压缩空气经橡皮管进入腔体后，就从小孔喷出，托起滑块。滑块浮起的高度一般为 10～100μm，视气流的大小而定。为避免碰伤，导轨两端及滑块上都装有缓冲弹簧。在工字钢架的底部装有三个底脚螺旋，分居导轨两端。双脚端的螺旋用来调节轨面使两侧线高度相等，单脚端螺旋用来调节导轨水平，或者将不同厚度的垫块放在导轨底脚螺旋下，以得到不同斜度的斜面。在气轨双脚调节螺旋那一端的上方，还有一个气垫滑轮。

2. 滑块

滑块是在导轨上运动的物体，长 10～20cm，也是用角铝合金做成的。根据实验需要，在它上面可以加装遮光板、遮光杆、遮光框、加重块、尼龙搭扣（或橡皮泥）及缓冲弹簧等附件。

3. 光电转换装置

光电转换装置称为光电门，即一块倒 U 形铝板固定在导轨的两侧，在两侧面相对应位置上安装着照明小灯和光敏二极管，小灯点亮时正好照在光敏二极管上（附图 1-2）。

光敏二极管在光照时电阻约为几千至几万欧姆；无光照时的电阻约在 1MΩ 以上。利用光敏二极管两种状态下的电阻变化可获得一个讯号电压，用来控制数字毫秒计，使其计数或停止。

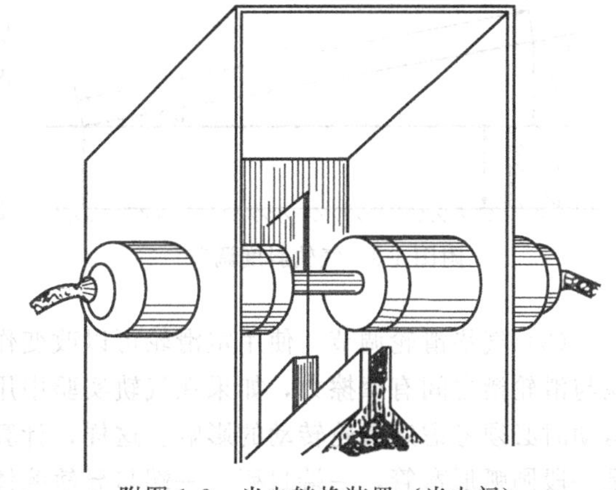

附图 1-2　光电转换装置（光电门）

二、气垫导轨的调节

1. 调节气压

一般在气轨装置的气路中都装有调节气压的阀门和监测气压的压力表。气轨进气口处的气压不同，滑块下的气垫厚度也不同。调节气压的目的在于获得适当的气垫厚度，并在测量过程中保持这个厚度不变。

气垫厚度过小，气垫太薄，空气黏滞阻力就大。但也不能过厚，否则滑块容易处于一种不稳定状态——环境的各种干扰（如震动、气流）作用都会表现出来。通常，使气垫厚度保持在 0.1mm 左右为宜。当然，如果有意给滑块的运动增加阻力，也可以取更小的气压，以获得更小的气垫厚度。

2. 调节气轨工位

(1) 调平　无论做哪个实验，均须首先将气轨调成水平状态，称“调节”。

在实验中通常采用观察滑块运动情况的办法去确认导轨是否处于水平工作位置。当导轨水平时，不受水平方向外力作用的滑块应保持静止或匀速运动状态，这是这种调节方法的理论依据。

① 静态调节法：将滑块置于导轨上某处，调节底脚螺旋，直到滑块能保持不动或稍有些滑动，但无一定方向性，这可粗略地认为气轨已调平。为避免导轨局部不够平直的

影响，原则上应在使用的那一段上于几处不同地点调节，各点间互相照应，以求得最佳状态。

② 动态调节法：在适当距离间放置两个光电转换装置，令滑块以某速度滑过，比较其通过两个光电转换装置时所用的时间。因气垫中存在一定的空气黏滞阻力，如果导轨是水平的，那么通过第二个光电转换装置所用的时间总会比通过第一个光电转换装置所用的时间稍长一些。反复调节气轨座脚螺旋，直到滑块无论向哪一方向运动时，对应后一光电转换装置的时间总是比前一个稍长些，而且由左向右滑或由右向左滑，两个时间差大致相等。这时气垫即处于水平状态。值得注意的是，使滑块向左滑或向右滑所用的速度不能相差太大，否则无从比较。

如果所做实验只涉及滑块向单方向运动，也可将下述情况视为气轨已调平：调节螺旋，直到滑块向该方向运动时，通过前后两个光电转换装置时所测得的时间基本相等。显然这时导轨并非真正水平，而是滑动方向倾斜（即有意加了一个倾角），使滑块有一能与空气阻力大致相抵消的下滑力。这样做的结果，使因阻力引起的误差得到一定程度的修正。但要注意，用这样的方法调平时，所用的实验速度应与实验时所涉及的滑块速度大致相等。如果相差太远，这种调平也就失效了，原因是黏滞阻力大小与速度有关。

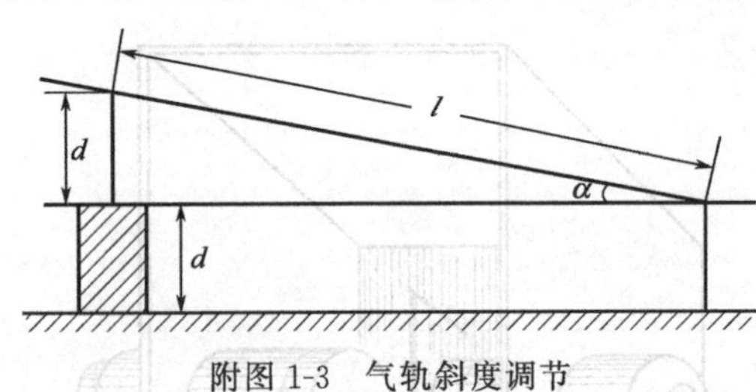

附图 1-3　气轨斜度调节

(2) 斜度调节　在单脚端螺旋下垫入厚度为 d 的垫块，如附图 1-3 所示。设轨面上两脚间距离为 l，则

$$\sin\alpha=\frac{d}{l}$$

通常 $d\ll l$，则

$$d\approx\frac{d}{l}$$

(3) 气垫滑轮调节　使用定滑轮可以改变作用力方向。但由于定滑轮具有质量，加上跨绳与滑轮槽之间有摩擦力，如果在气轨实验中用细线绕过定滑轮来牵引滑块，则计算滑块的运动时必须考虑定滑轮转动的影响。这样，计算变得更复杂。为此设计了一种气垫滑轮，它是一段圆弧形弯管，一端封死，一端与导轨腔体相通，上面钻有小孔。将轻质胶带跨在滑轮上，接通气源后，气流从弯管面上吹出，托起胶带，从而减小了摩擦力，提高了实验准确度。由于这种滑轮是不参与运动的，故简化了计算。还需注意，当胶带下端的负荷增大时，必须随时调节气量以保持气流能托起此胶带。

附录 2　重力加速度

重力加速度的标准参考值是 9.80665m/s^2。但它与地理纬度 φ 和海拔高度 h 有关，各地的重力加速度准确值应由精确的实验测定。但是也可以由下列推荐的公式进行计算（1930 年由国际地理会议决定采用）。不同纬度 φ 地点海平面处的重力加速度（g_φ）：

$$g_\varphi(\text{m/s}^2)=9.78049[1+(52884\sin^2\varphi-59\sin^2 2\varphi)\times10^{-7}]$$

相当于纬度 φ、海拔 h（m）处的重力加速度 $g_{\varphi h}$：

$$g_{\varphi h}(\text{m/s}^2)=g_\varphi-3.086\times10^{-6}h$$

依此计算得出我国部分地点海平面的重力加速度值：

北京（北纬 39°57′）　9.80162（m/s^2）

广州（北纬 23°00′） 9.78818（m/s^2）

上海（北纬 31°12′） 9.79416（m/s^2）

沈阳（北纬 41°48′） 9.80341（m/s^2）

由于地球的不均匀性与地质结构异常，各地的重力加速度值会与理论计算值发生偏离。通常这项偏离是 $10^{-5}\sim10^{-4}$（m/s^2）数量级。

附录 3 冲击电流计

冲击电流计是一种测量短暂时间内有多少电量流过电路的仪器。使用时将它串接到待测电路中。它的外形随型号不同稍有差别，而内部结构与灵敏电流计（图 3-29）大体相似。所不同的是，冲击电流计的线圈是一个横向尺寸大于纵向尺寸的矩形框（附图 3-1）。这种线圈有较大的转动惯量，具有较大的自由转动周期。

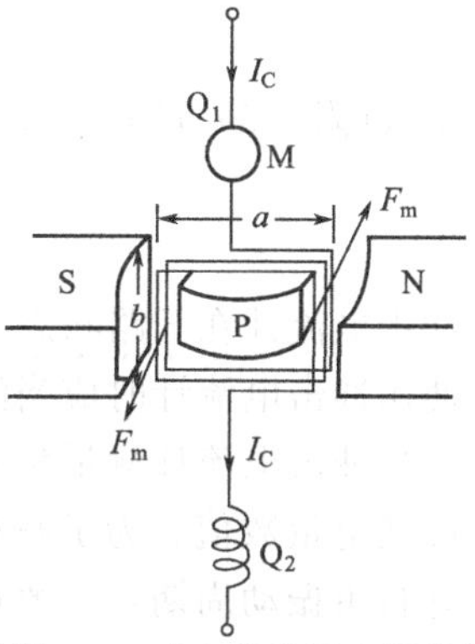

附图 3-1 冲击电流计内部结构

N、S—永磁铁的两个磁极；P—软铁心；M—反射镜；Q_1—直悬丝；Q_2—弹簧形悬丝

如果线圈中通以电流 I_C，则它所受到的磁力矩

$$M=F_m a=nI_C Bba=nI_C BA$$

式中，B 为线圈所在处的磁感应强度；n、A 分别为线圈的匝数和面积。

若有一个持续时间为 τ 的瞬时电流 I_P 流过线圈，线圈将受到冲量矩 M_τ 的作用，即有

$$M_\tau=nI_P BA_\tau=nBAQ \qquad (附 3\text{-}1)$$

式中，Q 是在时间 τ 内流过冲击电流计的电量。

按角动量原理，线圈受冲量矩作用后角动量将发生变化，且有等式

$$M_\tau=J(\omega-\omega_0)$$

式中，J 为线圈的转动惯量；ω_0、ω 分别为冲量矩作用前、后线圈的转动角速度。因为测量前已将线圈调节到平衡状态，即 $\omega_0=0$（这是使用冲击电流计的前提条件），故有

$$M_\tau=J\omega \qquad (附 3\text{-}2)$$

获得了转动角速度 ω 的线圈具有转动动能 $E_K=J\omega^2/2$，并使线圈转动一个角度 θ（θ 是偏转的最大角度）。在线圈转动时，其动能逐渐变为悬丝的扭转位能。如果忽略空气的摩擦阻力和线圈回路在磁极间转动时受到的电磁阻尼作用，则机械能守恒定律成立，即

$$\frac{1}{2}J\omega^2=\frac{1}{2}D\theta^2 \qquad (附 3\text{-}3)$$

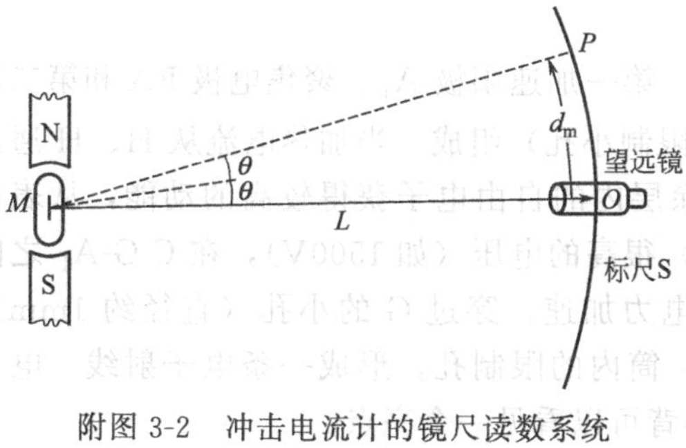

式中，D 为悬丝的扭转弹性系数。

由式(附 3-1)、式(附 3-2) 和式(附 3-3) 得到

$$Q=\frac{\sqrt{DJ}}{nBA}\theta \qquad (附 3\text{-}4)$$

附图 3-2 冲击电流计的镜尺读数系统

为了确定上式中的偏转角度 θ，通常用附图 3-2 所示的装置。调节反射镜 M，使望远镜内十字叉丝正对标尺 S 的零线。当反射镜 M

转过小角度 θ 后，望远镜内叉丝正对标尺上另一刻度线，该刻度线与零刻度线在标尺 S 上的距离为 d_{m}。

按照光的反射定律，$\angle PMO=2\theta$。设反射镜 M 与标尺 S 的距离为 L（要求 $L\gg d_{\mathrm{m}}$），则

$$\tan 2\theta\approx 2\theta=\frac{OP}{OM}=\frac{d_{\mathrm{m}}}{L}$$

所以

$$\theta=\frac{d_{\mathrm{m}}}{2L}$$

将 θ 值代入式(附 3-4)，得

$$Q=\frac{\sqrt{DJ}}{2LnBA}d_{\mathrm{m}}=Kd_{\mathrm{m}} \tag{附 3-5}$$

由式(附 3-5) 可知，冲击电流计的第一次最大偏转 d_{m} 与通过它的总电量成正比，式中

$$K=\frac{\sqrt{DJ}}{2LnBA}$$

称为冲击电流计在开路状态下的冲击常数，单位是 c/mm。

使用冲击电流计时应当注意以下几点。

(1) 冲击电流计测量瞬时电量的误差随电量通过时间 τ 的延长而增大。观测值总是稍小于实际的电量数值。为了减小误差，要求 τ 至少应小于 $T/10$，最好是小于 $T/30$（T 是冲击电流计自由振动周期，一般在 10～18s 以上）。

(2) 推导式(附 3-5) 时，没有考虑与冲击电流计串联的回路特性。实际上冲击电流计往往在闭路状态下使用，因而需引入新的常数 K'。K' 称为冲击电流计在闭路状态下的冲击常数（或称磁通冲击常数），它与闭合回路的总电阻 R 有关。每次使用冲击电流计时都应由实验确定在该测量条件下的常数 K'。

(3) 冲击电流计的悬丝容易损坏。在调节零位时只能轻轻将悬线上部的调节端转一个很小的角度。如果通过的电流较大，可在测量回路中串接电阻或在冲击电流计上并联分流电阻，以使偏转值在标尺的 1/3～3/4 范围内。同时注意选择串联、并联电阻的阻值，使冲击电流计在临界阻尼状态下工作。

(4) 为使每次测读后，线圈易于回到平衡位置，再进行下一次测读，必须在冲击电流计两端并联一个阻尼开关。当转动的线圈通过平衡位置时，按下阻尼开关可使线圈停止（为什么?）。使用完毕应将冲击电流计两端短路。

附录 4 示波管的基本原理

由附图 4-1 可知，电子极由阴极 C、栅极 G、第一加速阳极 A_1、聚焦电极 FA 和第二加速阳极 A_2 等同轴金属圆筒（筒内膜片的中心有限制小孔）组成。当加热电流从 H、H 通过钨丝，阴极 C 被加热后，筒端的钡与锶氧化物涂层内的自由电子获得较高的动能，从表面逸出。因为第一加速阳极 A_1 具有（相对阴极 C）很高的电压（如 1500V），在 C-G-A_1 之间形成强电场，故从阴极逸出的电子在电场中被电力加速，穿过 G 的小孔（直径约 1mm），以高速度（数量级 10^7 m/s）穿过 A_1、FA 及 A_2 筒内的限制孔，形成一条电子射线。电子最后打击在屏的荧光物质上，发出可见光，在屏背可以看见一个亮点。

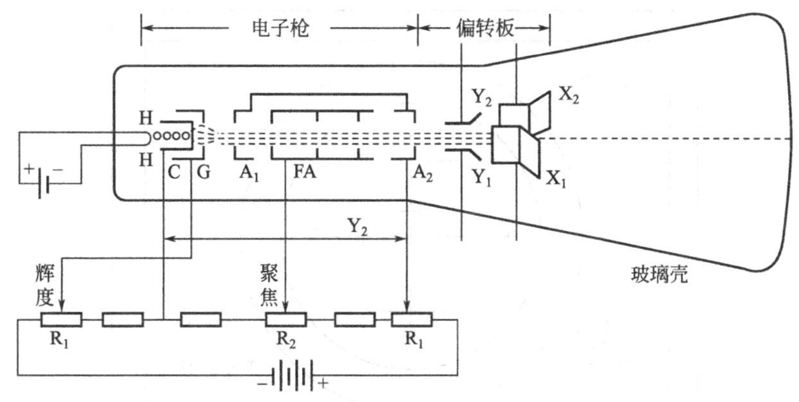

附图 4-1 示波管的基本结构

H—钨丝加热电极；FA—聚焦电极；C—阴极；A_2—第二加速阳极；G—控制栅极；X_1，X_2—水平偏转板；A_1—第一加速阳极；Y_1，Y_2—垂直偏转板

射线中的电子从电子枪“枪口”（最后一个加速电极 A_2 的小孔）射出的速度 V_z，由下面的能量关系式决定

$$\frac{1}{2}mV_z^2=\mathrm{e}V_2 \qquad (附 4-1)$$

式中，V_2 为 A_2 对阴极 C 的电位差；e 为电子的电荷（绝对值）；m 为电子的质量。这是因为电子从阴极 C 逸出时的动能皆近似为零，电子动能的增量等于它在加速电场中位能的减小 eV_2。因而所有电子的最后射出速度 V_z 是相同的，与电子在电子枪内所通过的电位起伏无关。

控制栅极 G 相对于阴极 C 为负电位（见附图 4-1 中的电路），两者相距很近（约十分之几毫米），其间形成的电场对电子有排斥作用。当控制栅极 G 负的电位不很大（几十伏）时就足以把电子斥回，使电子束截止。用电位器 R_1 调节 G 对 C 的电压，可以控制电子枪射击电子的数目，从而连续改变屏上光点的亮度。增大加速电极的电压，电子获得更大的轰击动能，荧光屏的亮度水平虽然可以提高，但加速电压一经确定，就不宜随时改变它来调节亮度。

所有电极都封装在高真空玻璃壳内，各有导线引接到管脚，以便和外电路相连。

附录 5 SB-10 型示波器使用说明

SB-10 型示波器是一种适于观察较宽频率讯号波形的通用示波器，其外形如附图 5-1 所示。

1. 技术特性

(1) 偏向因数	经放大器	Y 轴 24mV/cm	峰峰值
		X 轴 250mV/cm	峰峰值
	直接	Y 轴 24V/cm	峰峰值
		X 轴 25V/cm	峰峰值
(2) 频率响应	经放大器	Y 轴 10Hz～5MHz	<3dB
		X 轴 10Hz～500kHz	<3dB

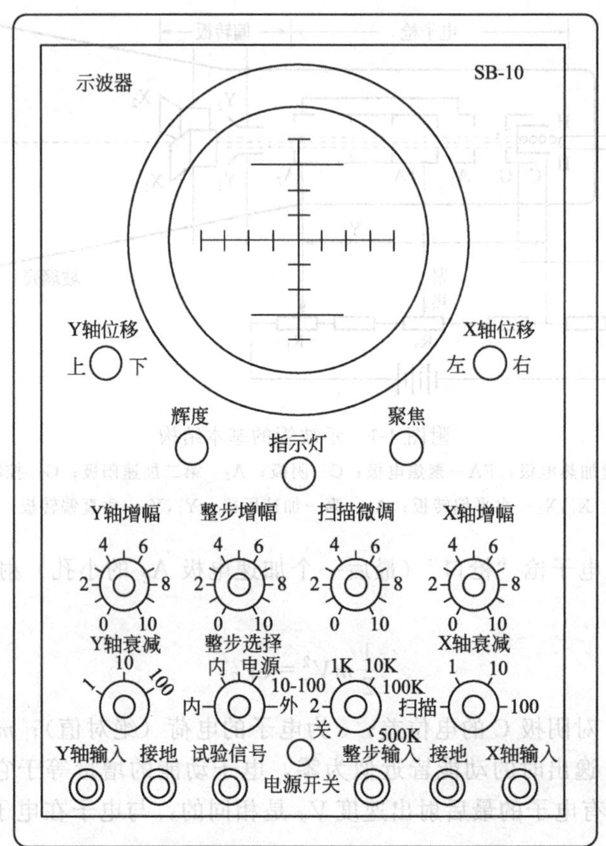

附图 5-1 示波器面板图

(3) 输入阻抗	接线柱	Y 轴 2MΩ	<40PF
		X 轴 2MΩ	<40PF
	直接	Y 轴 2MΩ	<20PF
		X 轴 2MΩ	<20PF
(4) 扫描频率		10Hz～500kHz	分五挡
(5) 讯号衰减		Y 轴 1、1/10、1/100	分三挡
		X 轴 1、1/10、1/100	分三挡
(6) 适应电源		220V	频率 50Hz
(7) 功率消耗		180VA	
(8) 重量		28kg	
(9) 外形体积		520mm×265mm×375mm	

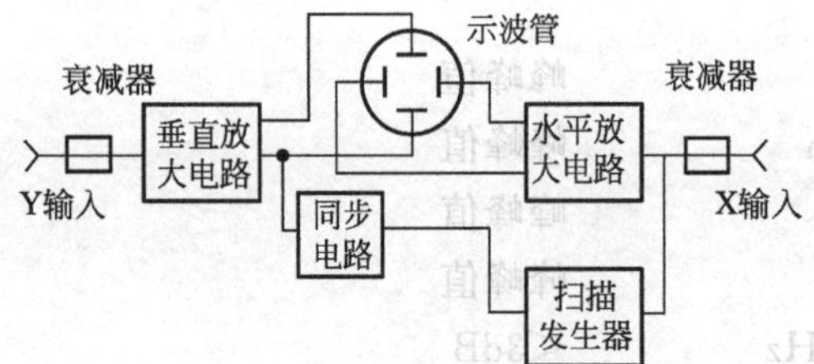

附图 5-2 示波器总体结构方框图

2. 结构概述

SB-10 型示波器的结构包括：①垂直放大电路（Y 轴放大器）；②水平放大电路（X 轴放大器）；③扫描发生器、同步电路；④示波管显示等，其结构如附图 5-2 所示。

3. 使用条件

(1) 开机后预热时间约 15min。

(2) 温度：－10～＋40℃。

(3) 相对湿度：≤80％。

(4) 大气压力：(1000±40) mbar。

(5) 仪器在工作状态时，应避免外来电磁场的干扰和机械振动等冲击影响。

4. 调节与使用

(1) 辉度　调节辉度控制器时应注意辉点之强度（亮度）宜适中，不可过强（太亮），否则有损阴极射线示波管的使用寿命。

(2) 聚焦　辉点之聚焦应转动聚焦控制器，使之成为一个小圆点为准。其直径不大于1mm（此时 Y 轴、X 轴的增幅控制器之旋钮应指向零）。如辉点不圆，可同时调节聚焦及辅助聚焦的控制器（辅助聚焦控制器置于本机后部），务使达到趋近于小圆点为止。辅助聚焦一次调整后可不经常调整。辉度与聚焦两者可同时调节。若阴极射线示波管之荧光屏上未见辉点显现，则可调节 X 轴及 Y 轴的移位调节器使辉点在荧光屏之正中，此时两调节器应指向正中。但辉点不能在荧光屏固定位置上停留太久，否则荧光屏上此点位置将受损而不再发生荧光。

(3) 为调节辉点或轨迹图形在荧光屏 Y 轴及 X 轴上的位置，可转动 Y 轴移位控制器、X 轴移位控制器，使其上下左右移动。

(4) Y 轴讯号输入时应根据输入讯号之强度选择衰减挡级开关。当讯号电压超过 5V 时采用 1/10 挡级（即衰减 10 倍），超过 50V 时采用 1/100 挡级（即衰减 100 倍）。如讯号不需放大而拟直接加入示波管之偏向屏时，则可在机后偏向插座直接接入；在一般使用情况下偏向插座与被测讯号之间串联断路电容器，以免偏向屏上的直流电势受到影响。

(5) 整步电压选择或 X 轴讯号输入。在对 Y 轴讯号图形进行观察时其 X 轴讯号就用本机内部自身进行扫描。欲使荧光屏上所显示之观察图形固定不移，必须使 Y 轴输入讯号与扫描起整步作用，故整步选择开关旋钮应转向左边之整步电源，视所需之整步电源分别选用。

内　＋：用本机内经 Y 轴放大器放大之正讯号电压接入扫描发生器作为整步电源；

内　－：用本机内经 Y 轴放大器放大之负讯号电压接入扫描发生器作为整步电源；

电源整步：即采用市电 50Hz 讯号作为整步电源；

外整：即采用外加之整步电源，外加整步电源由外整输入接线柱接入。

如由输入接线柱接入外加 X 轴讯号时，则应先将 X 轴衰减选择开关旋向右边（扫描频率选择应指向关）。然后根据讯号的强度选择适当挡级；当讯号电压超过 5V 时采用 1/10 挡级，超过 50V 时可采用 1/100 挡级，当讯号不需经放大器可直接由机身后面之示波管偏向插座接入。

(6) 选择扫描频率应视 Y 轴输入讯号频率及在荧光屏上显示所需电波之完全周波个数所决定。如 Y 轴输入频率为 200Hz 而我们在荧光屏上需观察四个完全周波，则扫描频率为 200/4＝50Hz，若观察 2 个完全周波时，则扫描频率为 200/2＝100Hz。如扫描频率选择上并无此适当挡级时，可选用比之稍小的挡级，然后再缓缓调节扫描微调控制器至荧光屏上显现所需之完全周波数为止。

(7) 为了使所观察之图形静止固定显现在荧光屏上，首先必须使 Y 轴输入讯号频率恰为扫描频率之整倍数，所以要适当调节扫描微调控制器，同时加入适量整步电压，使其对扫描起整步作用。但调节整步电压宜小，否则扫描易引起非线性畸变。整步电压调节一般先使整步电压控制器之旋钮指向左边最低点，而调节扫描微调控制器，使其图形略呈缓慢移动，然后逐渐转动整步电压控制器使其图形稳定。

(8) Y 轴及 X 轴讯号输入时分别由 Y 轴与 X 轴接线柱接入，零端与接地接线柱相连。

(9) 如欲试验交流市电之轨迹图形时可将试验电压接线柱与 Y 轴输入接线柱相连。

(10) 如需输入调制辉度时可由调辉度接线柱接入，零端与接地接线柱相连。

附录6 XFD-6低频信号发生器

XFD-6 低频信号发生器是一种稳定性较高的 RC 信号发生器。仪器的频率范围为 20～200kHz。本仪器还有电阻式的可变衰减器和输出电压为 20V 的电压表。

使用方法：

(1) 开机后欲有稳定的输出信号应预热 30min。

(2) 频率的调节与微调

① 使用第一频率段 20～200Hz 时，“频率倍数”旋钮旋到“×1”的位置，这时度盘上的读数就是实际频率值。

② 使用第二频率段 200～2000Hz 时，“频率倍数”旋到“×10”的位置。此时刻度盘上的读数乘以 10 即是实际频率值。

③ 使用第三和第四频率段时，“频率倍数”旋钮分别旋到“×100”和“×1000”的位置即可。

(3) 输出电压调节　输出电压显示为 0～20V 电压表。“输出调节”旋钮顺时针旋转时，输出电压可连续升高。

(4) 信号输出　面板上有两个接线柱（一红，一黑），此即为信号的输出端。可将此信号接到示波器的 X 轴或 Y 轴输入端（注意：红接线柱接示波器输入端红接线柱，不要接反）。

(5) 输出衰减挡旋至“×1”挡。

附录7 最小偏向角与折射率的关系

$$\delta=(i_1-i_1')+(i_2-i_2')$$

$$A=i_1'+i_2$$

$$\therefore \delta=(i_1+i_2')-A$$

又 $\sin i_1=n\sin i_1'$

$\sin i_2'=n\sin i_2$

偏向角极小的条件

$$\frac{d\delta}{di_1}=0$$

由此得

$$\frac{di_2'}{di_1}=-1$$

故 $\dfrac{di_2'}{di_2}=\dfrac{n\cos i_2}{\cos i_2'}$；$\dfrac{di_2}{di_1}=-1$

$$\frac{di_1'}{di_1}=\frac{\cos i_1}{\cos i_1'}$$

整理得 $\cos i_1\cos i_2=\cos i_1'\cos i_2'$

又 $\cos i_2=\sqrt{1-\sin^2 i_2}=\sqrt{1-\frac{1}{n^2}\sin^2 i_2'}$

$\cos i_1'=\sqrt{1-\sin^2 i_1'}=\sqrt{1-\frac{1}{n^2}\sin^2 i_1}$

从而得：$\sqrt{n^2-\sin^2 i_2'}\cos i_1=\sqrt{n^2-\sin^2 i_1}\cos i_2'$

所以：$\sqrt{n^2+(n^2-1)\tan^2 i}=\sqrt{n^2+(n^2-1)\tan^2 i_2'}$

由于 i_1、i_2 均小于 $\frac{\pi}{2}$，可见 δ 具有极值的条件为：$i_1=i_2'$

当满足 δ 是极小值条件时，入射光和出射光的方向相对于棱镜是对称的。

$\therefore \delta_{\min}=2i_1-A$ 或 $i_1=\frac{1}{2}(\delta_{\min}+A)$

此条件下 $i_1'=i_2$，故得 $i_1'=\frac{A}{2}$

故得 $n=\frac{\sin i_1}{\sin i_1'}=\frac{\sin[(\delta_{\min}+A)/2]}{\sin\left(\frac{A}{2}\right)}$

附录 8　照相技术的有关资料

一张感光底片，看起来很薄，但它是由六种不同物质结合起来的，如附图 8-1 所示，从上至下各层依次为：①保护膜层；②高灵敏度感光层；③低灵敏度感光层；④结合膜层；⑤片基；⑥防反光层。其中高灵敏度感光层、低灵敏度感光层两层灵敏度不同的感光层结合起来，可以达到增大反差、改善成像质量、扩大正常曝光区域的目的。

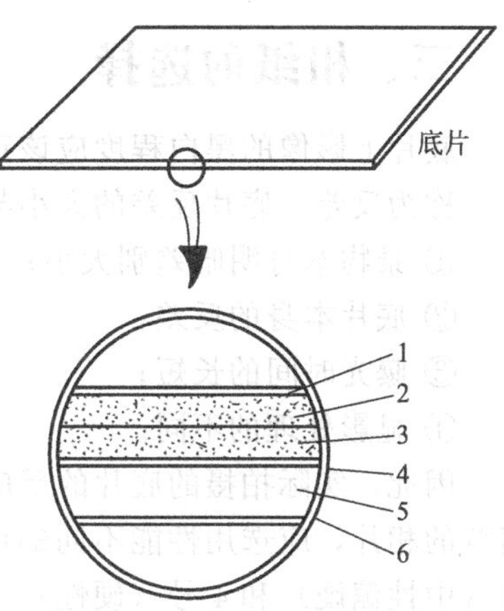

附图 8-1　底片的结构

1—保护膜层；2—高灵敏度感光层；3—低灵敏度感光层；4—结合膜层；5—片基；6—防反光层

一、底片的种类和用途

底片有硬片、软片及胶卷等。通常照相用的胶卷有 120 和 135 两种规格。为了适合各种不同用途，底片按感光性能可有以下几类。

(1) 无色片　感光乳剂中不加感色素，曝光的结果是黑白反差大，感光速度较慢，适用于翻拍文件、印制幻灯片和 X 光片等。

(2) 分色片　感光乳剂中加入了绿光感色素，对蓝、紫光感受灵敏，而对黄、绿光感受稍差，不感受红光，适用于室外摄影。

(3) 全色片　感光乳剂中加入红光、绿光感色素，对人眼能见的各种色光都能感受，用它拍摄彩色物体时，深浅色调皆可层次分明，适用于室外拍摄和室内灯光下摄影。

(4) 红外线片　专门感受红外线。因红外线不被大气散射，能穿透薄雾，所以用它拍摄远景特别清晰，适合航空、医学和军事上使用。

(5) 彩色片　彩色片的透光乳剂，在结构上与黑白片不同，分为色网组织和色层组织。其色网组织是全色的。色层组织分为上、中、下三层，分别感受蓝、绿、红光。拍摄结果与原物颜色相同的是透明正片，而与原物颜色成补色的是透明负片。

二、底片和感光速度

底片的感光速度，是指底片在曝光和冲洗后变黑到适当程度所需要的曝光量。知道了感光速度，就可以根据拍摄条件确定曝光量，即选取光圈和快门速度值。在拍摄静物或正常照明条件下，一般选取21°底片。如拍摄运动物体或照明条件较差的时候，要选用感光速度大一些的24°或28°底片。对于感光速度，各国制定的标准不同，它们之间的换算表见附表8-1。

附表 8-1　感光速度标准之间的换算

GB(中国标准)	15°	17°	18°	21°	22°	24°	28°
DIN(德国标准)	15°	17°	18°	21°	22°	24°	28°
ASA(美国标准)	25	40	50	100	125	200	500
LOCT(苏联标准)	22	32	45	90	100	180	400

按国家标准（GB），底片每增加3°，底片的感光速度增加1倍。

使用底片要注意以下几点。

① 所用底片的有效期。

② 保存时要注意防潮、防热。

③ 装底片时要防止漏光。

三、相纸的选择

底片上影像的黑白程度应该正确反映所摄景物的亮暗程度。把底片上影像黑白程度的差别，称为反差。底片反差的大小与下述因素有关：

① 景物本身明暗差别大小；

② 底片本身的反差；

③ 曝光时间的长短；

④ 显影处理的不同。

因此，实际拍摄的底片的反应强弱也就有所不同。为了使反差强弱不同的底片都能印出满意的相片，应选用性能不同的印相纸。常用的印相纸分为1号（软性）、2号（中性）、3号（中性偏硬）和4号（硬性）。可以根据底片的反差选择适当号数的印相纸或放大纸，相互调整，求得较好的效果。选配原则见附表8-2。

附表 8-2　底片与相纸的选配原则

底片反差程度	相纸性能	所得结果
强	软(1号)	良(反差正常)
中	中(2、3号)	良(反差正常)
弱	硬(4号)	良(反差正常)

如要求画面比较柔和，可选软一些的 2 号相纸；如要求画面明朗，可选用 3 号相纸。

四、曝光与显影

印相时，曝光的时间除与光源亮度有关外，还取决于负片的密度和印相纸的感光速度。曝光过度的相片，显影速度比较快，物像的明暗层次混淆，照片的粒子粗糙，色调偏黄。而曝光不足的照片，显影速度较慢，物像的亮暗表现不出来，层次显得很平淡，色调呈青紫色。在印相过程中如发现这种现象，只需相应改变曝光时间，就能印出质量较好的相片。

根据底片的感光特性曲线，可以鉴别负片或正片。例如，印相时，若曝光过度，物像的细节消失在阴暗部分（负片透明处）；而曝光不足时，物像的细节消失在光亮部分（负片较黑处）。

显影是一个化学过程，除与显影液的成分有关外，还受温度的影响。温度高时显影快，温度低时显影慢。一般显影温度为 18～20℃。显影过度会使物像的反差大；显影不足时，物像的反差小。

五、常用显影液和定影液的配方

见附表 8-3～附表 8-8。

附表 8-3　D-72 显影液（底片、相纸通用）

配　　方	作　　用
①温水(30～45℃)　750mL	
②米吐尔[$C_6H_4(OH)NHCH_3$]·$\frac{1}{2}H_2SO_4$　3g	显影剂、快速还原剂，显出的影像较软
③无水亚硫酸钠[Na_2SO_3]　45g	保护剂，防止药液氧化，使显出的银粒细小
④对苯二酚[$C_6H_4(OH)_2$]　12g	慢速显影剂，显影温度要求高，显出的影像硬
⑤无水碳酸钠(Na_2CO_3)　67.5g	促进剂
⑥溴化钾(KBr)　2g	抑制剂，防止产生灰雾

以上物质用温水溶解后，加水至 1000mL。

附表 8-4　D-76 微粒显影液（用于底片）

配　　方	作　　用
①温水(52℃)　750mL	
②米吐尔　2g	显影剂
③无水亚硫酸钠　100g	保护剂
④几奴尼(对苯二酚)　5g	显影剂
⑤硼砂($Na_2B_4O_7·10H_2O$)　2g	促进剂

加水至 1000mL。

附表 8-5　F-5 酸性坚膜定影液（相纸、底片通用）

配　　方	作　　用
①热水(60～70℃)　600mL	
②结晶硫代硫酸钠[$Na_2S_2O_3·5H_2O$]　240g	定影剂(溶去未感光的溴化银)

续表

配　方	作　用
③无水亚硫酸钠　15g	保护剂(使硫代硫酸钠遇酸时不易分解)
④30%醋酸[CH_3COOH]　45mL	停显剂,中和显影液
⑤硼酸[H_3BO_3]　7.5g	坚膜剂
⑥硫酸铝钾矾[$K_2Al_2(SO_4)_2\cdot 24H_2O$]　15g	防止发生白色沉淀(亚硫酸铝)

加水至1000mL。

在配制以上三种药液时，各药品必须严格按配方规定的温度、分量和次序依次溶解，溶完一种，再加一种。为了加速溶解，可不断搅拌。新配好的显影液需静置6～12h后再用。

附表8-6　D-19高反差强力显影剂（全息照相用）

配　方	作用	配　方	作用
①温水(50℃)　800mL		④对苯二酚　8g	显影剂
②米吐尔　2g	显影剂	⑤无水碳酸钠　48g	促进剂
③无水亚硫酸钠　90g	保护剂	⑥溴化钾　5g	抑制剂

溶解后加水至1000mL。显影温度为20～25℃。显影时间为3～5min。

附表8-7　全息摄影照片漂白液配方

①硫酸铜溶液　20%	42.5mL	③饱和重铬酸钾溶液	15mL
②溴化钾溶液　20%	42.5mL	④浓盐酸　48%	10滴

加水至300mL。

附表8-8　氯化汞全息照片漂白液配方

①氯化汞($HgCl_2$)	25g
②溴化钾(KBr)	25g

加水至1000mL。

附录9　YB4320系列双踪四迹示波器

YB4320系列双踪四迹示波器是教学和科研常用的电子测量仪器，其各项技术性能指标及使用说明如下。

一、技术性能

1. 垂直系统

项目	YB4320/20A	YB4340	YB4360	备注
CH1和CH2的灵感度	5mV/div～5V/div,按1—2—5步进,共10挡(量程)(1mV/div～1V/div在5×MAG)			
精度	×1:±5%、×1:±10%　(室温)			垂直钮放在校正处

续表

项目	YB4320/20A	YB4340	YB4360	备注
可微调的垂直灵敏度	大于所标明的灵敏度值的 2.5 倍			
频带宽度 5mV/div	DC:DC～20MHz－3dB AC:10Hz～20MHz－3dB	DC:DC～40MHz－3dB AC:10Hz～40MHz－3dB	DC:DC～60MHz－3dB AC:10Hz～60MHz－3dB	
扩展频带宽度 5mV/div	DC:DC～7MHz－3dB AC:10Hz～7MHz－3dB	DC:DC～7MHz－3dB AC:10Hz～7MHz－3dB	DC:DC～7MHz－3dB AC:10Hz～7MHz－3dB	
上冲	≤5%			
上升时间	≤17.5ns	≤8.8ns	约 6ns	
输入阻抗	1MΩ±2%,25pF±3pF　经探极　10MΩ±5%,约 17pF			
最大输入电压	300V(DC+AC 峰值)			
输入耦合系统	AC-GND-DC			
工作系统	CH1:仅通道 1 工作 CH2:仅通道 2 工作 ADD:CH1 和 CH2 的总和 双踪:同时显示通道 1 和通道 2			
转换	仅通道 2 的信号可转换			

2. 水平系统

项目	YB4320/20A	YB4340	YB4360	备注
扫描方式	×1、×5;×1、×5 交替		×1、×10;×1、×10 交替	
扫描时间因数	0.1μs～0.2s/div±5%　按 1－2－5 步进,共 20 挡			
扫描扩展	20～40ns/div		10～20ns/div	
交替扩展扫描	至多四踪			
光迹分挡微调	≤1.5div			

3. 触发系统

<table>
<tr><td colspan="2">项目</td><td colspan="3">YB4320/20A</td><td colspan="2">YB4340</td><td colspan="1">YB4360</td><td colspan="2">备注</td></tr>
<tr><td colspan="2">触发方式</td><td colspan="6">自动,正常,TV-V,TV-H</td><td colspan="2"></td></tr>
<tr><td colspan="2">触发信号源</td><td colspan="6">INT,CH2,电源,外</td><td colspan="2"></td></tr>
<tr><td colspan="2">极性</td><td colspan="6">+,－</td><td colspan="2"></td></tr>
<tr><td colspan="2">耦合系统</td><td colspan="6">AC 耦合</td><td colspan="2"></td></tr>
<tr><td colspan="2">灵敏度</td><td colspan="6"></td><td colspan="2"></td></tr>
<tr><td></td><td>频率</td><td>内</td><td>外</td><td>频率</td><td>内</td><td>外</td><td>频率</td><td>内</td><td>外</td></tr>
<tr><td>常态</td><td>10Hz～20MHz</td><td>2div</td><td>0.3V</td><td>10Hz～40MHz</td><td>2div</td><td>0.8V</td><td>10Hz～60MHz</td><td>2div</td><td>0.3V</td></tr>
<tr><td>自动</td><td>20Hz～20MHz</td><td>2div</td><td>0.3V</td><td>20Hz～40MHz</td><td>2div</td><td>0.8V</td><td>20Hz～60MHz</td><td>2div</td><td>0.3V</td></tr>
<tr><td colspan="1" rowspan="2">Tv 同步</td><td>内</td><td colspan="8">1div</td></tr>
<tr><td>外</td><td colspan="8">$1V_{p\text{-}p}$</td></tr>
</table>

仅 YB4320A 有交替触发，触发幅度≥3div，触发频率为 50Hz～20MHz。

4. X-Y 工作方式

项目	YB4320/20A	YB4320	YB4360	备注
工作方式	在 X-Y 工作方式中,CH1 即 X 轴,CH2 即 Y 轴			
灵敏度	和 Y 轴一样			
输入阻抗	1MΩ±2%∥25pF±3pF			
X 轴带宽	DC～500kHz			
相差位	≤3°(DC～50kHz)			

5. Z 轴

项目	YB4320/20A	YB4340	YB4360	备注
输入阻抗	33kΩ			
最大输入电压	30V(DC+AC 峰值),最大 AC1kHz			
宽带	DC～1MHz			
输入信号	±5V(反相增加亮度)			

6. 校准

项目	YB4320/20A	YB4340	YB4360	备注
频率	1kHz±2%			
输出电平	0.5V(±2%)			
有效屏幕	≥48:52			

7. CH1 输出

项目	YB4320A	备注
输出电压	最小 20mV/div	
输出阻抗	约 50Ω	
宽带	50Hz～5MHz(−3dB)	

8. 电源

项目	YB4320/20A	YB4340	YB4360	备注
电源	AC:220V±10%			
频率	50Hz±5%			
功耗	35W	35W	40W	

9. 示波管

项目	YB4320/20A	YB4340	YB4360	备注
型号	15J118Y41	A2288	A2288	
加速电压	−1.9kV	12kV	12kV	
有效屏幕	8div(垂直方向)×10div(水平方向)			

10. 外部环境

项目	YB4320/20A	YB4340	YB4360	备注
工作温度	0～40℃			
工作湿度	20%～90%			
保证最佳工作的温度	10～35℃			
保证最佳工作的湿度	45%～85%			
保证最佳贮存的温度	−20～70℃			
保证最佳贮存的湿度	35%～85%(气温高于 50℃湿度低于 70%)			

二、面板控制键作用说明

1. 面板

见附图 9-1、附图 9-2。

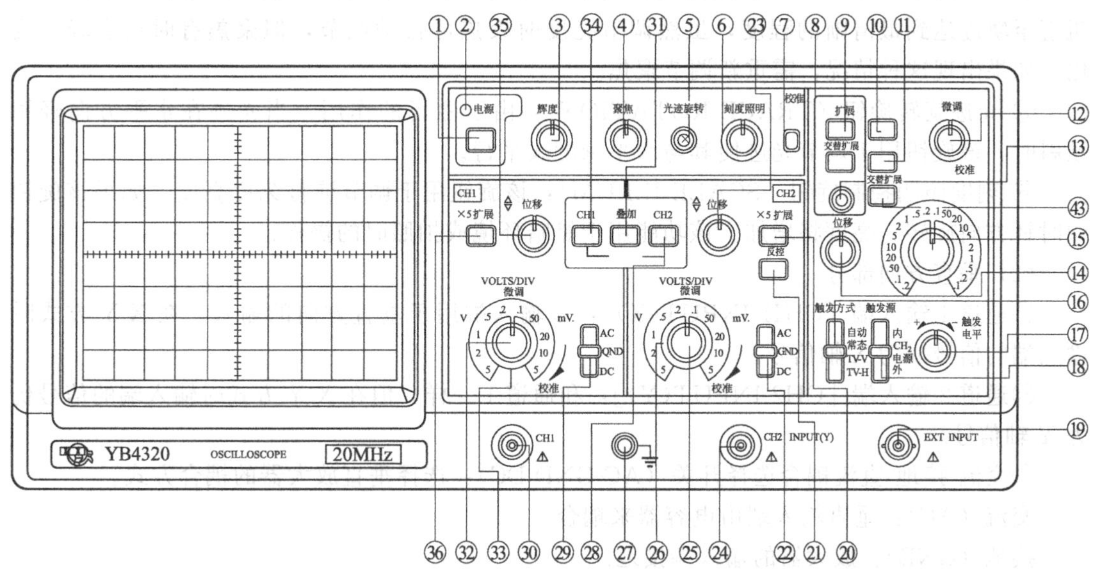

附图 9-1　前面板控制位置图

2. 面板控制键作用说明

(1) 主机电源

㊳交流电源插座，该插座下端装有保险丝。

检查电压选择器上标明的额定电压，并使用相应的保险丝。该电源插座用于连接交流电源线。

① 电源开关（POWER）：将电源开关按键弹出即为“关”位置，将电源线接入，按电源开关，以接通电源。

② 电源指示灯：电源接通时指示灯亮。

③ 辉度旋钮（INTENSITY）：顺时针方向旋转旋钮，亮度增强。接通电源之前将该旋钮逆时针方向旋转到底。

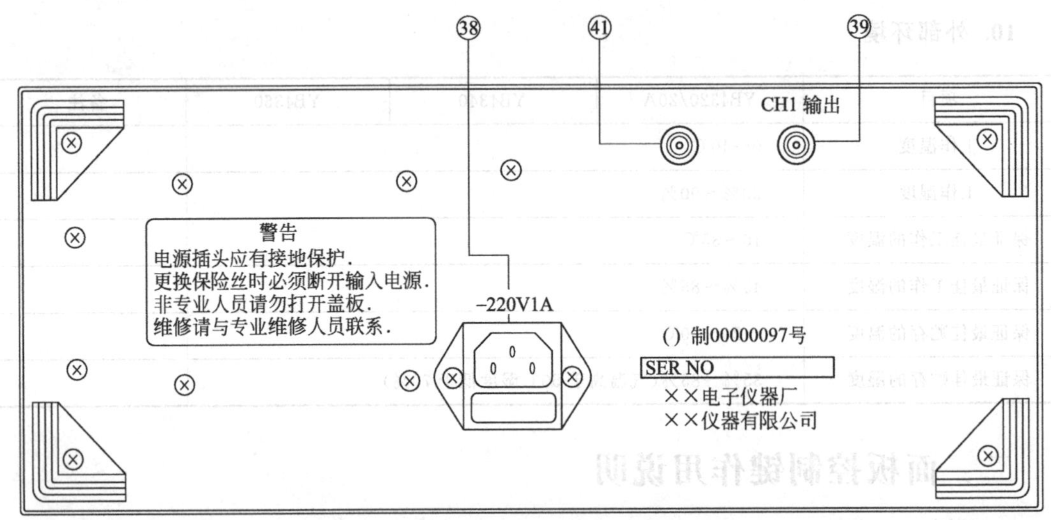

附图 9-2　后面板示意图

④ 聚焦旋钮（FOCUS）：用亮度控制钮将亮度调节至合适的标准，然后调节聚焦控制钮直至轨迹达到最清晰的程度，虽然调节亮度时聚焦可自动调节，但聚焦有时也会轻微变化。如果出现这种情况，需重新调节聚焦。

⑤ 光迹旋转旋钮（TRACE ROTATION）：由于磁场的作用，当光迹在水平方向轻微倾斜时，该旋钮用于调节光迹使其与水平刻度线平行。

⑥ 刻度照明控制旋钮（SCALE ILLUM）：该旋钮用于调节屏幕刻度亮度。如果该旋钮顺时针方向旋转，亮度将增加。该功能用于黑暗环境或拍照时的操作。

（2）垂直方向部分

㉚通道 1 输入端［CHI1 INPUT(X)］：该输入端用于垂直方向的输入。在 X-Y 方式时输入端的信号成为 X 轴信号。

㉔通道 2 输入端［CH2 INPUT(Y)］：和通道 1 一样，但在 X-Y 方式时输入端的信号仍为 Y 轴信号。

㉒交流-接地-直流耦合选择开关（AC-GND-DC）：选择垂直放大器的耦合方式。

交流（AC）：垂直输入端由电容器来耦合。

接地（GND）：放大器的输入端接地。

直流（DC）：垂直放大器输入端与信号直接耦合。

㉖㉝衰减器开关（VOLT/DIV）：用于选择垂直偏转灵敏度的调节。

如果使用的是 10∶1 的探头，计算时将幅度×10。

㉕㉜垂直微调旋钮（VARIBLE）：垂直微调用于连续改变电压偏转灵敏度。此旋钮在正常情况下应位于顺时针方向旋到底的位置。将旋钮逆时针方向旋到底，垂直方向的灵敏度下降到 2.5 倍以上。

⑳㊱CH1×5 扩展、CH2×5 扩展（CH1×5MAG、CH2×5MAG）：按下×5 扩展按键，垂直方向的信号扩大 5 倍，最高灵敏度变为 1mV/div。

㉓㉟垂直移位（POSITION）：调节光迹在屏幕中的垂直位置。

垂直方式工作按钮：(VERTICAL MODE)。

（3）选择垂直方向的工作方式

㉞通道 1 选择（CH1）：屏幕上仅显示 CH1 的信号。

㉘通道 2 选择（CH2）：屏幕上仅显示 CH2 的信号。

㉞㉘双踪选择（DUAL）：同时按下 CH1 和 CH2 按钮，屏幕上会出现双踪并自动以断续或交替方式同时显示 CH1 和 CH2 上的信号。

㉛叠加（ADD）：显示 CH1 和 CH2 输入电压的代数和。

㉑CH2 极性开关（INVERT）：按此开关时 CH2 显示反相电压值。

（4）水平方向部分

⑮扫描时间因数选择开关（TIME/DIV）：共 20 挡。在 0.1μs/div～0.2s/div 范围内选择扫描速率。

⑪X-Y 控制键：如 X-Y 工作方式时，垂直偏转信号接入 CH2 输入端，水平偏转信号接入 CH1 输入端。

㉓通道 2 垂直移位键（POSITION）：控制通道 2 在屏幕中的垂直位置，当工作在 X-Y 方式时，该键用于 Y 方向的移位。

⑫扫描微调控制键（VARIBLE）：此旋钮以顺时针方向旋转到底时处于校准位置，扫描由 Time/Div 开关指示。该旋钮逆时针方向旋转到底，扫描减慢 2.5 倍以上。正常工作时，该旋钮位于校准位置。

⑭水平移位（POSITION）：用于调节轨迹在水平方向移动。

顺时针方向旋转该旋钮向右移动光迹，逆时针方向旋转该旋钮向左移动光迹。

⑨扩展控制键（MAG×5）、（MAG×10，仅 YB4360）：按上去时，扫描因数×5 扩展或×10 扩展。扫描时间是 Time/Div 开关指示数值的 1/5 或 1/10。例如，×5 扩展时，100μs/Div 为 20μs/Div。

部分波形的扩展：将波形的尖端移到水平尺寸的中心，按下×5 或×10 扩展按钮，波形将扩展 5 倍或 10 倍。

⑧ALT 扩展按钮（ALT-MAG）（附图 9-3）：按下此键，扫描因数×1；×5 或×10 同时显示。此时要把放大部分移到屏幕中心，按下 ALT-MAG 键。

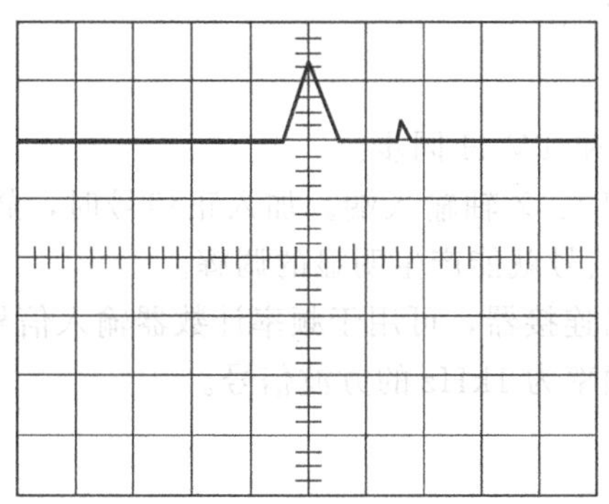
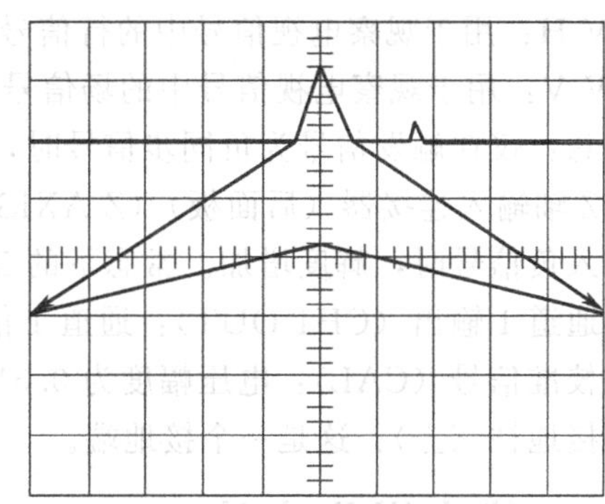

附图 9-3　ALT-MAG（×10）

扩展以后的光迹可由光迹分离控制键⑬移位距×1 光迹 1.5div 或更远的地方。

同时使用垂直双踪方式和水平 ALT-MAG 可在屏幕上同时显示四条光迹。

（5）触发（TRIG）（附图 9-4）

⑱触发源选择开关（SOU RCE）：选择触发信号源。

内触发（INT）：CH1 或 CH2 上的输入信号是触发信号。

通道 2 触发（CH2）：CH2 上的输入信号是触发信号。

电源触发（LINE）：电源频率成为触发信号。

外触发（EXT）：触发输入上的触发信号是外部信号，用于特殊信号的触发。

㊸交替触发（ALT TRIG）：在双踪交替显示时，触发信号交替来自于两个 Y 通道，此方式可用于同时观察两路不相关信号。

⑲外触发输入插座（EXT INPUT）：用于外部触发信号的输入。

⑰触发电平旋钮（TRIG LEVEL）：用于调节被测信号在某一电平触发同步。

⑩触发极性按钮（SLOPE）：触发极性选择，用于选择信号的上升沿和下降沿触发。

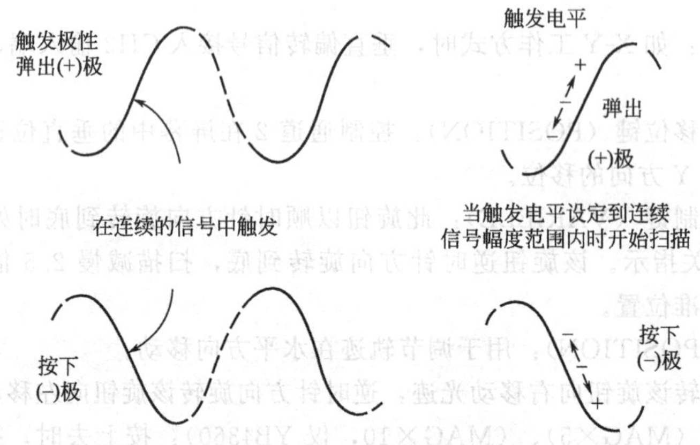

附图 9-4 触发信号波形变化图

⑯触发方式选择（TRIG MODE）

自动（AUTO）：在自动扫描方式时扫描电路自动进行扫描。在没有信号输入或输入信号没有被触发同步时，屏幕上仍然可以显示扫描基线。

常态（NORM）：有触发信号才能扫描，否则屏幕上无扫描线显示。当输入信号的频率低于 20Hz 时，请用常态触发方式。

TV-H：用于观察电视信号中的行信号波形。

TV-V：用于观察电视信号中的场信号波形。

注意：仅在触发信号为负同步信号时，TV-V 和 TV-H 同步。

㊶Z 轴输入连接器（后面板）（Z AXIS INPUT）：Z 轴输入端。加入正信号时，辉度降低；加入负信号时，辉度增加。常态下的 $5V_{p\text{-}p}$ 的信号就能产生明显的调辉。

㊴通道 1 输出（CH1 OUT）：通道 1 信号输出连接器，可用于频率计数器输入信号。

⑦校准信号（CAL）：电压幅度为 $0.5V_{p\text{-}p}$、频率为 1kHz 的方波信号。

㉗接地柱（⊥）：这是一个接地端。

三、基本操作方法

打开电源开关前先检查输入的电压，将电源线插入后面板上的交流插孔，如附表 9-1 所示设定各个控制键。

附表 9-1 各个控制键的设定

电源(POWER)	电源开关键弹出
亮度(INTENSITY)	顺时针方向旋转
聚焦(FOCUS)	中间

续表

AC-GND-DC	接地(GND)
垂直移位(POSITION)	中间(xs)扩展键弹出
垂直工作方式(MODE)	(MODE)CH1
触发方式(TRIG)自动(AUTO)	(TRIGDE)自动(AUTO)
触发源(SOURCE)	(SOURCE)内(INT)
触发电平(TRIG LEVEL)	(TRIG LEVEL)中间
Time/Div	0.5ms/div
水平位置	×1,(×5MAG),(×10MAG),ALT-MAG 均弹出

所有的控制键如上设定后，打开电源。当亮度旋钮顺时针方向旋转时，轨迹就会在大约15s后出现。调节聚焦旋钮直到轨迹最清晰。如果电源打开后却不用示波器时，将亮度旋钮逆时针方向旋转以减弱亮度。

注：一般情况下，将下列微调控制钮设定到“校准”位置。

V/Div VAR：顺时针方向旋转到底，以便读取电压选择旋钮指示的 V/Div 上的数值。

Time/Div VAR：顺时针方向旋转到底，以便读取扫描选择旋钮指示的 Time/Div 上的数值。改变 CH1 移位旋钮，将扫描线设定到屏幕的中间。如果光迹在水平方向略微倾斜，调节前面板上的光迹旋钮与水平刻度线相平行。

一般检查如下。

1. 屏幕上显示信号波形

如果选择通道 1，设定如下控制键：

垂直方式开关.........CH1

触发方式开关.........AUTO

触发源开关.........INT

完成这些设定之后，频率高于 20Hz 的大多数重复信号可通过调节触发电平旋钮进行同步。由于触发方式为自动，即使没有信号，屏幕上也会出现光迹。如果 AC-⊥-DC 开关设定为 DC 时，直流电压即可显示。

如果 CH1 上有低于 20Hz 的信号，必须作下列改变。

触发方式开关............ 常态（NORM)，调节触发电平控制键以同步信号。

如果使用 CH2 输入，设定下列开关：Y 轴方式开关……CH2，触发源开关……INT，所有其他的设定和步骤均与 CH1 上显示的波形一致。

2. 需要观察两个波形时

将垂直工作方式设定为双踪（DUAL)，这时可以很方便地显示两个波形，如果改变了 Time/Div 范围，系统会自动选择（ALT）或（CHOP)。

如果要测量相位差，带有超前相位的信号应该是触发信号。

3. 显示 X-Y 图形

当按下 X-Y 开关时，示波器 CH1 为 X 轴输入，CH2 为 Y 轴输入，垂直方式×5 扩展开关断开（弹出状态)。

4. 叠加的使用

当垂直工作方式开关设定为 ADD（叠加)，可显示两个波形的代数和。

四、信号测量

测量的第一步是将信号输入到示波器通道输入端。

1. 当使用探头时

在测量高频信号时，必须将探头衰减开关拨到×10 位置，此时输入信号缩小到原值的 1/10，但在测试低频小信号时可将探头衰减开关拨到×1 位置。但是，在大幅度信号的情况下，将探头衰减开关拨到×10，其测量的范围也相应扩大。

注意：

① 不可输入超过 400V（DC＋ACp-p　1kHz）的信号。

② 如果要测量波形的快速上升时间或是高频信号，必须将探头的接地接在被测量点附近。如果接地线离测试点较远，可能会引起波形失真，比如阻尼大或过冲（附图 9-5）。

③ 接地线头的处理。当探头衰减开关拨到×10 信号时，实际的 V/Div 值为显示值的 10 倍。例如：如果 V/Div 为 50mV/Div，那么实际值为 50mV/Div×10＝500mV/Div。

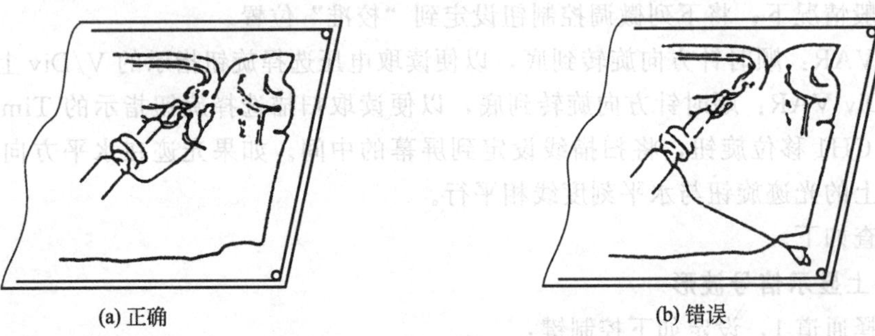

附图 9-5　探头接地方法示意

④ 为避免测量错误，请按如下方法校准探头，并在测量之前进行检查，将探头针接到 CAL 输出连接器上。

对补偿电容值作了最佳选择，如波形出现附图 9-6(b) 和 (c) 所示情况，请将探头上的可调电容器调至最佳值。

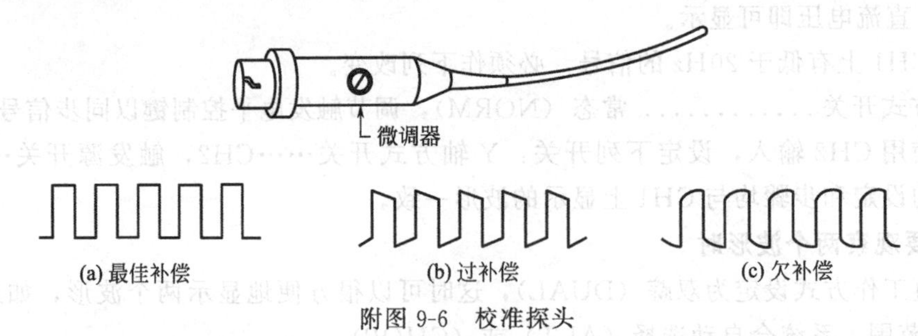

附图 9-6　校准探头

2. 直接连接

如果未用探头直接连接到示波器上，可采取下列措施以减小测量错误。

(1) 如果要测量的电路是低电阻、大幅度的，如果未采用屏蔽线作为输入线，仍要采取屏蔽措施，因为在很多情况下，测量误差会因为各种干扰耦合到输入线中而发生，即使在低频时，这种误差也不可忽视。

(2) 如果用了屏蔽线，连接接地线的一端接到示波器的接地端，另一端接到被测量电路的接地端。并需要使用一个 BNC 型同轴电缆线作为输入线。

(3) 如果观察到的波形具有快速上升时间或是高频的，需要连接一个 50Ω 的终端电阻到电缆线的末端。

(4) 一些情况下，要求测试的电路可能会在测量之前需要一个 50Ω 的终端匹配器以完成正常的工作。

(5) 如果使用一根很长的屏蔽线进行测量，必须考虑到寄生电容。一般，屏蔽线电容大约是每米 100pF，对被测电路的影响不可忽视。探头的使用会减少分布电容对被测电路的影响。

五、测试步骤

按照下列步骤操作。

(1) 将亮度和聚焦设定到能够最佳显示的合适位置。

(2) 最大可能地显示波形，减小测量误差。

(3) 注意探头的衰减情况（×1 或×10）。

① 测量直流电压：设定 AC-GND-DC 开关至 GND，将零电平定位到屏幕上的最佳位置。这个位置不一定在屏幕的中心。

将 V/Div 设定到合适的位置，然后将 AC-GND-DC 开关拨到 DC，直流信号将会产生偏移，DC 电压可通过刻度的总数乘以 V/Div 值的偏移后得到。例如，在附图 9-7 中，如果 V/Div 是 50mV/Div，计算值为 50mV/Div×4.2＝210mV。当然如果探头 10∶1，实际的信号值就是×10，因此，50mV/Div×4.2×10＝2100mV＝2.1V。

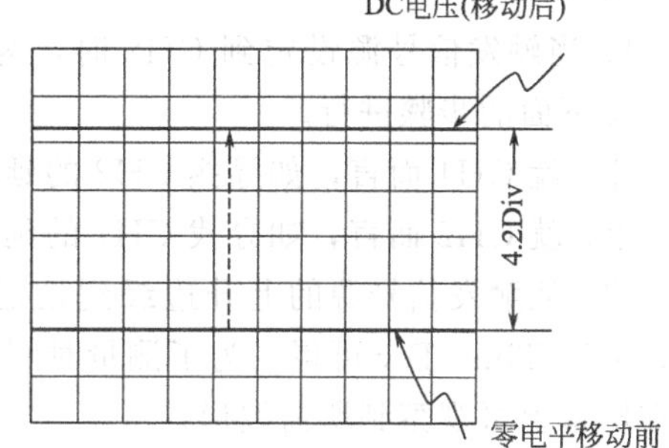

附图 9-7　示波器操作过程示意图 1

② 交流电压的测量：与测量电压一样，将零电平设定到屏幕任一方便的位置。在附图 9-8 中，如果 V/Div 为 1V/Div，计算方法为：1V/Div×5＝5Vp-p。当然，如果探光为 10∶1，实际值为 50Vp-p。

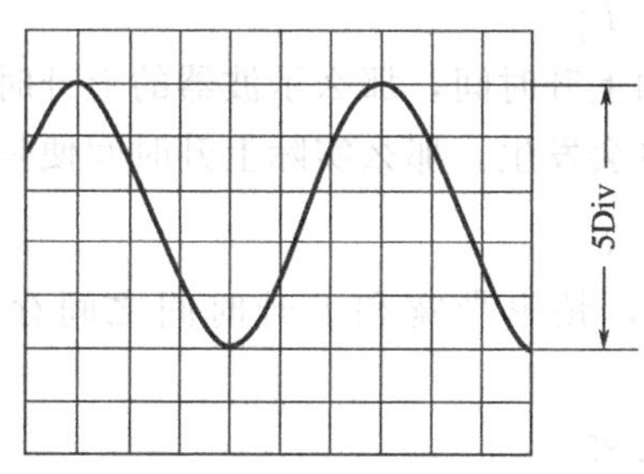

附图 9-8　示波器操作过程示意图 2

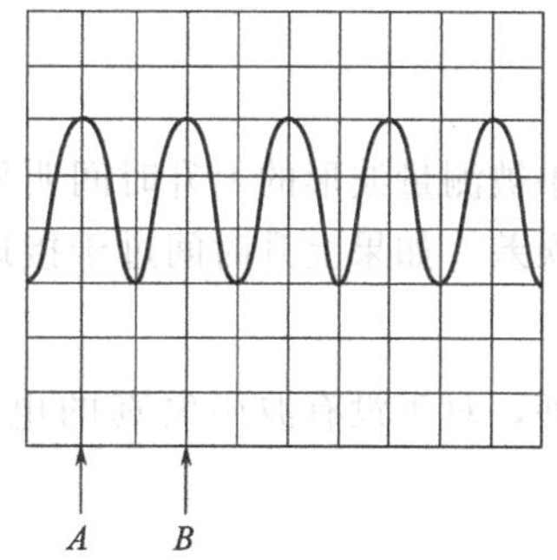

附图 9-9　示波器操作过程示意图 3

如果幅度 AC 信号被重叠在一个高直流电压上，AC 部分可通过 AC-GND-DC 开关设置至 AC。这将隔开信号的直流部分，仅耦合交流部分。

③ 频率和时间的测量：以附图 9-9 为例。

一个周期是 *A* 点到 *B* 点，在屏幕上为 2Div。假设扫描时间为 1ms/Div，周期则为 1ms/

Div×2.0＝2.0ms。由此可得，频率为 1/2ms＝500Hz。不过，如果运用×5 扩展，那么 Time/Div 则为指示值的 1/5。

④ 时间差的测量：设定可观测的两个信号的参考信号为触发信号（参看附图 9-10）。

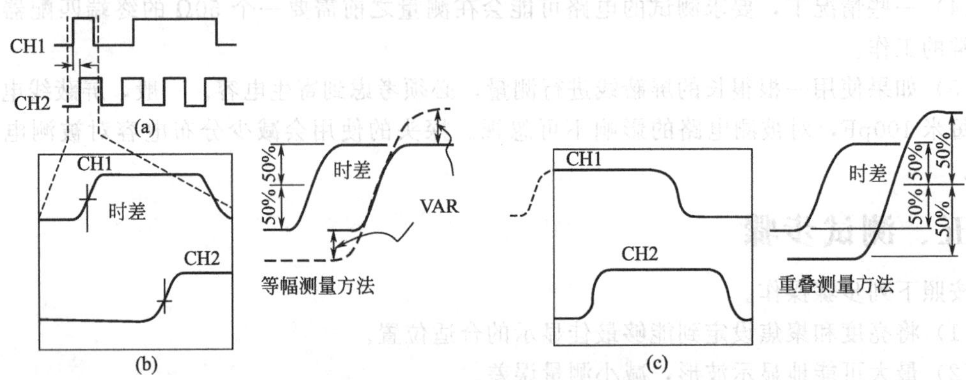

附图 9-10　示波器操作过程示意图 4

a. 如果信号如附图 9-10(a) 所示，那么当触发信号源设定到 CH1 时，将如附图 9-10(b) 所示。

b. 当触发信号源设定到 CH2 时，为附图 9-10(c) 所示。为了测量信号之间的时间延迟，按下面的步骤进行。

Ⅰ. 就 CH1 而言，如寻找 CH2 的延迟时间，设定触发信号源为 CH1。

Ⅱ. 就 CH2 而言，如寻找 CH1 的延迟时间，设定触发信号源为 CH2。

Ⅲ. 从触发信号源的上升边缘到延迟信号源的上升边缘计算刻度的数目可算得延迟时间，乘以 Time/Div 可得。为了测量时间延迟，将带有超前相位的信号设定为触发信号。这样在屏幕上可观察到所需波形。

注意：当脉冲波含有高频部分时（谐波）请按照测量高频信号步骤进行，且使接地电线尽可能地靠近测试点。

Ⅳ. 测量上升（下降）时间：测量脉冲上升时间时，按照前面的步骤观察被测波形的上升时间 T_{rx}，示波器的实际上升时间 T_{rs} 与屏幕显示的上升时间 T_{ro} 之间存在着下列关系：

$$T_{or}=\sqrt{T_{rx}^2+T_{rs}^2}$$

如果被测量波形的上升时间明显大于示波器的上升时间，那么示波器的上升时间就会引起测量误差。如果上升时间过于接近，测量误差也会发生。那么实际上升时间便是：

$$T_{rx}=\sqrt{T_{ro}^2-T_{rs}^2}$$

另外，对于没有波形失真的电路，一般来说，频率带宽和上升时间之间存在着下列关系：

$$f_c \times T_r=0.35$$

式中，f_c 为频带宽度，Hz；T_r 为上升时间，s。

Ⅴ. 合成波形的同步：如附图 9-11 所示，如果信号幅度差交替出现，根据触发电平设定，波形会出现重叠；这时触发电平应选择的是从 A，B，C，D，E，F…和从 E，F，G，H…逐步变化，轨迹将会出现附图 9-11(b) 所示的重叠，不可以达到同步。如果触发电平顺时针方向旋转选择 Y' 线，显示在屏幕上的波形便成为 B，C，D，E，F…从 B 开始显示在屏幕上的波形如附图 9-11(c) 所示，可以达到同步。

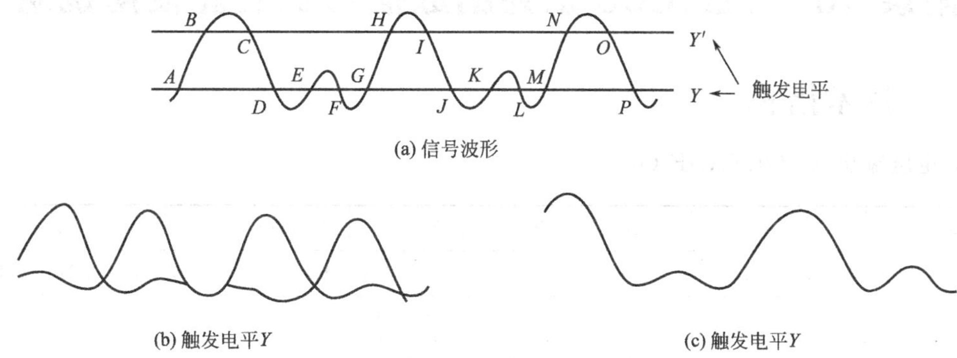

(a) 信号波形

(b) 触发电平Y

(c) 触发电平Y

附图 9-11　合成波形的同步

Ⅵ. 测量两个通道时的波形

ⅰ. 如果 CH1 和 CH2 信号有同步的相互关系，或者两个信号频率之间有种特定的时间关系，如恒定的比例，将触发信号源开关设定到 INT。如果 CH2 信号时间被检测出与 CH1 信号有关，将触发源开关设定到 INT；如果情形相反，则将触发源开关设定到 CH2。

ⅱ. 假如被观察的信号没有同步的相互关系，可将 TRIG 信号源开关置于 INT 并将 ALT-TRIG 键按下，触发信号随系统交替变换，因此两个通道波形都能稳定同步。

如附表 9-2 所示，如果 CH1 上输入一个正弦波，CH2 上输入一个方波，那么可触发电平范围是 A。

附表 9-2　操作步骤示意 1

	(a)如果输入耦合为直流	(b)如果输入耦合为交流
CH1	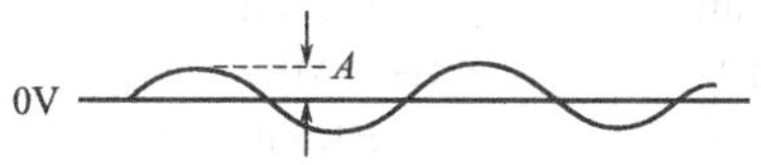 0V　A	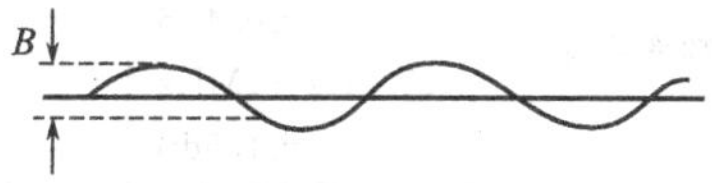 B
CH2	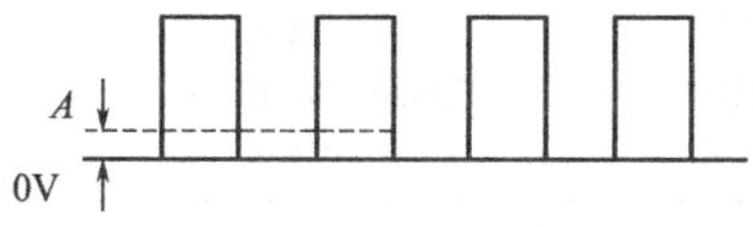 A　0V	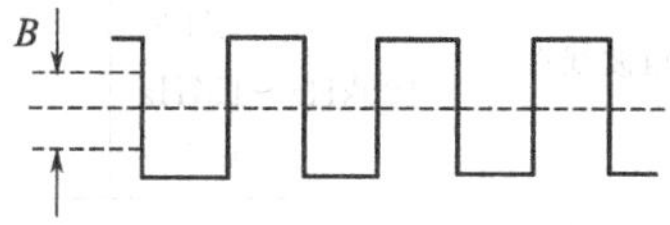 B

为增大同步水平范围，CH2 输入耦合可设定为 AC 耦合。另外，如附表 9-3 所示，如果显示选择器上的任一信号较小，改变 V/Div 选择开关㉖㉝，可将幅度设定为足够的水平。

附表 9-3　操作步骤示意 2

CH1	 0V
CH2	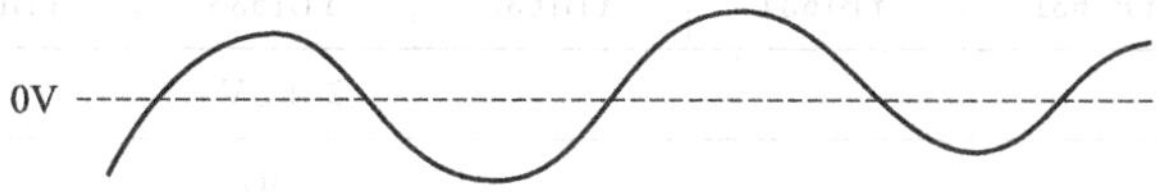 0V

附录 10　YB1600 系列函数信号发生器使用说明

一、技术指标

1. 电压输出（VOLTAGE OUT）

型号	YB1631	YB1634	YB1635	YB1638	YB1639	YB1639A	YB1640
频率范围	0.1～1Hz	0.2～2Hz		0.3～3Hz		同 YB1634	1Hz～15MHz
频率调整率	0.1～1						
输出波形	正弦波、方波、三角波、单次波、斜波、TTL 方波、直流电平、 调频波(仅 YB1639A、YB1640 具有扫频波输出)						
输出阻抗	50Ω						
输出信号类型	单频、调频					单频、调频、扫频	
扫频类型						线性	
扫频速率						10ms～5s	
调频电压范围	0～10V						
调频频率	0.2～100Hz						
输出电压幅度	≥20Vp-p(开路)　≥10Vp-p(50Ω)						
正统波失真度	≤2% 0.1Hz～100kHz	≤2% 0.2Hz～200kHz		≤2% 0.3Hz～300kHz		同 YB1634	≤2%
频率响应	0.1Hz～100kHz ±0.4dB 100kHz～1MHz ±1.5dB	0.2Hz～200kHz ±0.4dB 200kHz～2MHz ±1.5dB		0.3Hz～300kHz ±0.4dB 300kHz～3MHz ±1.5dB			±1.5dB
三角波线性	0.1Hz～100kHz ≤1% 100kHz～1MHz ≤5%	0.2Hz～100kHz ≤1% 100kHz～2MHz ≤5%		0.3Hz～100kHz ≤1% 100kHz～3MHz ≤5%			1Hz～100kHz ≤1% 100kHz～2MHz ≤5%
对称度	20%～80%						
直流偏置	10V～－10V(开路)　5V～5V(50Ω)						
方波上升时间	≤150ns	≤100ns		≤80ns		≤100ns	≤15ns
衰减精度	≤±3%						
对称度对 频率影响	±20%						

2. TTL 输出

型号	YB1631	YB1634	YB1635	YB1638	YB1639	YB1639A	YB1640
输出幅度	≥+3V						
输出阻抗	600Ω						

3. 功率输出

型号	YB1631	YB1634	YB1639
频率范围	0.1Hz～100kHz (正弦波、三角波可达 100kHz)	0.2Hz～20kHz (正弦波、三角波可达 200kHz)	0.3Hz～30kHz (正弦波、三角波可达 300kHz)
输出波形	同电压输出		
正弦波失真	≤2%		
三角波线性	≤1%		
正弦波平坦度	±1dB		
输出电压幅度	50Vp-p		
输出电流	1Ap-p		
电平偏置	±25V		
输出特性	纯电阻性		
过载保护指示	约 1.3Ap-p		

4. 频率计数

型号	YB1631	YB1634	YB1635	YB1638	YB1639	YB1639A	YB1640
测量精度	±1%(±1 个字)						
时基频率	10MHz						
闸门时间	10s　1s　0.1s　0.01s						
测频范围	0.1Hz～10MHz						0.1Hz～15MHz

二、面板操作键作用说明

(以下标题 1～16 对应附图 10-1 中 1～16)

1. 电源开关 (POWER)：将电源开关按键弹出即为“关”位置，将电源线接入，按电源开关，以接通电源。

2. LED 显示窗口：此窗口指示输出信号的频率：当“外测”开关按入，显示外测信号的频率。

3. 频率调节旋钮 (FREQUENCY)：调节此旋钮改变输出信号频率，顺时针旋转，频率增大，逆时针旋转，频率减小。

4. 对称性 (SYMMETRY)：对称性开关，对称性调节旋钮。将对称性开关按入，对称性指示灯亮，调节对称性旋钮，可改变波形的对称性。

5. 波形选择开关 (WAVE PORM)：按入对应波形的某一键，可选择需要的波形，三只键都未按入，无信号输出，此时为直流电平。

6. 衰减开关 (ATTE)：电压输出衰减开关，两挡开关组合为 20dB、40dB、60dB，YB1640 为 0dB、20dB、40dB。

7. 频率范围选择开关 (兼频率计数闸门开关)：根据需要的频率，按下其中一键。

8. 功率输出开关 (POWER-OUT)：按下此键，功率指示灯变绿色，如果该指示灯由绿色变为红色，则说明输出短路或过载 (YB1635、YB1638 无此开关)。YB1639A、YB1640

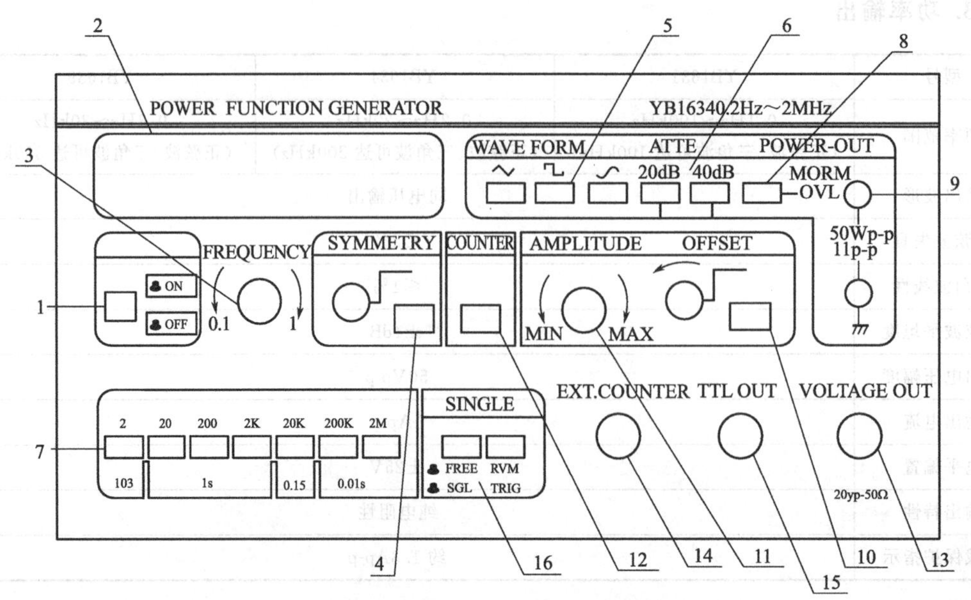

附图 10-1　面板操作键作用

中此开关为扫频/外调频（SCAN）选择开关，此开关按入，电压输出端输出的是扫频信号，此开关弹出，如 VCF 输入端有输入信号，则电压输出端输出调频信号。

9. 功率输出端：为电路负载提供功率输出，负载应为纯电阻，如是感性或容性负载，请串入 10W/50Ω 左右电阻（最大幅度输出时），如果是 40Vp-p，可选择 40Ω 左右的电阻等。根据幅度的大小取对应的电阻（YB1635、YB1638、YB1639A、YB1640 无功率输出），YB1639A、YB1640 中对应功率输出“＋”端的是扫频速率调节旋钮（RAIE），顺时针调节 RATE 旋钮，加快扫频速率，逆时针调节 RATE 旋钮，减慢扫频速率。对应功率输出“－”端为扫频宽度调节旋钮（WIDTH），顺时针调节 WIDTH 旋钮，使扫频宽度加宽，逆时针调节则使扫频宽度变窄。

10. 直流偏置（OFFSET）：按入直流偏置开关，直流偏置指示灯亮，此时调节直流偏置调节旋钮，可改变直流电平。

11. 幅度调节旋钮（AMPLITUDE）：顺时针调节此旋钮，增大“电压输出”“功率输出”的输出幅度。逆时针调节此旋钮，可减小“电压输出”“功率输出”的输出幅度。

12. 外测开关（COUNTER）：此开关按入 LED 显示窗显示外测信号频率，外测信号由 EXT. COUNTER 输入插座输入。

13. 电压输出端口（VOLTAGE OUT）：电压输出由此端口输出。

14. EXT. COUNTER：外测量信号输入端口。

15. TTL OUT 端口：由此端口输出 TYL 信号。

16. 单次开关（SINGLE）：当“SGL”开关按入，单次指示灯亮，仪器处于单次状态，每按一次“TRIG”键，电压输出端口输出一个单次波形（YB1640 无此开关）。

三、基本操作方法

打开电源开关之前，首先检查输入的电压，将电源线插入后面板上的交流插孔，如下表所示设定各个控制键。

电源(POWER)	电源开关键弹出
波形选择开关(WAVE FORM)	任意按入一键
功率输出开关(POWER-OUT)	功率开关键弹出[scan 键弹出(YB1639A)]
衰减开关(ATTE)	弹出
外测频(COUNTER)	外测频开关弹出
直流偏置(OFFSET)	直流偏置开关弹出
单次开关(SINGLE)	单次开关弹出
频率选择开关	按入任意一键
对称性开关(SYMMETRY)	对称性开关弹出

所有的控制键如上设定后，打开电源。此时 LED 显示窗口显示本机输出信号频率。

一般检查如下。

(1) 将电压输出信号由 VOLTAGE OUT 端口通过连接线送入示波器 Y 输入端口。

(2) 三角波、方波、正弦波产生

① 将 WAVE FORM 选择开关分别按正弦波、方波、三角波，此时示波器屏幕上将分别显示正弦波、方波、三角波。

② 改变频率选择开关，示波器显示的波形以及 LED 窗口显示的频率将发生明显变化。

③ 旋转 FREQUENCY 旋钮最大到最小，显示频率将有 10 倍以上的变化。

④ AMPLITUDE (幅度旋钮) 顺时针旋至最大，示波器显示的波形幅度将≥20Vp-p。

⑤ 将 OFFSET 开关按入，顺时针旋转 OFFSET 旋钮至最大，示波器波形向上移动，逆时针旋转，示波器波形向下移动，最大变化量±10V 以上。注意：信号超过±10V 或±5V (50Ω) 时被限幅。

⑥ 按下 ATTE 开关，输出波形将被衰减。

(3) 单次波形产生

① 频率开关置 Hz 挡。

② 波形选择开关置"方波"。

③ 按入"SGL"开关，SIGLE 指示灯亮，示波器无波形显示，按"TRIG"开关，每按一次，示波器将显示一个完整周期的波形。

(4) 斜波产生

① 波形开关置"三角波"。

② SYMMETRY 开关按入对称性指示灯亮。

③ 调节 SYMMETRY 旋钮，三角波将变成斜波。

(5) 外测频率

① 按入 COUNTER 开关，外测指示灯亮。

② 将外测信号由 EXT. COUNTER 输入端输入。

③ 选择闸门时间 (频率选择开关)。

(6) TTL 输出

① TTL OUT 端口接示波器 Y 轴输入端 (DC 输入)。

② 操作方法参见面板操作键作用说明。

③ 示波器将显示方波或脉冲波，幅度>3Vp-p。

（7）功率输出（YB1635、YB1638、YB1639A、Yb1640 无）

① 各调节器使用请参见“三角波、方波、正弦波产生”。

② POWER-OUT 开关按入，指示灯显示绿色。

③ 用 Q9 双夹线将功率输出端口同示波器 Y 轴输入端相连。

④ TTL 衰减器不起作用。

⑤ 方波频率到 20kHz（YB1639 到 30kHz，YB1631 到 10kHz），正弦波、三角波可到 200kHz（YB1639 到 300kHz，YB1631 到 100kHz）。

⑥ 输出最大幅度 50Vp-p，电阻可选 50Ω（1W 以上功率电阻），需满足 Vp-p/R＜1Ap-p，如超过 1.2Ap-p 电路开始保护，指示灯由绿色变为红色。

⑦ 电平调节，波形超过±25V，波形出现限幅失真。

⑧ 如果是纯电抗性负载，输出接一只功率为 10W 以上的电阻，其阻值的确定近似为 Vp-p/R＜1Ap-p，请根据实际情况而定。其原因为纯电感负载会产生功率放大输出信号的相位，导致放大器反馈不再是 1800，甚至在某一频率上出现正反馈，引起放大器振荡或不稳定。

⑨ 本机功率放大器具有过载和短路保护，当 POWER-OUT 指示灯由绿变红时，说明过载或短路，尽量不要长时间短路或过载。如果功率输出要求不大，一般可串一只 50Ω/10W 电阻。

（8）扫频（SCAN）（仅 YB1639A、YB1640）

① 按入 SCAN 开关，此时 VOLTAGE OUT 端口输出的信号为扫频信号。

② 调节 RATE（速率）旋钮，可改变扫频速率，顺时针调节，增大扫频速率，逆时针调节，减慢扫频速率。

③ 调节 WIDTH（扫频宽度）旋钮，可改变扫频宽度，顺时针调节使扫频宽度变宽，逆时针调节使扫频宽度变窄。

（9）VCF（外调制） 由 VCF 输入端口（YB1634、YB1639、YB1639A、YB1640 此端口在后面板上）输入 0～10V 的调制信号。此时，VOLTAGE OUT 端口输出为调频信号。

附录 11　YB-3000 型等精密度智能频率计使用说明

一、技产指标

（1）测频

型号	YB-3130P
测频范围	1Hz～1.3GHz
A 通道测频范围	1Hz～100MHz
B 通道测频范围	100MHz～1.3GHz
测量准确度	$10^{-7}/\tau$＋时标误差＋出发误差

注：τ 为采样时间。

（2）测周　仅限 A 通道；测量范围：1s～0.1μs；测量准确度如下表。

型号	YB-3130P
测量准确度	$10^{-7}/\tau$＋时标误差＋出发误差

（3）计数　计数容量：1～10^8；最高测量频率：1MHz。

（4）A 通道特性

型号	YB-3130P
测频范围	1Hz～100MHz
输入灵敏度	(1Hz～3Hz)35mV，(3Hz～90MHz)25mV，(90～100MHz)30mV 最大输入电压 250V(CD+ACms)
输入阻抗	1MΩ/35pf
衰减	×1，×20 固定
低通滤波器截止频率	100kHz

（5）B 通道特性

型号	YB-3130P
测频范围	10Hz～1.3GHz
输入灵敏度	(100MHz～1.2GHz)20mV (1.2GHz～1.3GHz)25mV 最大输入电压 3V
输入阻抗	50Ω

（6）内标频输出：10MHz　TTL　电平。

外标频输入：10MHz　3Vp-p。

（7）显示特性　显示部分包括 8 位七段 LED 显示器及 MHz、kHz、Hz、us、闸门（GATE）、保持（HOLD）指示器等。

（8）工作温度范围　0～40℃。

（9）工作湿度范围　10%～90%RH。

（10）电源电压　220V±10%，50Hz。

（11）功耗　≤10VA。

二、前面板说明

见附图 11-1。

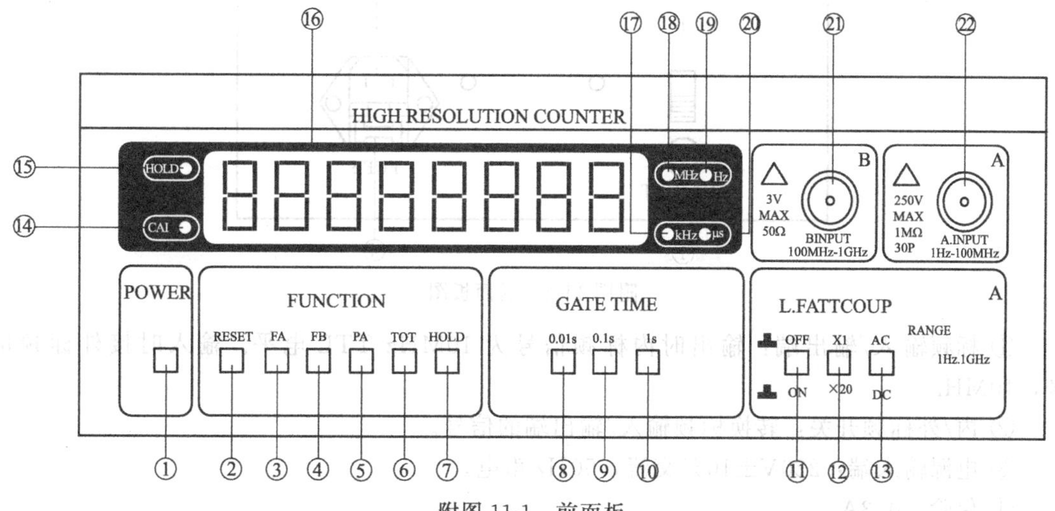

附图 11-1　前面板

① 电源开关（POWER）：仪器220V交流电源开关。

② 复位按钮（RESET）：整机复位。当仪器工作不正常时，可按复位按钮。

③ 功能键FA：A通道测频功能。用于1Hz～100MHz信号频率的测量。

④ 功能键FB：B通道测频功能。用于100MHz～1.3GHz信号频率的测量。

⑤ 功能键PA：A通道测周功能。用于1Hz～100MHz信号周期的测量。

⑥ 功能键TOT：A通道累加计数功能。用于频率小于1MHz信号的脉冲计数。

⑦ 功能键HOLD：计数保持功能。用于计数功能时保持计数结果。

⑧ 闸门时间0.01s（GATE TIME 0.01s）：测量时闸门开启时间约为0.01s，测量结果为6位。

⑨ 闸门时间0.1s（GATE TIME 0.1s）：测量时闸门开启时间约为0.1s，测量结果为7位。

⑩ 闸门时间1s（GATE TIME 1s）：测量时闸门开启时间约为1s，测量结果为8位。

⑪ 低通滤波（ON/OFF）：A通道低通滤波器，截止频率约为100kHz。

⑫ 衰减（X1/X20）：A通道衰减。信号衰减为1/20。

⑬ 耦合（AC/DC）：输入耦合方式。当被测频率小于10Hz时，使用DC耦合。

⑭ 闸门指示灯：指示灯亮表示闸门开启。

⑮ 保持指示灯：指示灯亮表示在计数测量时保持按键按下，停止计数。

⑯ 显示屏：8位LED数码管显示测量结果。

⑰ kHz：频率测量结果的单位为kHz。

⑱ MHz：频率测量结果的单位为MHz。

⑲ Hz：频率测量结果的单位为Hz。

⑳ μs：周期测量结果的单位为μs。

㉑ B通道输入端：通道阻抗为50Ω。输入频率为100MHz～1.3GHz的信号。

㉒ A通道输入端：通道阻抗为1MΩ，30pF。输入频率低于100MHz的信号。

三、后面板说明

见附图11-2。

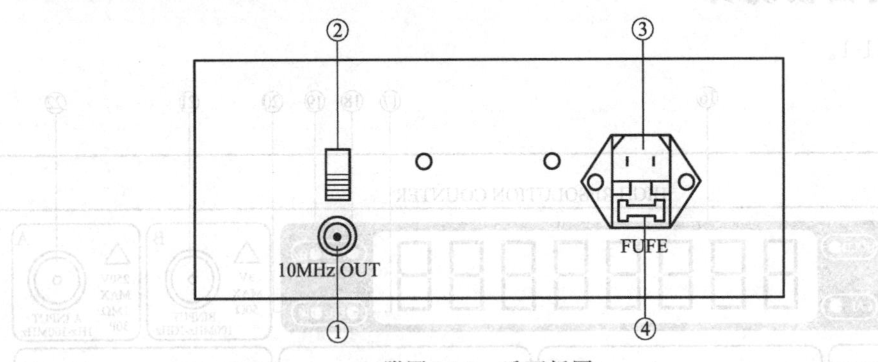

附图11-2 后面板图

① 标频输入/输出端：输出时内标频信号为10MHz TTL电平。输入时接外标频信号，10MHz。

② 内/外标频开关：转换标频输入/输出端的信号。

③ 电源输入端：220V±10%交流，50Hz市电。

④ 保险：0.3A。

四、仪器使用说明

把仪器电源插头和供电插座连接。内/外标频开关打至“内”位置。打开电源开关，此时仪器对数码管每段进行测试，单位指示灯全部亮。5s 后进入测量状态。开关和闸门时间开关未设置，则显示全 0，单位指示灯全亮，需对仪器进行正确的设置。

1. 频率测量

当被测信号频率范围在 f_x =1Hz～100MHz 时用 A 输入通道。

(1) 估计被测信号的幅度。若信号幅度大于 10V，将衰减器打至“×20”，以防烧坏通道电路。

(2) 把输入信号接至输入 A 通道输入端。

(3) 设定功能开关在 FA 位置。

(4) 可选择不同的闸门时间得到所需要的分辨率。

(5) 显示器显示频率值。在每次测量过程中闸门灯亮，而测量间隔的末尾更新显示结果。

(6) 若测量频率较低（低于 100kHz）且信号高频噪声较大，可使用低通滤波 LPF（低通滤波器）。

(7) 若测量超低频信号（低于 10Hz），可采用 DC 耦合。当被测信号，频率范围在 100MHz～1GHz（100MHz～1.3GHz）时用 B 输入通道。

① 把被测信号接至 B 通道输入端。

② 设定功能开关在 FB 位置。

③ 选择不同的闸门时间得到所需要的分辨率。

2. 周期测量

用 A 输入通道，当被测信号频率范围在 1Hz～100MHz 时按以下方法测量。

(1) 估计被测信号的幅度。若信号幅度大于 10V，将衰减器打至“×20”，以防烧坏通道电路。

(2) 把被测信号接至 A 通道输入端。

(3) 设定功能开关在 PA 位置。

(4) 选择不同的闸门时间得到所需要的分辨率。

(5) 显示器显示周期值。在每次测量过程中闸门灯亮，而测量间隔的末尾更新显示结果。

(6) 若显示 FL，表示被测周期过小（T<10ns），测量溢出。

(7) 若测量频率较低（低于 100kHz）或信号高频噪声较大，可使用低通滤波 LPF（低通滤波器）。

(8) 若测量超低频信号（低于 10Hz）可采用 DC 耦合。

3. 计数测量

用 A 输入通道，当被测信号频率范围在 1Hz～10MHz 时按以下方法测量。

(1) 估计被测信号的幅度。若信号幅度大于 10V，将衰减器打至“×20”，以防烧坏通道电路。

(2) 若测量超低频信号（低于 10Hz），可采用 DC 耦合。

(3) 把被测信号接至 A 通道输入端。

(4) 按下 TOT 按钮，开始计数，显示屏显示计数结果并不断刷新。

（5）按下 HOLD 按钮，停吐计数，显示屏显示技术结果并保持。保持指示灯亮。

（6）弹起 HOLD 按钮，在以前计数结果上累加计数。

（7）弹起 TOT 按钮，退出计数功能。

4. 自校

（1）把后面板 10MHz 标频输出信号接至 A 通道输入端。

（2）按下 FA 功能开关。

（3）使用闸门时间 1s。

（4）显示器显示频率值 10.00000MHz。

（5）若显示不正确，则仪器工作不正常，需要修理。

5. 使用外标频

使用高精度的外标频信号，可以提高仪器稳定性，使测量结果更加准确。在使用外标频信号时，必须将后面板上的内/外标频开关先打至“外”位置，再将外标频信号接入。外标频信号的频率为 10MHz，幅度为 3Vp-p。当有外标频信号接入时，不能将开关打至“内”的位置。

6. 注意事项

（1）YB-3100PG、YB-3130PG 两型号设有外标频输入功能，当内/外标频开关设置在外标频，外标频信号未接入，这时显示器一个数码管在不固定位置亮，仪器此时属于正常。当接入外标频信号后，显示器八位数码管显示零，仪器开始测量。

（2）在仪器没有外标频信号接入时，内/外标频开关必须打至“内”的位置，否则仪器不工作。禁止在有外标频信号接入时将内/外标频信号开关打至“内”的位置。

（3）若显示 Err，表示测量出错，可按复位键；如果仍然出错，则需要修理。

（4）所加的输入信号电压大于“技术指标”中所列的 250V 限制将会损坏频率计。因此在接入输入信号之前，必须确保其电压不大于仪器所能接受的最大值。

附录 12　DH4512 型霍尔效应实验仪使用说明

一、概述

DH4512 型霍尔效应实验仪用于研究霍尔效应产生的原理及其测量方法，通过施加磁场，可以测出霍尔电压并计算它的灵敏度，以及可以通过测得的灵敏度来计算线圈附近各点的磁场。

DH4512 型霍尔效应实验仪采用双圆线圈产生实验所需要的磁场（对应实验 17-1 的内容）；

DH4512B 型霍尔效应实验仪采用螺线管产生实验需要的磁场（对应实验 17-1、实验 17-2 的内容）。

二、仪器构成

DH4512 型霍尔效应实验仪由实验架和测试仪两部分组成。附图 12-1 为 DH4512 型霍尔效应实验仪双线圈实验架平面图，附图 12-2 为 DH4512B 型霍尔效应实验仪螺线管实验架平面图；附图 12-3 为 DH4512 型霍尔效应实验仪面板图。

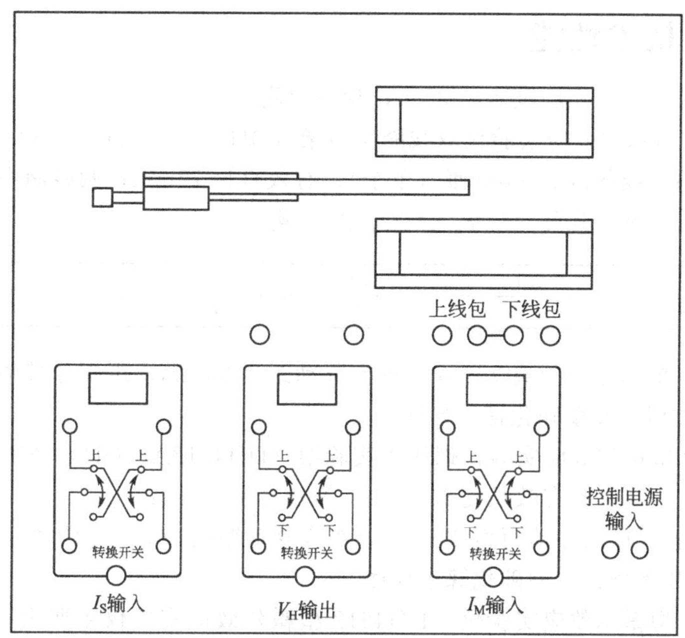

附图 12-1　DH4512 型霍尔效应实验仪双线圈实验架平面图

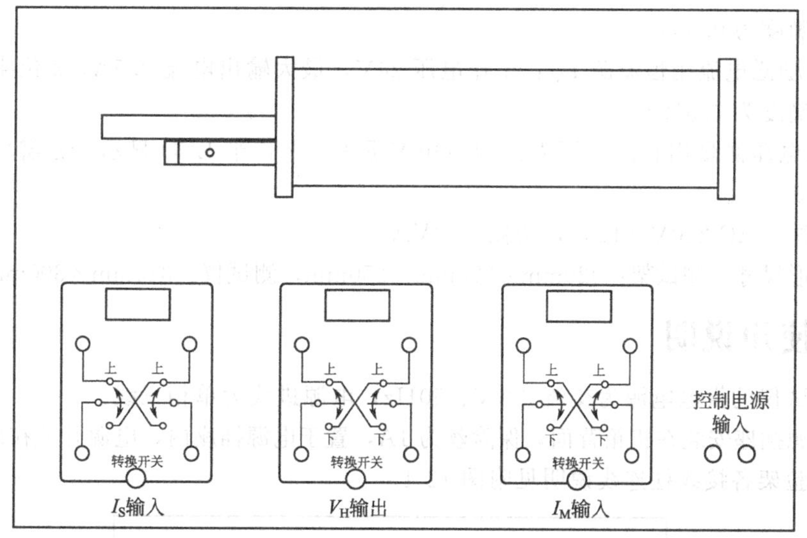

附图 12-2　DH4512B 型霍尔效应实验仪螺线管实验架平面图

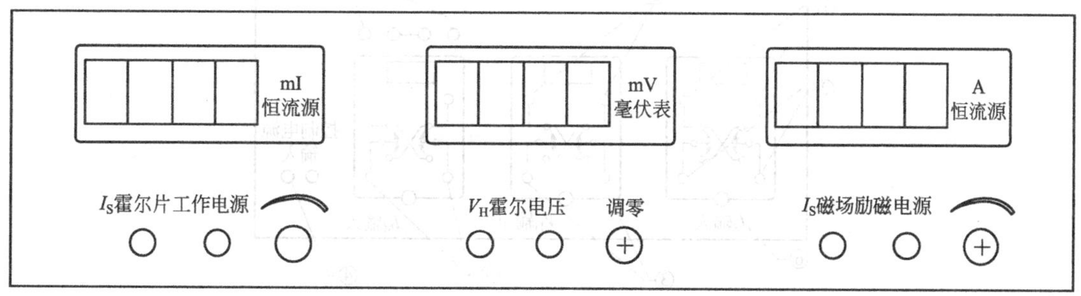

附图 12-3　DH4512 型霍尔效应实验仪面板图

三、主要技术性能

(1) 环境适应性　工作温度 10～35℃；相对湿度 25%～75%。

(2) DH4512 型霍尔效应实验仪双线圈实验架（DH4512、DH4512A）

两个励磁线圈：线圈匝数 1400 匝（单个）；有效直径 72mm；两线圈中心间距 52mm。

下表为电流与磁感应强度对应表（双个线圈通电）：

电流值/A	0.1	0.2	0.3	0.4	0.5
中心磁感应强度/mT	2.25	4.50	6.75	9.00	11.25

移动尺装置：横向移动距离 70mm，纵向移动距离 25mm，距离分辨率 0.1mm。

霍尔效应片类型：N 型砷化镓半导体。

(3) DH4512 型霍尔效应实验仪螺线管实验架（DH4512A、DH4512B）

① 线圈匝数 1800 匝，有效长度 181mm，等效半径 21mm。

② 移动尺装置：横向移动距离 235mm，纵向移动距离 20mm，距离分辨率 0.1mm。

③ 霍尔效应片类型：N 型砷化镓半导体。

(4) DH4512 型霍尔效应实验仪　DH4512 型霍尔效应实验仪主要由 0～0.5A 恒流源、0～3mA 恒流源及 20mV 量程三位半电压表组成。

① 霍尔工作电流用恒流源 I_s：工作电压 24V，最大输出电流 3mA，3 位半数字显示，输出电流准确度为 0.5%。

② 磁场励磁电流用恒流源 I_M：工作电压 24V，最大输出电流 0.5A，3 位半数字显示，输出电流准确度为 0.5%。

③ 霍尔电压测量用直流电压表：19.99mV 量程，3 位半 LED 显示，分辨率 10μV，测量准确度为 0.5%。

(5) 电源　AC 220V±10%，功耗：50VA。

(6) 外形尺寸　测试架：320mm×270mm×250mm，测试仪：320mm×300mm×120mm。

四、使用说明

(1) 测试仪的供电电源为交流 220V、50Hz，电源进线为单相三线。

(2) 电源插座安装在机箱背面，保险丝为 1A，置于电源插座内，电源开关在面板的左侧。

(3) 实验架各接线柱连线说明见附图 12-4。

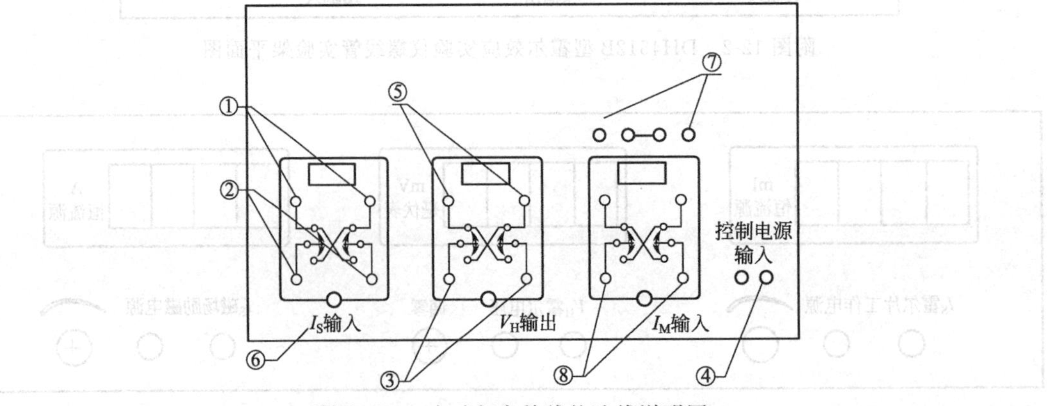

附图 12-4　实验架各接线柱连线说明图

① 连接到霍尔片的工作电流端（红色插头与红色插座相连，黑色插头与黑色插座相连）。

② 连接到测试仪上霍尔工作电流端（红色插头与红色插座相连，黑色插头与黑色插座相连）。

③ 连接到测试仪上霍尔电压输入端（红色插头与红色插座相连，黑色插头与黑色插座相连）。

④ 用一边是分开的接线插、另一边是双芯插头的控制连接线与测试仪背部的插孔相连接（红色插头与红色插座相连，黑色插头与黑色插座相连）。

⑤ 连接到霍尔片霍尔电压输出端（红色插头与红色插座相连，黑色插头与黑色插座相连）。

⑥ 方向切换开关。

⑦ 连接到磁场励磁线圈端子，出厂前已在内部连接好。

⑧ 连接到测试仪磁场励磁电流端（红色插头与红色插座相连，黑色插头与黑色插座相连）。

(4) 测试仪面板上的“I_S 输出”“I_M 输出”和“V_H 输入”三对接线柱应分别与实验架三对相应的接线柱正确连接。

(5) 将控制连接线一端插入测试仪背部的二芯插孔，另一端连接到实验架的控制接线端子上。

(6) 仪器开机前应将 I_S、I_M 调节旋钮逆时针方向旋到底，使其输出电流趋于最小状态，然后再开机。

(7) 仪器接通电源后，预热数分钟即可进行实验。

(8) “I_S 调节”和“I_M 调节”分别控制样品工作电流和励磁电流的大小，其电流随旋钮顺时针方向转动而增加，细心操作。

(9) 关机前，应将“I_S 调节”和“I_M 调节”旋钮逆时针方向旋到底，使其输出电流趋于零，然后才可切断电源。

(10) 继电器换向开关的使用说明　单刀双向继电器的电原理如附图 12-5 所示。当继电器线包不加控制电压时，动触点与常闭端相连接；当继电器线包加上控制电压时，继电器吸合，动触点与常开端相连接。

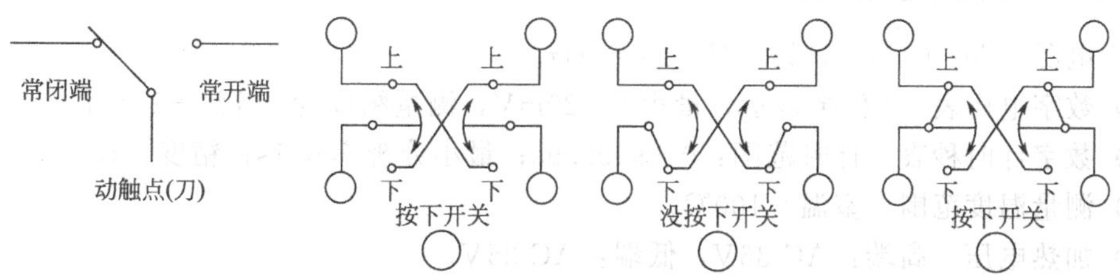

附图 12-5　单刀双向继电器工作示意图

实验架中，使用了三个双刀双向继电器组成三个换向电子闸刀，换向由按钮开关控制。

当未按下转换开关时，继电器线包不加电，常闭端与动触点相连接；当按下按钮开关时，继电器吸合，常开端与动触点相连接，实现连接线的转换。由此可知，通过按下、按上转换开关，可以实现与继电器相连的连接线的换向功能。

五、仪器使用注意事项

(1) 当霍尔片未连接到实验架，并且实验架与测试仪未连接好时，严禁开机加电，否则极易使霍尔片遭受冲击电流而使霍尔片损坏。

(2) 霍尔片性脆易碎、电极易断，严禁用手触摸，以免损坏。在需要调节霍尔片位置时，必须谨慎。

(3) 加电前必须保证测试仪的“I_S 调节”和“I_M 调节”旋钮均置零位（即逆时针旋到底），严防 I_S、I_M 电流未调到零就开机。

(4) 测试仪的“I_S 输出”接实验架的“I_S 输入”，“I_M 输出”接“I_M 输入”，决不允许将“I_M 输出”接到“I_S 输入”处，否则一旦通电，会损坏霍尔片。

(5) 为了不使通电线圈过热而受到损害，或影响测量精度，除在短时间内读取有关数据，通过励磁电流 I_M 外，其余时间最好断开励磁电流。

(6) 注意：移动尺的调节范围有限！在调节到两边停止移动后，不可继续调节，以免因错位而损坏移动尺。

附录 13　YBF-3 型导热系数测试仪使用说明

一、概述

导热系数（热导率）是反映材料导热性能的物理量，它不仅是评价材料的重要依据，而且是应用材料时的一个设计参数，在加热器、散热器、传热管道设计、房屋设计等工程实践中都要涉及这个参数。因为材料的热导率不仅随温度、压力变化，而且材料的杂质含量、结构变化都会明显影响热导率的数值，所以在科学实验和工程技术中对材料的热导率常用实验方法测定。

测量热导率的方法大体上可分为稳态法和动态法两类。本测试仪采用稳态法测量不同材料的导热系数，其设计思路清晰、简捷，实验方法具有典型性和实用性。测量物质的导热系数是热学实验中的一个重要内容。

本测试仪由加热器、数字电压表、计时秒表组成（采用一体化设计）。

二、主要技术指标

(1) 电源　AC（220±10%）V、50/60Hz。

(2) 数字电压表　3 位半显示，量程 0～20mV，测量精度为 0.1%+2 个字。

(3) 数字计时秒表　计时范围：0～9999.9s；最小分辨率 0.1s；精度：10^{-5}。

(4) 测量温度范围　室温～100℃。

(5) 加热电压　高端：AC 36V，低端：AC 25V。

(6) 散热铜板　半径：65mm　厚度：7mm　质量：815g。
（以上的参数已在每一块铜板上标注）

(7) 测试介质　硬铝、硅橡胶、胶木板、空气等。

(8) 连续工作时间　>8h。

三、仪器的面板图

见附图 13-1、附图 13-2。

四、加热温度的设定

① 按一下温控器面板上设定键（S），此时设定值（SV）显示屏一位数码管开始闪烁。

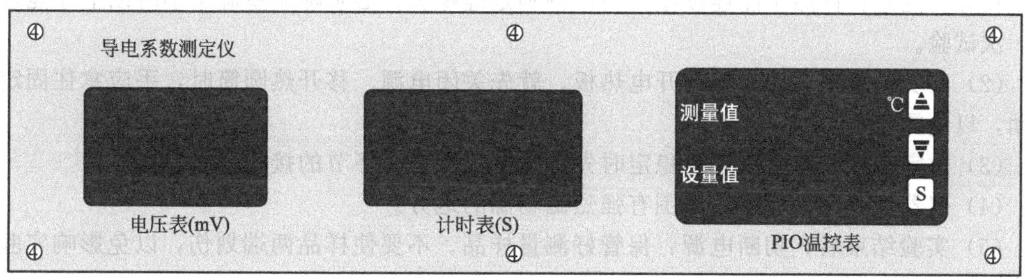

附图 13-1　上面板图

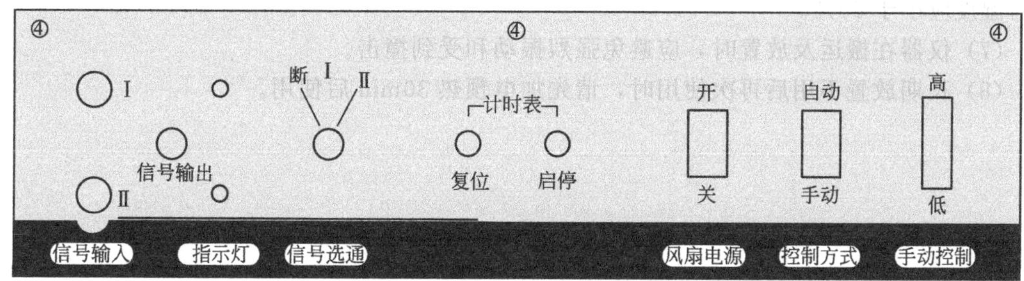

附图 13-2　下面板图

② 根据实验所需温度的大小，再按设定键（S）使其左右移动到所需设定的位置，然后通过加数键（▲）、减数键（▼）来设定好所需的加热温度。

③ 设定好加热温度后，等待 8s 后返回至正常显示状态。

五、仪器的连接

从铜板上引出的热电偶其冷端接至冰点补偿器的信号输入端，经冰点补偿后由冰点补偿器的信号输出端接到导热系数测定仪的信号输入端（附图 13-3）。

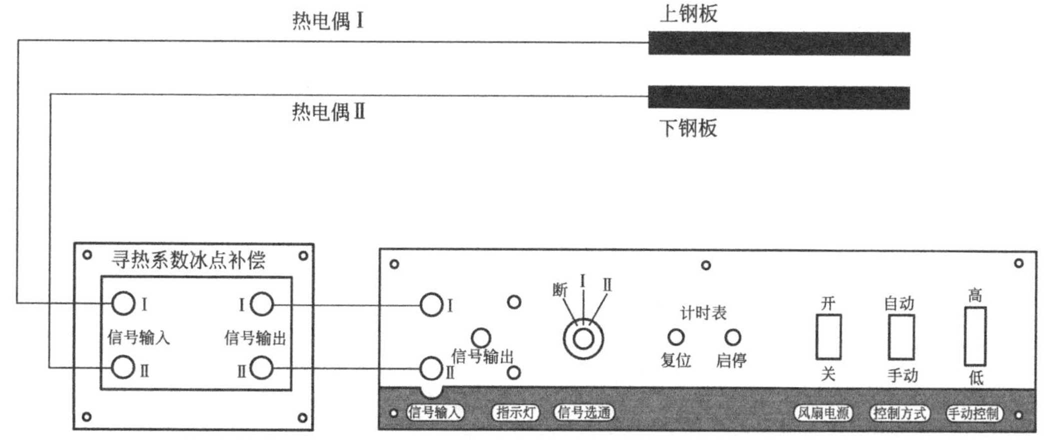

附图 13-3　连线图

六、仪器维护与保养

（1）使用前将加热盘面与散热盘面擦干净。样品两端面擦净，可涂上少量硅油，以保证接触良好。注意：样品不能连续做实验，特别是硅橡胶，必须降至室温半小时以上才能进行下一次试验。

（2）在实验过程中，如若移开电热板，就先关闭电源。移开热圆筒时，手应拿住固定轴转动，以免烫伤手。

（3）数字电压表数字出现不稳定时先查热电偶及各个环节的接触是否良好。

（4）仪器使用时，应避免周围有强烈磁场源的地方。

（5）实验结束后，切断电源，保管好测量样品。不要使样品两端划伤，以免影响实验的精度。

（6）仪器长时间不使用时，请套上塑料袋，防止潮湿空气长期与仪器接触。房间内空气相对湿度应小于 80%。

（7）仪器在搬运及放置时，应避免强烈振动和受到撞击。

（8）长期放置不用后再次使用时，请先加电预热 30min 后使用。

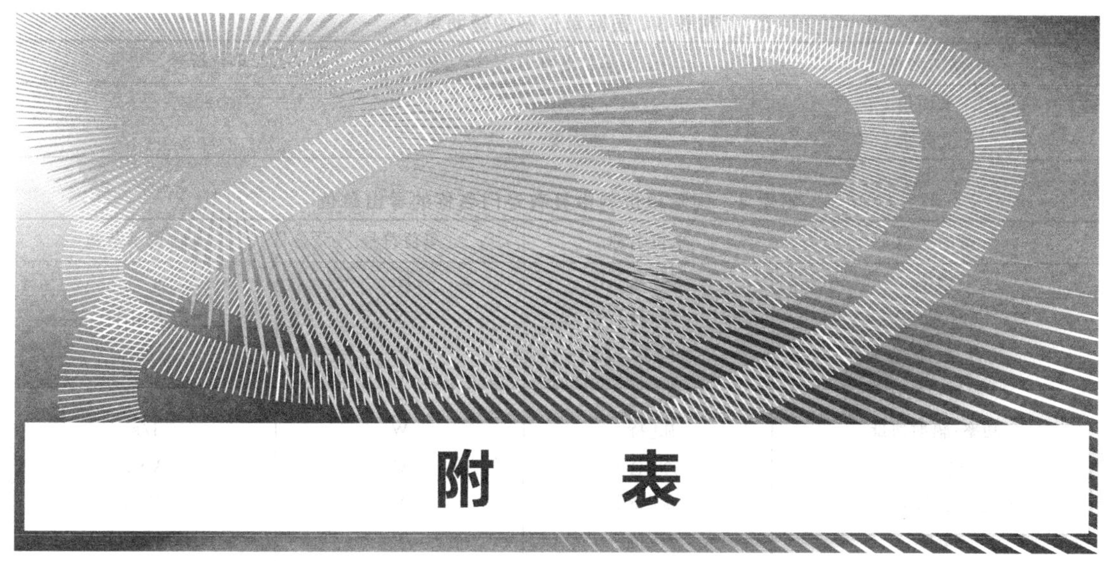

附　　表

附表 1　物理学基本常数

物理量	符号	主值	计算使用值
真空中光速	c	299792458m/s	3.00×10^{8}
万有引力恒量	G	$6.6720\times10^{-11}\mathrm{N\cdot m^2/kg^2}$	6.67×10^{-14}
阿伏伽德罗常数	N_A	$6.022045\times10^{23}/\mathrm{mol}$	6.02×10^{23}
玻尔兹曼常数	k	$1.380622\times10^{-23}\mathrm{J/K}$	1.38×10^{-23}
理想气体在标准温度、压力下的摩尔体积	V_m	$22.4136\times10^{-3}\mathrm{m^3/mol}$	22.4×10^{-3}
摩尔气体常数(普适气体常数)	R	$8.31441\mathrm{J/(mol\cdot K)}$	8.31
洛喜密脱常数	n_0	2.686781×10^{25}分子/$\mathrm{m^3}$	2.687×10^{25}
普朗克常数	h	$6.626176\times10^{-34}\mathrm{J\cdot s}$	6.63×10^{-34}
基本电荷	e	$1.6021892\times10^{-19}\mathrm{C}$	1.602×10^{-19}
原子质量	u	$1.6605655\times10^{-27}\mathrm{kg}$	1.66×10^{-27}
电子静止质量	m_e	$9.109534\times10^{-31}\mathrm{kg}$	9.11×10^{-31}
电子荷质比	e/m_e	$1.7588047\times10^{11}\mathrm{C/kg}$	1.76×10^{11}
质子静止质量	m_p	$1.6726485\times10^{-27}\mathrm{kg}$	1.673×10^{-27}
中子静止质量	m_n	$1.6749543\times10^{-27}\mathrm{kg}$	1.675×10^{-27}
法拉第常数	F	$9.648456\times10^{4}\mathrm{C/mol}$	9.65×10^{4}
真空电容率	ε_0	$8.854187818\times10^{-12}\mathrm{F/m}$	8.85×10^{-12}
真空磁导率	μ_0	$1.25663706144\times10^{-6}\mathrm{H/m}$	$4\pi\times10^{-7}$
里德伯常数	R_∞	$1.097373177\times10^{7}/\mathrm{m}$	1.097×10^{7}

附表 2　国际单位制的基本单位

量的名称	单位名称	单位符号
长度	米	m
质量	千克(公斤)	kg
时间	秒	s
电流	安[培]	A
热力学温度	开[尔文]	K
物质的量	摩[尔]	mol
发光强度	坎[德拉]	cd

附表 3 国际单位制的辅助单位

量的名称	单位名称	单位符号
平面角	弧度	rad
立体角	球面度	sr

附表 4 国际单位制中具有专门名称的导出单位

量的名称	单位名称	单位符号	其他表示示例
频率	赫[兹]	Hz	s^{-1}
力,重力	牛[顿]	N	$kg \cdot m/s^2$
压力,压强;应力	帕[斯卡]	Pa	N/m^2
能量;功;热	焦[耳]	J	$N \cdot m$
功率;辐射通量	瓦[特]	W	J/s
电荷量	库[仑]	C	$A \cdot s$
电位;电压;电动势	伏[特]	V	W/A
电容	法[拉]	F	C/V
电阻	欧[姆]	Ω	V/A
电导	西[门子]	S	A/V
磁通量	韦[伯]	Wb	$V \cdot s$
磁通[量]密度,磁感应强度	特[斯拉]	T	Wb/m^2
电感	享[利]	H	Wb/A
摄氏温度	摄氏度	℃	
光通量	流[明]	lm	$cd \cdot sr$
[光]照度	勒[克斯]	lx	lm/m^2
[放射性]活度	贝可[勒尔]	Bq	s^{-1}
吸收剂量	戈[瑞]	Gy	J/kg
剂量当量	希[沃特]	Sv	

附表 5 国际制词头

因数		词头	代号	
			中文	国际
倍数	10^{18}	艾可萨(exa)	艾	E
	10^{15}	拍它(peta)	拍	P
	10^{12}	太拉(tera)	太	T
	10^{9}	吉咖(giga)	吉	G
	10^{6}	兆(mega)	兆	M
	10^{3}	千(kilo)	千	k
	10^{2}	百(hecto)	百	h
	10^{1}	十(deca)	十	da
分数	10^{-1}	分(deci)	分	d
	10^{-2}	厘(centi)	厘	c
	10^{-3}	毫(milli)	毫	m
	10^{-6}	微(micro)	微	μ
	10^{-9}	纳诺(nano)	纳	n
	10^{-12}	皮可(pico)	皮	p
	10^{-15}	飞母托(femto)	飞	f
	10^{-18}	阿托(atto)	阿	a

附表 6　在 20℃ 时常用固体和液体的密度

物质	密度 ρ/(kg/m³)	物质	密度 ρ/(kg/m³)
铝	2698.9	水晶玻璃	2900～3000
铜	8960	窗玻璃	2400～2700
铁	7874	冰(0℃)	880～920
银	10500	甲醇	792
金	19320	乙醇	789.4
钨	19350	乙醚	714
铂	21450	汽车用汽油	710～720
铅	11350	费利昂-12	1329
锡	7298	(氟氯烷-12)	
水银	13546.2	变压器油	840～890
钢	7600～7900	甘油	1260
石英	2500～2800	蜂蜜	1435

附表 7　在标准大气压下不同温度水的密度

温度 t/℃	密度 ρ/(kg/m³)	温度 t/℃	密度 ρ/(kg/m³)	温度 t/℃	密度 ρ/(kg/m³)
0	999.841	17	998.774	34	994.371
1	999.900	18	998.595	35	994.031
2	999.941	19	998.405	36	993.68
3	999.965	20	998.203	37	993.33
4	999.973	21	997.992	38	992.96
5	999.965	22	997.770	39	992.59
6	999.941	23	997.538	40	992.21
7	999.902	24	997.296	41	991.83
8	999.849	25	997.044	42	991.44
9	999.781	26	996.783	50	988.04
10	999.700	27	996.512	60	983.21
11	999.605	28	996.232	70	977.78
12	999.498	29	995.944	80	971.80
13	999.377	30	995.646	90	965.31
14	999.244	31	995.340	100	958.35
15	999.099	32	995.025		
16	998.943	33	994.702		

附表 8　在 20℃ 时某些金属的弹性模量（杨氏模量）①

金属	杨氏模量 E	
	/GPa	/(kgf/mm²)
铝	69～70	7000～7100
钨	407	41500
铁	186～206	19000～21000
铜	103～127	10500～13000
金	77	7900

续表

金属	杨氏模量 E	
	/GPa	/(kgf/mm²)
银	69～80	7000～8200
锌	78	8000
镍	203	20500
铬	235～245	24000～25000
合金钢	206～216	21000～22000
碳钢	196～206	20000～21000
康铜	160	16300

① 杨氏弹性模量值与材料的结构、化学成分及其加工制造方法有关。因此，在某些情况下，E 的值可能与表中所列的平均值不同。

附表 9　某些液体的比热

液体	温度/℃	比热	
		/[kJ/(kg·K)]	/[kcal/(kg·℃)]
乙醇	0	2.30	0.55
	20	2.47	0.59
甲醇	0	2.43	0.58
	20	2.47	0.59
乙醚	20	2.34	0.56
水	0	4.220	1.009
	20	4.182	0.999
弗利昂-12(氟氯烷 12)	20	0.84	0.20
变压器油	0～100	1.88	0.45
汽油	10	1.42	0.34
	50	2.09	0.50
水银	0	1.1465	0.0350
	20	0.1390	0.0332

附表 10　某些金属和合金的电阻率及其温度系数①

金属或合金	电阻率/μΩ·m	温度系数/℃$^{-1}$	金属或合金	电阻率/μΩ·m	温度系数/℃$^{-1}$
铝	0.028	42×10^{-4}	锡	0.12	44×10^{-4}
铜	0.0172	43×10^{-4}	水银	0.958	10×10^{-4}
银	0.016	40×10^{-4}	武德合金	0.52	37×10^{-4}
金	0.024	40×10^{-4}	钢(0.10%～0.15%碳)	0.10～0.14	6×10^{-3}
铁	0.098	60×10^{-4}			
铅	0.205	37×10^{-4}	康铜	0.47～0.51	$(-0.04\sim+0.01)\times10^{-3}$
铂	0.105	39×10^{-4}	铜锰镍合金	0.34～1.00	$(-0.03\sim+0.02)\times10^{-3}$
钨	0.055	48×10^{-4}	镍铬合金	0.98～1.10	$(0.03\sim+0.4)\times10^{-3}$
锌	0.059	42×10^{-4}			

① 电阻率与金属中的杂质有关，因此表中列出的只是20℃时电阻率的平均值。

附表 11　不同金属或合金与铂（化学纯）构成热电偶的热电动势（热端在100℃，冷端在0℃时）

金属或合金	热电动势/mV	连续使用温度/℃	短时使用最高温度/℃
95%Ni+5%(Al,Si,Mn)	−1.38	1000	1250
钨	+0.79	2000	2500
手工制造的铁	+1.87	600	800
康铜(60%Cu+40%Ni)	−3.5	600	800
56%Cu+44%Ni	−4.0	600	800
制导线用铜	+0.75	350	500
镍	−1.5	1000	1100
80%Ni+20%Cr	+2.5	1000	1100
90%Ni+10%Cr=90%Pt+	+2.71	1000	1250
10%Ir	+1.3	1000	1200
90%Pt+10%Rh	+0.64	1300	1600
银	+0.72	600	700

注：1. 表中的“+”或“−”表示：电极与铂组成热电偶时，其热电动势是正或负。当然电动势为正时，在处于0℃的热电偶一端电流由金属（或合金）流向铂。

2. 为了确定用表中所列任何两种材料构成的热电偶的热电动势，应当取这两种材料的热电动势的差值。例如，铜-康铜热电偶的热电动势等于+0.75−(−3.5)=4.25mV。

附表 12　在常温下某些物质相对于空气的光的折射率

物质 \ 波长	Hα线 (656.3nm)	D线 (589.3nm)	Hβ线 (486.1nm)
水(18℃)	1.3314	1.3332	1.3373
乙醇(18℃)	1.3609	1.3625	1.3665
二硫化碳(18℃)	1.6199	1.6291	1.6541
冕玻璃(轻)	1.5127	1.5153	1.5214
冕玻璃(重)	1.6126	1.6152	1.6213
燧石玻璃(轻)	1.6038	1.6085	1.6200
燧石玻璃(重)	1.7434	1.7515	1.7723
方解石(寻常光)	1.6545	1.6585	1.6679
方解石(非常光)	1.4846	1.4864	1.4908
水晶(寻常光)	1.5418	1.5442	1.5496
水晶(非常光)	1.5509	1.5533	1.5589

附表 13　常用光源的谱线波长表　　单位：nm

(1)H　(氢)	447.15　蓝	589.592(D_1)　黄
656.28　红	402.62　蓝紫	588.995(D_2)　黄
486.13　绿蓝	388.87　蓝紫	(5)Hg　(汞)
434.05　蓝	(3)Ne　(氖)	623.44　橙
410.17　蓝紫	650.65　红	579.07　黄
397.01　蓝紫	640.23　橙	576.96　黄
(2)He　(氦)	638.30　橙	546.07　绿
706.52　红	638.65　橙	491.60　绿蓝

续表

667.82　红	621.73　橙	435.83　蓝
587.56　(D_3)黄	614.31　橙	407.78　蓝紫
501.57　绿	588.19　黄	404.66　蓝紫
492.19　绿蓝	585.25　黄	(6)He-Ne激光
471.31　蓝	(4)Na　(钠)	632.8　橙